高新技能型紧缺人才培养系列教材·模具专业

数控机床编程与操作实训

谭　斌　袁名伟　主　编

陈晓曦　副主编

北京航空航天大学出版社

内容简介

本书介绍了数控机床实训的相关内容，从数控加工工艺分析、编程指令、计算机自动编程，到机床的实际操作训练，以典型零件的工艺分析和编程为重点，既强调了实际加工训练，又具有很强的数控实训的可操作性。内容包括数控加工基础知识、数控车床的编程与操作基础、加工中心的编程与操作基础、Mastercam 软件和复杂零件的造型与加工，共五章。本书是工程实训中心教师多年从事数控机床教学和实训的经验总结，集中体现了本中心注重实际应用能力培养的教学特点。

本书适合数控机床操作方面的职业培训，可做大学、高职和中职的机械类专业数控机床操作与编程的实训教材，也可供从事数控机床的科研、工程技术人员参考。

图书在版编目(CIP)数据

数控机床编程与操作实训/谭斌，袁名伟主编. -- 北京：北京航空航天大学出版社，2010.3

ISBN 978-7-81124-992-7

Ⅰ. ①数… Ⅱ. ①谭… ②袁… Ⅲ. ①数控机床—程序设计 Ⅳ. TG659

中国版本图书馆 CIP 数据核字(2010)第 004605 号

数控机床编程与操作实训

谭 斌 袁名伟 主 编

陈晓曦 副主编

王健民 方 沂 主 审

责任编辑 李文轶

*

北京航空航天大学出版社出版发行

北京市海淀区学院路 37 号(100191) 发行部电话：(010)82317024 传真：(010)82328026

http://www.buaapress.com.cn E-mail：bhpress@263.net

北京时代华都印刷有限公司印装 各地书店经销

*

开本：787×1 092 1/16 印张：17.25 字数：442 千字

2010 年 3 月第 1 版 2010 年 3 月第 1 次印刷 印数：4 000 册

ISBN 978-7-81124-992-7 定价：31.00 元

前　言

数控制造技术是集机械制造技术、计算机技术、微电子技术、现代控制技术、网络信息技术、机电一体化技术于一身的多学科高新制造技术，数控技术水平的高低、数控机床的拥有量已经成为衡量一个国家工业现代化的重要标志。

随着我国大力发展装备制造业，数控机床越来越成为机械工业设备更新和技术改造的首选。数控机床的发展与普及，需要大批高素质的数控机床编程与操作的人员。全国许多院校纷纷设置了数控专业。在数控专业的课程中，数控实训环节尤其重要，基于目前数控教学的特点，编者根据多年一线的操作和教学经验，编写了本书。

本书介绍了数控机床实训的相关内容，从数控加工工艺分析、编程指令、计算机自动编程，到机床的实际操作训练，以典型零件的工艺分析和编程为重点，既强调了实际加工训练，又具有很强的数控实训的可操作性。内容包括数控加工基础知识、数控车床的编程与操作基础、加工中心的编程与操作基础、Mastercam 软件和复杂零件的造型与加工，共五章。

本书是工程实训中心教师多年从事数控机床教学和实训的经验总结，语言通俗易懂，重点突出，图文并茂，书中节选了大量实例，内容更加清晰明了，使读者接受起来更加容易。适合数控机床操作方面的职业培训，可作大学、高职和中职的机械类专业数控机床操作与编程的实训教材，也可供从事数控机床的科研、工程技术人员参考。

本书由谭斌、袁名伟主编，由谭斌组织和统稿。参加编写的有：谭斌（第 1 章、第 3 章的第 1 节），谭斌和刘文刚（第 2 章），袁名伟（第 3 章的第 2 节、第 3 节），陈晓曦（第 4 章），陈晓曦和王安（第 5 章）。

天津工程师范学院王健民教授认真审阅了全书，并提出了许多宝贵意见和建议，在此谨致谢意。

本书在编写过程中，得到了天津工程师范学院许多老师的大力支持和帮助，同时参考了许多文献，在此谨向所有支持和帮助的老师及参考文献作者表示衷心的感谢。

由于编者的水平有限，书中难免存在一些缺点，恳请读者批评指正。

编　者

2009 年 12 月

目　录

第1章 数控加工基础知识

1.1 数控加工的主要内容及加工工艺基础

1.1.1 数控加工的主要内容

数控机床是一种按照输入的数字程序信息进行自动加工的机床。数控加工泛指在数控机床上进行零件加工的工艺过程。数控加工技术是指高效、优质地实现产品零件特别是复杂形状零件加工的有关理论、方法与实现的技术，它是自动化、柔性化、敏捷化和数字化制造加工的基础与关键技术。该技术集传统的机械制造、计算机、现代控制、传感检测、信息处理、光机电技术于一体，是现代机械制造技术的基础。它的广泛应用，给机械制造业的生产方式及产品结构带来了深刻的变化。数控技术的水平和普及程度，已经成为衡量一个国家综合国力和工业现代化水平的重要标志。

一般来说，数控加工涉及数控编程技术和数控加工工艺两大方面。数控加工过程包括由给定的零件加工要求(零件图纸、CAD 数据或实物模型)进行加工的全过程，其主要内容如图 1.1 所示。

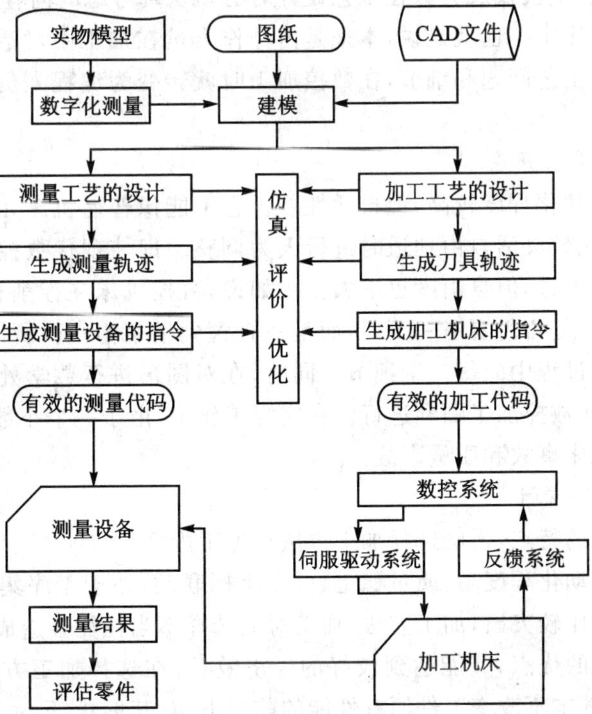

图 1.1 数控加工过程及内容

数控编程技术涉及制造工艺、计算机技术、数学、计算几何、微分几何、人工智能等众多学科领域知识，它所追求的目标是如何更有效地获得满足各种零件加工要求的高质量数控加工程序，以便更充分地发挥数控机床的性能、获得更高的加工效率与加工质量。数控编程是实现数控加工的重要环节，特别是对于复杂零件加工，编程工作的重要性甚至超过数控机床本身。在现代生产中，由于产品形状及质量信息往往需通过坐标测量机或直接在数控机床上测量来得到，测量运动指令也有赖于数控编程来产生，因此数控编程对于产品质量控制也有着重要的作用。

根据零件复杂程度的不同，数控加工程序可通过手工编程或计算机自动编程来获得。

1.1.2 加工工艺基础

数控机床按照工艺用途分为数控车床、数控铣床、加工中心、数控磨床等类型，本章讲解的是数控车床、三坐标联动数控铣床与加工中心的工艺特点及零件编程加工要求。

1. 数控加工工艺的概念

数控加工工艺是采用数控机床加工零件时所运用的方法和技术手段的总和。

数控加工与普通机床加工相比较，在许多方面遵循的原则基本一致。但由于数控机床本身自动化程度较高，控制方式不同，设备费用也高，使数控加工工艺相应形成了以下几个特点：

(1) 工艺的内容十分具体

用普通机床加工时，许多具体的工艺问题，如工艺中各工步的划分与顺序安排、刀具的几何形状、走刀路线及切削用量等，在很大程度上都是由操作人员根据自己的实践经验和习惯自行考虑而决定的，一般无需工艺人员在设计工艺规程时进行过多的规定。而在数控加工时，上述这些具体工艺问题，不仅仅成为数控工艺设计时必须认真考虑的内容，而且还必须做出正确的选择并编入加工程序中。也就是说，本来是由操作人员在加工中灵活掌握并可通过适时调整来处理的许多具体工艺问题和细节，在数控加工时就转变为编程人员必须事先设计和安排的内容。

(2) 工艺的设计非常严密

数控机床虽然自动化程度较高，但自适性差。它不能像普通机床在加工时可以根据加工过程中出现的问题，比较灵活自由地适时进行人为调整。即使现代数控机床在自适应调整方面做出了不少努力与改进，但自由度也不大。比如说，数控机床在镗削盲孔时，它就不知道孔中是否已挤满了切屑，是否需要退一下刀，而是一直镗到结束为止。所以，在数控加工的工艺设计中必须注意加工过程中的每一个细节。同时，在对图形进行数学处理、计算和编程时，都要力求准确无误，以使数控加工顺利进行。在实际工作中，由于一个小数点或一个正负号的差错就可能酿成重大机床事故和质量事故。

(3) 注重加工的适应性

要根据数控加工的特点，正确选择加工方法和加工内容。

由于数控加工自动化程度高、质量稳定、可多坐标联动、便于工序集中，但价格昂贵，操作技术要求高等特点均比较突出，加工方法、加工对象选择不当往往会造成较大损失。为了既能充分发挥出数控加工的优点，又能达到较好的经济效益，在选择加工方法和对象时要特别慎重，甚至有时还要在基本不改变工件原有性能的前提下，对其形状、尺寸、结构等作适应数控加工的修改。

一般情况下，在选择和决定数控加工内容的过程中，有关工艺人员必须对零件图或零件模型作足够具体和充分的工艺性分析。在进行数控加工的工艺性分析时，编程人员应根据所掌握的数控加工基本特点及所用数控机床的功能和实际工作经验，力求把这一前期准备工作做得更仔细、更扎实一些，以便为下面要进行的工作铺平道路，减少失误和返工、不留隐患。

也就是说，数控加工的工艺设计必须在程序编制工作开始以前完成，因为只有工艺方案确定以后，编程才有依据。工艺方案的好坏不仅会影响机床效率的发挥，而且将直接影响零件的加工质量。根据大量加工实例分析，工艺设计考虑不周是造成数控加工差错的主要原因之一，因此在进行编程前做好工艺分析规划是十分必要的。

数控加工工艺设计主要包括如下内容：

① 选择适合在数控机床上加工的零件，确定工序内容；

② 分析被加工零件的图纸，明确加工内容及技术要求，确定零件的加工方案，制定数控加工工艺路线。如划分工序、处理与非数控加工工序的衔接等；

③ 加工工序、工步的设计。如选取零件的定位基准，夹具、辅具方案的确定、切削用量的确定等；

④ 数控加工程序的调整。选取对刀点和换刀点，确定刀具补偿，确定加工路线；

⑤ 分配数控加工中的加工余量；

⑥ 处理数控机床上的部分工艺指令；

⑦ 首件试加工与现场问题处理；

⑧ 数控加工工艺文件的定型与归档。

不同的数控机床，工艺文件的内容也有所不同。一般来讲，数控机床的工艺文件应包括：

① 编程任务书；

② 数控加工工序卡片；

③ 数控机床调整单；

④ 数控加工刀具卡片；

⑤ 数控加工进给路线图；

⑥ 数控加工程序单。

其中以数控加工工序卡片和数控刀具卡片最为重要。前者是说明数控加工顺序和加工要素的文件，后者是刀具使用的依据。

为了加强技术文件管理，数控加工工艺文件也应向标准化、规范化方向发展。但目前尚无统一的国家标准，目前在企业中，一般是根据自身的实际情况来制订上述有关工艺文件。

2. 数控加工的工艺适应性

根据数控加工的优缺点及国内外大量应用实践，一般可按工艺适应程度将零件分为下列3类：

(1) 最适应类

① 形状复杂，加工精度要求高，用普通加工设备无法加工或虽然能加工但很难保证产品质量的零件；

② 用数学模型描述的复杂曲线或曲面轮廓零件；

③ 具有难测量、难控制进给、难控制尺寸的不开敞内腔的壳体或盒型零件；

④ 须在一次装夹中合并完成多工序的零件。

对于上述零件,可以先不要过多地考虑生产率与经济上是否合理,而首先应考虑能不能把它们加工出来,要着重考虑可能性的问题。只要有可能,都应把采用数控加工作为优选方案。

(2) 较适应类

较适应数控加工的零件大致有下列几种:

① 在普通机床上加工时易受人为因素干扰,零件价值又高,一旦质量失控便造成重大经济损失的零件;

② 在普通机床上加工必须制造复杂的专用工装的零件;

③ 需要多次更改设计后才能定型的零件;

④ 在普通机床上加工需要做长时间调整的零件;

⑤ 用通用机床加工时,生产率很低或体力劳动强度很大的零件。

这类零件在首先分析其可加工性以后,还要在提高生产率及经济效益方面做全面衡量,一般可把它们作为数控加工的主要选择对象。

(3) 不适应类

① 生产批量大的零件(当然不排除其中个别工序用数控机床加工);

② 装夹困难或完全靠找正定位来保证加工精度的零件;

③ 加工余量很不稳定,且数控机床上无在线检测系统可自动调整零件坐标位置的零件;

④ 必须用特定的工艺装备协调加工的零件。

以上零件采用数控加工后,在生产效率与经济性方面一般无明显改善,更有可能弄巧成拙或得不偿失,故一般不应作为数控加工的选择对象。

1.2 数控车削加工工艺

1.2.1 数控车削工艺概述

数控车床是目前使用最广泛的数控机床之一。数控车床主要用于加工轴类、盘状类等回转体零件。通过执行数控程序,可以自动完成内外圆柱面、成形表面、螺纹、端面等工序的切削加工,并能进行车槽、钻孔、扩孔、铰孔等工作。由于数控车床具有加工精度高、能作直线和圆弧插补及在加工过程中能自动变速等特点,因此其工艺范围要比普通车床宽的多,而数控车削中心和数控车铣中心可在一次装夹中完成更多的加工工序,更加提高了加工精度和生产率。

编写数控加工专用技术文件是数控加工工艺设计的内容之一。这些专用技术文件既是数控加工、产品验收的依据,也是需要操作者遵守、执行的规程;有的则是加工程序的具体说明或附加说明,目的是让操作者更加明确程序的内容、定位装夹方式、各个加工部位所选用的刀具及其他问题。

编制数控车工艺编制要点为:

① 根据工件的要求合理选择毛坯种类和加工方法以提高材料利用率和生产率;

② 合理安排工序;

③ 选择工序余量应能消除以前工序的尺寸形状热处理变形及本工序的装夹定位等误差;

④ 选择工件的装夹方法应尽可能在一次装夹中加工出多个加工表面,以避免两次装夹误差;

⑤ 加工顺序应符合车间机床布局，同工序中的切槽，车螺纹应在半精车之后精车之前进行精度高的孔应在精车外圆之后进行精车；

⑥ 合理选用车削用量，以减少刀具磨损，抑制积屑瘤和鳞刺，防止产生自激振动以提高工件表面粗糙度，如表 1.1 所列。

表 1.1　车削精度及适用范围

加工方法	精　度	表面粗糙度 R_a(μm)	适用范围
粗车	IT12～13	6.3～12.5	车削硬度低于 HRC35 钢件的外圆内孔和端面
半精车	IT9～10	1.6～6.3	
精车	IT6～8	0.8～1.6	
精车	IT6～8	0.2～0.8	车削铜合金
金刚石车刀精细车	IT5～6	0.05～0.4	车削有色金属外圆

1.2.2　加工准备和装夹工艺

1. 刀具的选用

数控加工对刃具的刚性及耐用度要求较普通加工严格。因为刃具的刚性不好，一是影响生产效率；二是在数控自动加工中极易产生打断刃具的事故；三是加工精度会大大下降。刃具的耐用度差，则要经常换刀、对刀而要增加准备时间，也容易在工件轮廓上留下接刀阶差，影响工件表面质量。由于编程人员不直接设计刃具，仅能向刃具设计或采购人员提出技术条件及建议，因此，大多数情况下只能在现有刃具规格的情况下进行有限的选择。然而，数控加工中配套使用的各种刃具、辅具（刀柄、刀套、夹头等）要求严格，在如何配置刃具、辅具方面应掌握一条原则：质量第一，价格第二。只要质量好，耐用度高，即使价格高一些，也值得购买。这个原则常常不容易被管理人员所接受。工艺人员特别应注意国内外新型刃具的开发成果。

在如何使用数控机床刃具方面，也应掌握一条原则：尊重科学，按切削规律办事。众所周知，对不同的零件材质，在客观规律上就有一个切削速度(v)、切削深度(t)、进给量(s)三者互相适应的最佳切削参数。这对大零件，稀有金属零件、贵重零件更为重要，工艺编程人员应努力摸索这个最佳切削参数。

在选择刃具时，要注意对工件的结构及工艺性认真分析，结构工件材料，毛坯余量及具体加工部位综合考虑。在确定好以后，要把刃具规格、专用刃具代号和该所要加工的内容列表记录下来，供编程时使用。

数控车有车刀、镗刀、钻头等，现在以车刀参数的选择为例，进行分析。

(1) 车刀刀杆截面形式

车刀刀杆截面形式有圆形截面，正方形截面和矩形截面（高度与宽度之比常为 1.25，1.6 和 2 三种）。刀杆的截面尺寸的选取通常与机床中心高、刀具形状及切削断面尺寸有关（如表 1.2 所列）。建议优先采用圆形截面、正方形截面或选用 H 与 B 之比约为 1.6 的矩形截面。因为这些截面具有较高的强度。

表 1.2 根据机床中心高选择刀杆截面尺寸

mm

中心高	150	180～200	260～300	350～400
矩形截面($H\times B$)	20×12	25×16	32×20	40×25
方形截面($H\times B$)	16×16	20×20	25×25	32×32

(2) 车刀刀杆悬伸长度 d

该长度约等于刀杆高 H 的 1～1.5 倍为宜，垫片要平整，数量要尽量少，并与刀架对齐，以防车削时产生振动。当刀杆悬伸长度或重切削下有必要进行强度和刚度验算。

(3) 刀尖圆弧半径的选用

粗切削刀尖圆弧半径的选择：粗切时，为提高切削刃的强度，尽可能使用较大的刀尖圆弧半径，在可能出现振动的切削中，选用较小的刀尖圆弧半径；在进给量较大时，选用较大的刀尖圆弧半径。其关系如表 1.3 所列，不过，最好选用 1.2～1.6 mm 的刀尖圆弧半径。

表 1.3 粗车时，与刀尖圆弧半径相对应的最大推荐进给量

mm

刀尖圆弧半径	0.4	0.8	1.2	1.6	2.4
最大进给量 f	0.25～0.35	0.4～0.7	0.5～1.0	0.7～1.3	1.0～1.8

精车车刀刀尖圆弧半径的选择：精车车刀刀尖圆弧半径受工件表面粗糙度和进给量的影响，其相互关系为：

$$R_y = \frac{f^2}{8r_\varepsilon} \times 1000\ \mu m$$

式中：R_y 为表面粗糙度轮廓最大高度(μm)，r_ε 为刀尖圆弧半径(mm)，f 为进给量(mm/r)。

通常，表面粗糙度用 R_a 表示，R_a 与 R_y 不存在数学关系，为了便于选用刀尖圆弧半径，表 1.4 中给出 R_a、R_y 与进给量 f 的对应关系，为了获得精加工所需的表面粗糙度，进给量应小些。

表 1.4 R_a、R_y、进给量 f 与刀尖圆弧半径的对应关系

表面粗糙度		刀尖圆弧半径/mm				
$R_a/\mu m$	$R_y/\mu m$	0.4	0.8	1.2	1.6	2.4
		进给量 $f/(mm\cdot r^{-1})$				
0.63	1.6	0.07	0.10	0.12	0.14	0.17
1.6	4	0.11	0.15	0.19	0.22	0.26
3.2	10	0.17	0.24	0.29	0.34	0.42
6.3	16	0.22	0.30	0.37	0.43	0.53
8	25	0.27	0.30	0.47	0.54	0.66
3.2	100				1.08	0.32

(4) 刀片与断屑槽型选用

刀片厚度选用原则是使刀片有足够的强度来承受切削力。切削深度增加，进给量增加，刀片厚度减少。

刀片有效长度选用：刀片有效长度 l_f 取决于刀具的主偏角和最大切削深度。

通常，粗车时，$l_f=\frac{1}{2}\sim\frac{2}{3}L$，精车时，$l_f=\frac{1}{4}\sim\frac{1}{3}L$。

断屑槽型的选用：断屑槽亦称卷屑槽，其作用是使切屑在切削过程中能呈螺旋状或螺卷状折断而排出。断屑槽型有直线圆弧型、直线型和全圆弧型三种。直线圆弧型和直线断屑槽实用于切削碳钢型、全钢型和工具钢型等，其前角一般在 $r_o=5^\circ\sim15^\circ$ 范围内；当切削紫铜、不锈钢等高塑性材料时，应使用全圆弧型，前角增大到 $25^\circ\sim30^\circ$。因为相同前角时，全圆弧型的切削刃强度比前两种好。槽底圆弧半径 R_o 和前角 r_o 之间存在以下关系：$\sin r_o=\frac{\omega}{2R_o}$。

2. 夹具的选用

在切削加工中，必须使工件相对刀具（或机床）有一个正确的位置，使工件在机床上占有正确的位置的过程称为定位；用于装夹工件，使之占有正确的位置的工艺装备称为机床夹具；使工件在机床上占有正确的位置并将工件夹紧的过程，称为工件的装夹。很明显，夹具是用于工件的定位和装夹的。数控加工的特点对夹具提出了两个基本要求：一是要保证夹具的坐标方向与机床的坐标方向相对固定；二是要能协调零件与机床坐标系的尺寸。

因为数控车床的结构和加工工艺特点，数控车床夹具有它的特点和技术要求。

(1) 特点

① 夹具和工件随机床主轴旋转，夹具使用安全和夹具平衡尤为重要；

② 当加工工件是回转体时，夹具具有定心作用；

③ 与机床的连接方式决定于主轴前端的结构形式；

④ 夹具的回转精度取决于和机床连接的精度；

⑤ 夹具与机床主轴、花盘或过渡法兰连接，要安全可靠；

⑥ 结构力求简单，紧凑，重量尽可能轻一些；

⑦ 夹具工作时就保持平衡，夹具的重心应尽量接近回转体轴线，平衡重的位置应远离回转轴线，并可沿圆周方向调整；

⑧ 当安装中需找正中心时，应将夹具的最大外圆设计成校准回转中心的基准（或找正圆）；

⑨ 最大回转直径不允许与机床发生干涉；

⑩ 不应在圆周上有凸出部分，一般应设置防护罩防止事故发生。

(2) 技术要求

数控车床夹具常以工件的内孔或外圆表面作为定位基准。因此，这类夹具所采用的定位元件的尺寸及形位公差，即构成夹具的主要技术要求。一般包括以下几个方面：

① 与工件配合的圆柱面（即定位表面）对其轴线或相当于轴线的同轴度；

② 工件与夹具心轴为双重配合时，双重配合部分的同轴度；

③ 定位表面与其轴向定位台肩的垂直度；

④ 夹具定位表面对夹具在机床上安装、定位基准面的垂直度或平行度；

⑤ 定位表面的直线度和平面度的等高性。

卧式数控车床加工的典型装夹方法：工件装夹各定位形式依据工件大小、形状、精度和生产批量等不同而定，正确选用定位基准和装夹方法是保证工件精度各表面质量的关键。

(1) 装夹方式

① 三爪定心卡盘装夹：三爪自定心盘能自动定心，装夹方便，精度高，工件装夹后一般不需要找正。装夹效率比四爪单动卡盘高，但夹紧力较四爪单动卡盘小。只限于装夹圆柱形、正三边形、六边形等形状规则的短小工件。如工件伸出卡盘较长，则仍需找正；

② 四爪卡盘装夹：由于四爪单动卡盘的四个卡爪是各自独立运动的，因此必须通过找正，使工件的旋转中心与四床主轴的旋转中心重合，才能车削。四爪单动卡盘的夹紧力较大，适合于装夹形状不规则及直径较大的工件；

③ 花盘角铁装夹：形状复杂和不规则的工件(有平衡块)；

(2) 定位方式

① 夹或拨顶：长径比大于等于8的轴类工件粗精车；

② 内梅花拨动顶尖，一端有中心孔且余量较小的轴类工件；

③ 外梅花拨动顶尖，车削两端有孔的轴类工件；

④ 光面拨动顶尖：车削工件余量较少，两端有孔的轴类工件；

⑤ 中心架装夹：车削长径比较大的阶梯轴和光轴类工件。中心架直接安装在工件中间的装夹方法可提高车削细长轴时工件的刚性。安装中心架前，须先在工件毛坯中间车出一段沟槽，使中心架的支承爪与工件能良好的接触；

⑥ 跟刀架：跟刀架固定在车床床鞍上，与车刀一起移动，主要用来车削不允许接刀的细长轴。使用跟刀架时，要在工件一端车一段安装跟刀架支承爪的外圆。支承爪与工件接触的压力适当，否则车削时跟刀架可能不起作用，或者工件车成竹节形或螺旋形；

⑦ 尾座卡盘装夹：除装夹轴类工件外还可夹持形状各异的顶尖以适用各种工件的装夹。

1.2.3 切削液

切削液主要起冷却、润滑、清洗及防锈作用，切削液主要分为水溶液、乳化液、切削油三类。车铣加工中心的切削液应按机床说明书的规定，最好选用特定厂家的特定牌号的切削液，不能随便选用切削液。

使用切削液的注意事项：

① 膏状的乳化剂，使用时应加15～20倍水冲成稀溶液；

② 冷却液用量，使用时不能过少，否则作用不大，用硬质合金刀具时，冷却液不可断续使用，否则易造成硬质合金刀片碎裂；

③ 冷却液应浇在刀具与切屑接触处，因为该处就是切削热源。

1.2.4 工件的定位方法和定位基准

工件的定位需要考虑如下几个方面。

(1) 定位基准与夹紧方案的确定

在确定定位基准与夹紧方案时应注意下列三点：

① 力求设计、工艺与程编计算的基准统一；

② 尽量减少装夹次数，尽可能做到在一次定位装夹后就能加工出全部待加工表面；

③ 避免采用人工调整式方案。

(2) 粗基准的选择

① 选加工余量小、较准确的、光洁的、面积较大的毛面做粗基准;

② 选重要表面为粗基准,因为重要表面一般要求余量均匀;

③ 选不加工的表面做粗基准,这样可以保证加工表面和不加工表面之间的相对位置要求,同时可以在一次安装下加工更多的表面;

④ 粗基准只能使用一次。因为粗基准为毛面,定位基准位移误差较大,如重复使用,将造成较大的定位误差,不能保证加工要求。因此在制定工艺规程时,第一工序、第二工序一般都是为了加工精基准的。

(3) 精基准的选择

① 基准重合的原则:设计基准为定位基准,这样就没有基准不重合误差;

② 基准单一原则:为了进行自动化生产,在零件的加工过程中,采取单一基准的原则。选择了单一基准,必然会带来基准不重合。因此基准重合原则和单一基准原则是有矛盾的,应根据具体情况处理;

③ 互为基准的原则:对某些空间位置精度要求很高的零件,通常采用互为基准、反复加工的原则;

④ 自为基准的原则:对于某些精度要求很高的表面,在精密加工时,为了保证加工精度,要求加工表面的余量很小并且均匀,这时常以加工面本身定位,待到夹紧后将定位元件移去,再进行加工。

1.2.5 加工工序的安排

1. 毛坯的选择

毛坯选择应考虑的因素如表1.5所列。

表1.5 毛坯选择应考虑的因素

应考虑的因素	应掌握的原则
生产纲领和批量	生产纲领大时,宜采用高精度与高生产率的毛坯制造方法;生产纲领小时,宜采用设备投资小的毛坯制造方法
零件的结构形状和尺寸大小	1.直径相差不大的阶梯轴宜采用棒料;直径相差较大的宜采用锻件 2.尺寸较大的毛坯,不宜采用模锻、压铸和精铸,宜采用自由铸造和砂型铸造 3.形状复杂、力学性能要求不高的毛坯可采用铸钢件 4.形状复杂和薄壁的毛坯不宜采用金属型铸造 5.外形复杂的小型零件宜采用压铸、熔模铸造等精密铸造方法,以减少切削加工或不进行切削加工
零件的力学性能	1.铸铁件的强度按离心浇注、压力浇注的铸件,金属型浇注的铸件,砂型浇注的铸件依次递减 2.钢质锻造毛坯的力学性能高于钢质棒料和铸钢件
工厂现有设备和技术水平	应考虑设备的加工范围和承载能力,可参看机床的参数说明书
技术经济性	在必要的时候,应对所选的毛坯进行技术经济分析,一般情况下,各种毛坯的平均相对成本

2. 确定加工用量

数控加工用量主要包括切削深度、主轴转速及进给速度等。对粗精加工、钻、铰、镗孔与攻丝等的不同切削用量都应编入程序。上述加工用量的选择原则与普通机床加工相同，具体数值应根据数控机床使用说明书和金属切削原理中规定的方法及原则，结合实际加工经验来确定。在计算好各部位与各把刀具的切削用量后，最好能建立一张切削用量表，主要是为了防止遗忘和方便编程。

进给量、主轴转速以及加工余量的选择和安排如下所述。

(1) 切削速度和转速的关系

$$V = \frac{\pi DN}{1\,000}; \qquad N = \frac{1\,000\,V}{\pi D}$$

式中，V 为切削速度(m/min)，D——被切削材料的直径(mm)，N——主轴转速(min^{-1})。

(2) 高速钢及硬质合金车刀的切削速度

当被切削材料是 S35C～45C 的时候，V_1(高速钢)约为 30～40 m/min，V_2(硬质)约为 90～200 m/min。

使用钻头及铣刀的时候，V_3约为 15～18 m/min(切削速度约是车削的 1/2)。

(3) 利用高速钢弹性车刀精加工及切削螺纹

利用弹性车刀精加工时约为 4～8 m/min。粗加工螺纹时候约为 10～12 m/min，精加工螺纹时约为 7～9 m/min。

例如，$V=30$ m/min，切削直径为 $\phi 50$，

$$N = \frac{1\,000 \times 30}{3.14 \times 50} = 191 \text{ r/min}$$

(4) 对于高速钢、硬质合金车刀被切削材料的直径和转速

以中碳钢为例，该直径和转速如表 1.6 所列。

表 1.6 中碳钢(S35C～50C)对应的直径和转速

直径/mm	高速钢($V=30$ m/min)	硬质合金($V=100$ m/min)
10	1 000	3 300
20	500	1 660
30	330	1 110
40	250	830
50	200	660
60	170	550
70	140	480
80	125	420
90	110	370
100	100	330
120	83	280

(5) 余量的的确定

由于毛坯不能达到零件所要求的精度和表面粗糙度，因此要留有加工余量，以便经过机械

加工来达到这些要求。当然，每道工序都有加工余量(如表 1.7 所列)。如果加工余量过大，则不能保存零件的最耐磨的表面层，降低了被加工的机械性质。同时增加了机械加工工时，降低了生产率。又增加了材料、电能、工具等的消耗，提高了产品的成本。

表 1.7　影响余量的因素

影响因素	说　明
加工前(或毛坯)的表面质量(表面缺陷层 H 和表面粗糙度 R_a	1. 铸件的冷硬、气孔和夹渣层，锻件和热处理件的氧化皮、脱炭层、表面型纹等表面缺陷层，以及切削加工后的残余应力层。 2. 前工序加工后的残余应力层。
前工序的尺寸公差 T_a	1. 前工序加工后的尺寸误差和形状误差，其总和不超过前工序的尺寸公差 T_a。 2. 当加工一批工件时，若不考虑其他误差，本工序的加工余量不应小于 T_a。
前工序的形状与位置公差(如直线度、同轴度、垂直度公差等)	1. 前工序加工后产生的形状与位置误差，二者之和一般小于前工序的形状与位置公差。 2. 当不考虑其他误差的存在，本工序的加工余量不应小于位置公差。 3. 当存在两种以上形状与位置误差时，其总误差为各误差的向量和。
本工序加工时的安装误差	安装误差等于定位误差和夹紧误差的向量和。

加工余量的确定有如下 3 种方法。

① 分析计算法：分析了影响工序间余量的因素后，将余量的各组成部分综合起来，便得到工序间的余量，各工序间余量之和便是该表面的总余量。考虑到这些余量的组成部分中，有些是系统误差，有些是随机误差，可用概率法来综合。

② 查表法：查表法是根据资料中查出工序间余量，比较方便迅速，但有时不能考虑具体情况，因此余量值大多偏大。

③ 经验法：由一些有经验的工程技术人员或工人根据经验确定，多用于单件、小批量生产的场合。

例如轴类零件在外圆加工余量举例如表 1.8 所列。

表 1.8　轴类零件半精车、精车外圆加工余量

mm

轴的直径/mm	工件加工部分的长度			
	500 以下	500～1 000	1 000～2 000	>2 000
<18	1	1.2	1.5	——
18～50	1.5	1.5	2.0	2.0
50～120	1.5	1.5	2.0	2.0
120～260	2.0	2.0	3.0	3.0
260～410	3.0	3.0	3.0	3.0

3. 工序的安排

(1) 数控车的工艺路线设计

数控车的工艺路线设计与普通机床加工的工艺路线设计的主要区别在于它是数控加工工序工艺过程的概括，而不是指毛坯到成品的整个工艺过程。由于数控加工工序一般均穿插于零件加工的整个工艺过程中间，因此在工艺路线设计中一定要全面考虑，使之与整个工艺过程协调吻合。在加工路线设计中主要应注意以下几个问题。

① 工序的划分：根据数控车加工的特点，数控加工工序的划分一般可按下列方法进行：

- 以一次安装、加工作为一道工序。这种方法适合于加工内容不多的工件，加工完后就能达到待检；
- 以同一把刀具加工的内容划分工序。有些零件虽然能一次安装加工出很多待加面，但考虑到程序太长，会受到某些限制，如：控制系统的限制（主要是内存容量），机床连续工作时间的限制（如一道工序在一个工作班内不能结束）等。此外，程序太长会增加出错率，查错与检索困难。因此程序不能太长，一道工序的内容不能太多；
- 以加工部位划分工序。对于加工内容很多的零件，可按其结构特点将加工部位分成几个部分，如内形、外形或平面等；
- 以粗、精加工划分工序。对于易发生加工变形的零件，由于粗加工后可能发生的变形而需要进行校形，故一般来说凡要进行粗、精加工的都要将工序分开。

综上所述，在划分工序时，一定要视零件的结构与工艺性，机床的功能，零件数控加工内容的多少，安装次数等生产单位灵活掌握。什么零件宜采用工序集中的原则还是采用工序分散的原则，也要根据实际情况来确定，但一定要力求合理。

② 顺序的安排：顺序的安排应根据零件的结构和毛坯状况，以及定位与夹紧的需要来考虑，重点是工作的刚性不被破坏。顺序安排一般应按下列原则进行：

- 上道工序的加工不能影响下道工序的定位与夹紧，中间穿插有普通机床加工工序的也要综合考虑；
- 先进行内孔加工工序，后进行外圆加工工序；
- 以相同定位、夹紧方式或同一加工的工序，最好连续进行，以减少重复定位次数换刀次数与找正次数；
- 在一次安装中进行的多道工序，应先安排对工件刚性破坏较小的工序。

数控加工工序与普通工序的衔接。数控工序前后一般都穿插有其他普通工序，如衔接不好就容易产生矛盾，最好的办法是相互建立状态要求，如：要不要留加工余量，留多少；定位面与孔的精度要求及形位公差；对校形工序的技术要求；对毛坯的热处理状态等。目的是达到相互能满足需要，且质量目标及技术要求明确，交接验收有依据。关于手续问题，如果是在同一个车间，编程人员与主管该零件的工艺员共同协商确定，在制订工序工艺文件中互审会签，共同负责；如不是同一车间，则应用交接状态表进行规定，共同会签，然后反映在工艺规程中。

数控加工工艺路线设计是下一步工序设计的基础，其设计的质量会直接影响零件的加工质量与生产效率。设计工艺路线时应对零件图、毛坯图认真消化，结合数控加工的特点灵活运用普通加工工艺的一般原则，尽量把数加工工艺路线设计得更合理一些。

(2) 工序的安排

加工顺序就是指工序的排列先后，它与加工质量、生产率与经济性有密切关系，是拟定工艺路线的关键之一。它有如下几个方面的安排。

① 先安排精基准面加工：一个零件加工时其头几道工序都是加工精基准，然后立即用精基准定位来加工其他表面。如果在加工中有几个精基准，则必须安排在使用之前加工完毕。因此，当选定粗、精定位基准后，加工顺序的安排就有了一个初步的轮廓。对于轴类零件，一般是以外圆为粗基准来加工中心孔，再以中心孔为精基准来加工外圆、端面等各个表面。

② 先安排主要表面的加工：零件的主要表面一般都是在精度或表面质量要求比较高的表面，它们的加工好坏对整个零件的质量影响很大，它们的加工工序比较多，因此应该先安排主要表面的加工，再将其它表面加工适当安插在它们的前后。

③ 对于易出现废品的工序：精加工和光整加工可适当提前，一般情况下主要表面的精加工和光整加工应放在最后阶段进行。

④ 辅助工序的安排（中间检验）：一般安排在粗加工全部结束之后，精加工之前。在车铣加工中心上，可在需要检验的程序段之间（即换刀动作之间），插入 M01 指令，暂停进行检测。

⑤ 分加工阶段：对于精度和表面质量要求较高的零件，应安排粗、精加工分开。加工总是由粗到精，粗加工切削用量较大，工件内应力大，容易产生变形，而精加工主要要保证加工质量。所以粗加工和精加工不能混杂。如果某些表面已经精加工完毕，而有些表面还在进行粗加工，则会影响这些表面的精度。

(3) 加工程序的编制

数控加工程序的编制过程就是编制刀具的走刀路线。

1）确定走刀路线

走刀路线是刀具在整个加工工序中的运动轨迹，它不但包括了工步的内容，也反映出工步顺序，走刀路线是编写程序的依据之一。因此，在确定走刀路线时最好画一张工序简图，将已经拟定出的走刀路线画上去（包括进、退刀路线），这样可为编程带来不少方便。工步的划分与安排一般可随走刀路线来进行，在确定走刀路线时，主要考虑下列几点：

- 寻求最短加工路线，减少空刀时间以提高加工效率；
- 为保证工件轮廓表面加工后的粗糙度要求，最终轮廓就安排最重后一次走刀连续加工出来；
- 刀具的进退刀（切入与切出）路线要认真考虑，以尽量减少在轮廓处停刀（切削力突然变化造成弹性变形）而留下刀痕，也要避免在工件轮廓面上垂直上下刀而划伤工件；
- 要选择工件在加工后变形小的路线，对细长零件或薄板零件就采用分几次走刀加工到最后尺寸或对称去余量法安排走刀路线。

2）确定对刀点与换刀点

对刀点就是刀具相对工件运动的起点。在编程时不管实际上是刀具相对工件移动，还是工件相对刀具移动，都是把工件看作静止，而刀具在运动。常常把对刀点称为程序原点，它可以设在被加工零件上（如零件定位孔中心位置处距机床工作台或夹具表面的某一点处），也可以设在零件定位基准有固定尺寸联系的夹具上的某一位置（如专在夹具上设计一圆柱销或孔等）。其选择原则如下：

- 找正容易；
- 编程方便；
- 对刀误差小；
- 加工时检查方便、可靠。

在实际生产中，对刀误差可能通过试切加工结果进行调整。

换刀点是为加工中心、数控车床等多刀加工的机床编程而设置的，因为这些机床在加工过程中自动换刀。为防止换刀时碰伤零件或夹具，换刀点常常设置在被加工零件的外面，并要有一定的安全量。

3）中间停车检测

为了能在加工中随时掌握工件质量情况，最好安排几次计划停车，可用人工介入的方法进行中间检测。

(4) 圆轴类零件的外圆轮廓的加工

圆轴类零件的外圆轮廓的加工，包括端面、圆柱面、阶梯轴、锥面、曲面和外倒角等。数控加工过程中，这些外圆轮廓都可用一把刀一次性加工出来，因此这些特征的加工在数控加工过程中可以归为外圆轮廓的加工。

① 根据车削加工的特点，外圆轮廓的加工一般是右补刀(即 G42)。

② 端面加工原理与普通机床一样。因为切削速度与工件端面的半径存在以下关系：

$$V=\frac{2\pi RN}{1\ 000}$$

式中，V 为切削速度(m/min)，R 为被切削材料的半径(mm)，N 为主轴转速(r/min)。

由上式可看出：

· 如果转速(N)一定，随着刀具从外圆向端面圆心进给运动，R 逐渐变小，N 不变，则 V 逐渐变小。这样的结果使端面内外切削不平整，粗糙度不一。

· 如果切削的线速度(V)一定，随着刀具从外圆向端面圆心进给运动，R 逐渐变小，V 不变，则 N 逐渐变大，当到端面圆心时，N 是无限大。这样的结果是很危险的，必须避免。

· 鉴于以上两种原因，端面切削时，先用 G50 设定最高转速，用设定的恒定线速度(G96)进行加工。例：G50S1500；

……；

G96S120；

……；

③ 圆柱面、锥面、曲面和外倒角加工，都可用直线插补运动完成。若曲面或锥面的轮廓直径变化较大或锥度较大，需考虑与端面加工同样设定线速度和最高转速的方法进行加工。

④ 外圆轮廓的固定循环指令，循环点要设定在最大外圆之外 1～2 mm 左右。

⑤ 盘套类零件内孔轮廓的加工：盘套类零件的内孔轮廓加工包括点中心钻、钻孔、扩、车孔、铰、镗、攻丝和内倒角等。虽不是一把刀来完成所有的加工，但归为内孔轮廓的加工一类比较合适，其加工有如下 3 个方面的特点：

· 根据车削加工的特点，车孔、内倒角和镗孔时内部轮廓的加工一般为左补刀(G41)。

· 车铣中心加工，中心钻、钻孔、扩、铰和攻丝刀具运动轨机在刀具轴线上，一般不需补正。但刀具半径不能过大，以防过切，不是精加工，还要留有一定的加工余量。

· 内孔的固定循环指令，循环点要设定在最小内孔以内，一般小于 1～2 mm 左右。

⑥ 螺纹的加工(内、外、锥、管用螺纹等)：螺纹加工一般放在切槽之后，因为螺纹一般需要退刀槽。车螺纹时，沿工件的轴线进给应增加(2～5)P(P 为螺距)的引入距离。车螺纹工艺相对来说有一定的难度，现详细介绍一下：

G92 是螺纹切削循环指令，该指令可以使螺纹用循环切削完成。可用于圆柱螺纹和锥螺纹，其输入举例如下。

圆柱螺纹　　G92 X(U)—Z(W)—F—

锥螺纹　G92 X(U)_ Z(W)_ R_ F

其中,F 为螺纹的导程,R 为锥面的径向尺寸半径差,螺纹牙深为 $h=2\times0.6495P$,近似为 $h=1.3P$,最后保证中径 $d=d_{大径}-0.6495P$。

1.2.6　典型数控车削零件的加工工艺分析

1. 轴类零件数控车削加工工艺

图1.2所示为典型轴类零件,毛坯为 ϕ35 mm 棒料。其数控车削加工工艺分析如下。

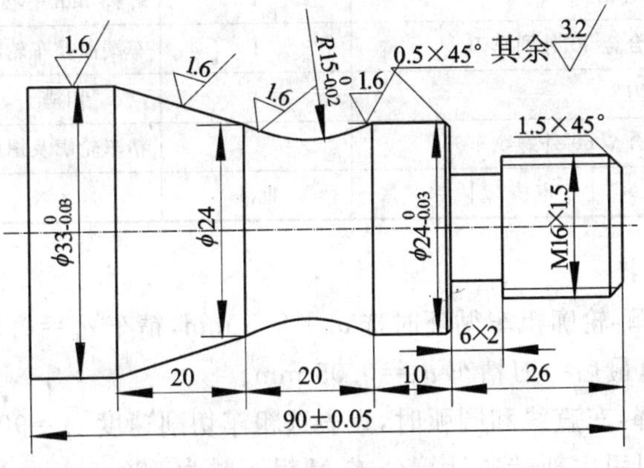

图1.2　典型轴类零件

(1) 零件图工艺分析

该零件表面由圆柱、圆锥、圆弧、及螺纹等表面组成。其中多个尺寸有较严格的尺寸精度和表面粗糙度等要求。尺寸标注完整,轮廓描述清楚。零件材料为45钢,无热处理和硬度要求。

通过上述分析,可采取以下几点工艺措施:

① 对图样上给定的几个精度要求较高的尺寸,因其公差数值较小且上下偏差相同。故编程时不必取中差,而全部取其基本尺寸。

② 在轮廓曲线上,有一处凹圆弧,采用G73指令编程。为了确保尺寸公差,加工前进行刀具磨损补偿。

③ 为便于装夹,坯件左端应预先车出夹持部分,右端面也应先粗车出并钻好中心孔。

(2) 确定装夹方案

确定坯件轴线和左端大端面(设计基准)为定位基准。左端采用三爪自定心卡盘定心夹紧,右端采用活动顶尖支承的装夹方式。

(3) 确定加工顺序及进给路线

加工顺序按由粗到精、由近及远(由右到左)的原则确定。即先从右到左进行粗车(留精加工余量),然后从右到左进行精车,再切槽,最后车削螺纹。

一般数控车床都具有粗车循环和车螺纹循环功能,只要正确使用编程指令,机床数控系统就会自行确定其进给路线,因此,只需将精车进给路线确定即可。该零件从右到左沿零件表面轮廓精车。

(4) 刀具的选择

① 选用 ϕ3 中心钻钻中心孔。

② 粗车及平端面选用 90°硬质合金右偏刀，为防止副后刀面与工件轮廓干涉，副偏角不宜太小，采用刀尖角为 35°的刀片。

③ 为减少刀具数量和换刀次数，车螺纹选用硬质合金 60°外螺纹车刀。

将所选定的刀具参数填入数控加工刀具卡片中(如表 1.9 所列)。

表 1.9　数控加工刀具卡片

产品名称或代号		×××	零件名称	典型轴	零件图号	×××
序号	刀具号	刀具规格名称	数量	加工表面	刀尖半径	备注
1	T01	ϕ3 中心钻	1	钻 ϕ3 mm 中心孔		
2	T02	硬质合金 90°外圆车刀	1	车端面及车轮廓	0.4	右偏刀
3	T03	切断刀	1	切槽	宽 4.5	
4	T04	硬质合金 60°外螺纹车刀	1	精车轮廓及螺纹	0.15	
编制		×××　审核　×××	批准	×××	共　页	第　页

(5) 切削用量的选择

① 背吃刀量的选择：轮廓粗车循环时选 $a_p=2.5$ mm，精车 $a_p=0.5$ mm；螺纹粗车循环时选第一刀可 $a_p=1$ mm，最后一刀精车 $a_p=0.05$ mm。

② 主轴转速的选择：车直线和圆弧时，查表选粗车切削速度 $v_c=90$ m/min、精车切削速度 $v_c=120$ m/min，然后利用主轴转速计算公式 N 粗车时为 500 r/min、精车时为 1 200 r/min。车螺纹时主轴转速度 $N=320$ r/min。

③ 进给速度的选择：根据表选择粗车、精车每转进给量分别为 0.2 mm/r 和 0.1 mm/r。

综合以上分析，将结果填入数控加工工艺卡片如表 1.10 所列中，作为编制加工程序的主要依据和操作人员配合数控程序进行数控加工的指导性文件。

表 1.10　数控加工工艺卡片

		产品名称或代号		零件名称		零件图号	
单位名称	×××	×××		典型轴		×××	
工序号	程序编号	夹具名称		使用设备		车间	
001	×××	三爪卡盘和活动顶尖		×××		数控	
工步号	工步内容	刀具号	刀具规格 /mm	主轴转速 /$(r \cdot min^{-1})$	进给速度 /$(mm \cdot r^{-1})$	切削深度 /mm	备注
1	平端面	T01	25×25	500			手动
2	钻中心孔			800			手动
3	粗车轮廓	T01	25×25	500	0.2	2.5	自动
4	精车轮廓	T01	25×25	1 200	0.1	0.5	自动
5	切槽	T02	25×25	300	0.1		
6	粗车螺纹	T03	25×25	320			自动
7	精车螺纹	T03	25×25	320		0.05	自动
编制	×××　审核	×××　批准	×××	年　月　日		共　页	第　页

2. 轴承套类零件数控车削加工工艺

下面以图1.3所示轴承套零件为例,分析其数控车削加工工艺。

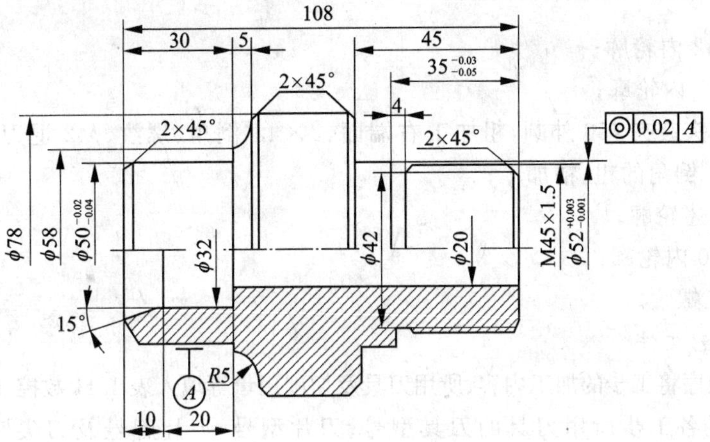

图1.3　轴承套零件

(1) 零件图工艺分析

该零件表面由内外圆柱面、内圆锥面、顺圆弧、逆圆弧及外螺纹等表面组成,加工表面包括车端面、外圆、倒角、内锥面、圆弧、螺纹、退刀槽等。其中多个直径尺寸与轴向尺寸有较高的尺寸精度和表面粗糙度的要求。零件图尺寸标注完整,符合数控加工尺寸标注要求;轮廓描述清楚完整;零件材料为45钢,切削加工性能较好,无热处理和硬度要求。

(2) 工艺处理

通过以上分析,工艺上可采取以下措施。

① 装夹定位方式:此工件不能一次装夹完成加工,必须分两次装夹。该工件右端外表面为螺纹不适于做装夹表面,φ52圆柱面又较短,也不适于做装夹表面,所以第一次装夹工件右端,加工左端,伸出长度定位76 mm,使用三爪卡盘夹持,如图1.4所示。第二次装夹如图1.5所示,完成工件右端、2×45°倒角、螺纹、φ42退刀槽、φ52外圆、轴肩、2×45°倒角的粗、精加工。

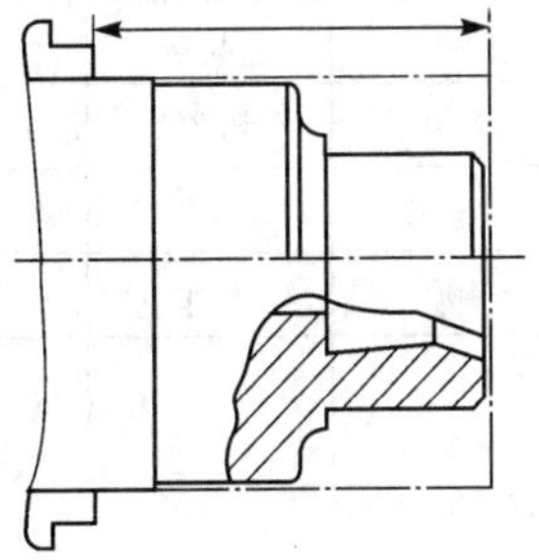

图1.4　第一次装夹示意图

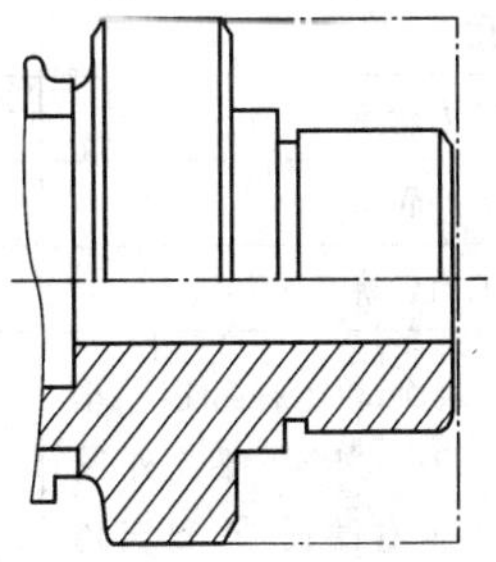

图1.5　第二次装夹示意图

② 换刀点:换刀点为(200.0,200.0)。

③ 公差处理:尺寸公差不对称取中差。

④ 工步和走刀路线的制定:按加工过程确定走刀路线如下。

a. 第一次装夹φ80表面,粗加工零件左侧端面、2×45°倒角、φ50外圆、φ58台阶、$R5$圆弧、2×45°倒角、φ78外圆;

b. 精加工上述轮廓；

c. 钻中心孔；

d. 钻通孔；

e. 粗加工 $\phi32$ 内轮廓；

f. 精加工 $\phi32$ 内轮廓；

g. 第二次掉头装夹 $\phi50$ 外圆，粗加工右端面、$2\times45°$倒角、螺纹、$\phi42$ 退刀槽、$\phi52$ 外圆、轴肩、$2\times45°$倒角的粗、精加工；

h. 精加工上述轮廓；

i. 精加工 $\phi20$ 内轮廓；

j. 切槽，加工螺纹。

(3) 填写工艺文件

① 按加工顺序将工步的加工内容、所用刀具及切削用量等填入表 1.11 数控加工工序卡片中。

② 将选定的各工步所用刀具的刀具型号、刀片型号、刀片牌号及刀尖圆弧半径等填入表 1.12 数控加工刀具卡片中。

表 1.11 轴承套数控加工工序卡片

<table>
<tr><td>单位名称</td><td colspan="3">×××</td><td colspan="2">产品名称或代号
×××</td><td>零件名称
轴承套</td><td>材 料
45</td><td colspan="2">零件图号
×××</td></tr>
<tr><td>工序号</td><td colspan="3">程序编号</td><td colspan="2">夹具名称</td><td colspan="2">使用设备</td><td colspan="2">车间</td></tr>
<tr><td>001</td><td colspan="3">×××</td><td colspan="2">三爪卡盘</td><td colspan="2">×××</td><td colspan="2">数控</td></tr>
<tr><td>工步号</td><td colspan="3">工步内容</td><td>刀具号</td><td>刀具规格
/mm</td><td>主轴转速
/(r·min⁻¹)</td><td>进给量
/(mm·min⁻¹)</td><td>切削深度
/mm</td><td>余量</td></tr>
<tr><td>1</td><td colspan="3">夹 φ80 表面，粗车左侧端面、车 φ78 外圆、车 φ58 台阶、车 φ50 外圆和倒角 2×45°</td><td>T01</td><td></td><td>500</td><td>0.2</td><td>3</td><td>0.3</td></tr>
<tr><td>2</td><td colspan="3">钻中心孔</td><td></td><td></td><td>1 500</td><td>0.02</td><td></td><td></td></tr>
<tr><td>3</td><td colspan="3">钻通孔</td><td></td><td></td><td>600</td><td>0.1</td><td></td><td></td></tr>
<tr><td>4</td><td colspan="3">粗加工内轮廓</td><td>T04</td><td></td><td>300</td><td>0.25</td><td>2</td><td>0.2</td></tr>
<tr><td>5</td><td colspan="3">精加工外轮廓</td><td>T01</td><td></td><td>1 000</td><td>0.1</td><td></td><td></td></tr>
<tr><td>6</td><td colspan="3">精加工内轮廓</td><td>T04</td><td></td><td>400</td><td>0.1</td><td></td><td></td></tr>
<tr><td>7</td><td colspan="3">夹 φ50 表面，粗车右侧端面、车 φ52 外圆、车 M45 螺纹外圆 φ44.82 至右端面 35 和倒角 2×45°</td><td>T01</td><td></td><td>500</td><td>0.15</td><td>3</td><td>0.3</td></tr>
<tr><td>8</td><td colspan="3">精加工内轮廓</td><td>T04</td><td></td><td>400</td><td></td><td></td><td></td></tr>
<tr><td>9</td><td colspan="3">精加工外轮廓</td><td>T02</td><td></td><td>100</td><td></td><td></td><td></td></tr>
<tr><td>10</td><td colspan="3">切槽</td><td>T07</td><td></td><td>300</td><td>0.2</td><td></td><td></td></tr>
<tr><td>11</td><td colspan="3">螺纹加工</td><td>T03</td><td></td><td>400</td><td></td><td></td><td></td></tr>
<tr><td>编制</td><td>×××</td><td>审核</td><td>×××</td><td>批准</td><td>×××</td><td colspan="2">年 月 日</td><td>共 1 页</td><td>第 1 页</td></tr>
</table>

表 1.12　轴承套数控加工刀具卡片

<table>
<tr><td colspan="2">产品名称或代号</td><td>×××</td><td colspan="2">零件名称</td><td colspan="2">轴承套</td><td>零件图号</td><td>×××</td></tr>
<tr><td rowspan="2">序号</td><td rowspan="2">刀具号</td><td rowspan="2">刀具名称</td><td colspan="2" rowspan="2">刀具型号</td><td colspan="2">刀　片</td><td rowspan="2">刀尖半径/mm</td><td rowspan="2">备　注</td></tr>
<tr><td>型　号</td><td>牌　号</td></tr>
<tr><td>1</td><td>T01</td><td>外圆粗精车刀</td><td colspan="2">PCLNL2525M12</td><td>DNMG150404 - PF</td><td>GC4015</td><td>0.4</td><td></td></tr>
<tr><td>2</td><td></td><td>中心孔钻</td><td colspan="2"></td><td></td><td></td><td></td><td></td></tr>
<tr><td>3</td><td></td><td>钻头</td><td colspan="2"></td><td></td><td></td><td></td><td></td></tr>
<tr><td>4</td><td>T03</td><td>内圆粗精车刀</td><td colspan="2">PCLNR09</td><td>CNMG090304 - PM</td><td></td><td>0.4</td><td></td></tr>
<tr><td>5</td><td>T04</td><td>切槽刀</td><td colspan="2">LF123H13 - 2525B</td><td>N123H2 0400 - 0003 - GM</td><td>C4025</td><td>0.3</td><td></td></tr>
<tr><td>6</td><td>T02</td><td>螺纹刀</td><td colspan="2">L166.4FG - 2525 - 16</td><td>R166.OG - 16MM01－150</td><td>Cl020</td><td></td><td></td></tr>
<tr><td>编制</td><td>×××</td><td>审核</td><td>×××</td><td>批准</td><td>×××</td><td>年　月　日</td><td>共1页</td><td>第1页</td></tr>
</table>

1.3　数控铣削加工工艺

1.3.1　数控铣削加工零件的工艺性分析

数控加工工艺性分析涉及内容很多，从数控加工的可能性和方便性分析，应主要考虑如下两个大方面。

(1) 零件图样上尺寸数据的标注原则

① 零件图上尺寸标注应符合编程方便的特点：在数控加工图上，宜采用以同一基准引注尺寸或直接给出坐标尺寸。这种标注方法，既便于编程，也便于协调设计基准、工艺基准、检测基准与编程零点的设置和计算。图 1.6 所示为压缩机缸盖进气口图，采用坐标法标注零件尺寸，编程十分方便。

② 构成零件轮廓的几何元素的条件应充分：自动编程时要对构成零件轮廓的所有几何元素进行定义。在分析零件图时，要分析几何元素的给定条件是否充分，如果不充分，则无法对被加工零件进行造型，也就无法编程。

(2) 零件各加工部位的结构工艺性应符合数控加工的特点

① 零件所要求的加工精度、尺寸公差应能得到保证。

② 零件的内腔和外形最好采用统一的几何类型和尺寸，尽可能减少刀具规格和换刀次数。

③ 零件的工艺结构设计应确保能采用较大直径的刀具进行加工。采用大直径铣刀加工，能减少加工次数，提高表面加工质量。

④ 如图 1.7 所示，零件的被加工轮廓面越低、内槽圆弧越大，则可以采用大直径的铣刀进行加工。因此，内槽圆角半径 R 不宜太小，且应尽可能使被加工零件轮廓面的最大高度 $R>0.2H$，以获得良好的加工工艺性。刀具半径 r 一般取为内槽圆角半径 R 的 0.8～0.9 倍。

⑤ 零件铣削面的槽底圆角半径或腹板与缘板相交处的圆角半径 r 不宜太大。由于铣刀与铣削平面接触的最大直径 $d=D-2r$，其中 D 为铣刀直径。因此，当 D 一定时，圆角半径 r

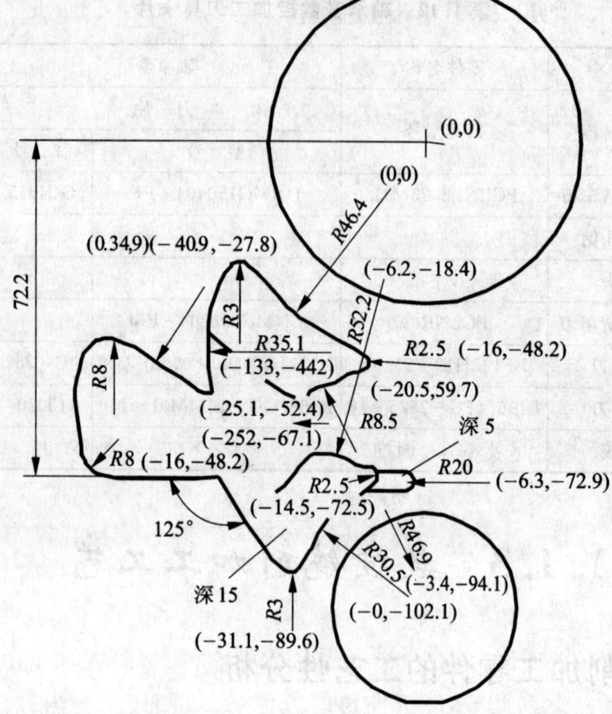

图 1.6 数控加工零件的标注

越大，铣刀端刃铣削平面的面积就越小，铣刀端刃铣削平面的能力就越差，效率越低，工艺性也越差，如图 1.8 所示。

⑥ 应采用统一的基准定位。数控加工过程中，若零件需重新定位安装而没有统一的定位基准，会导致加工结束后正反两面的轮廓位置及尺寸的不协调。因此，要尽量利用零件本身具有的合适的孔或设置专门的工艺孔或以零件轮廓的基准边等作为定位基准，保证两次装夹加工后相对位置的准确。

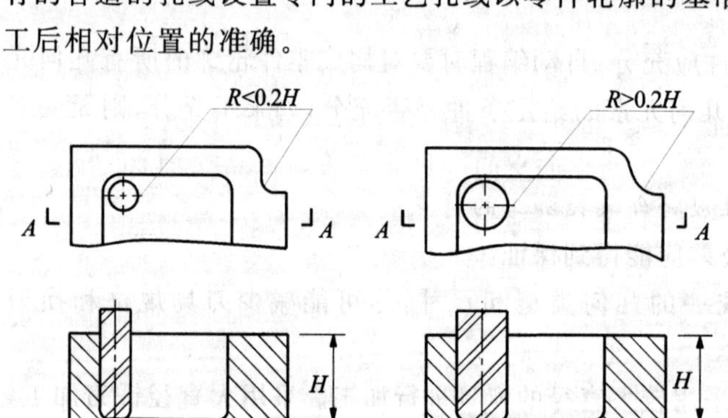

图 1.7 内槽结构工艺对比

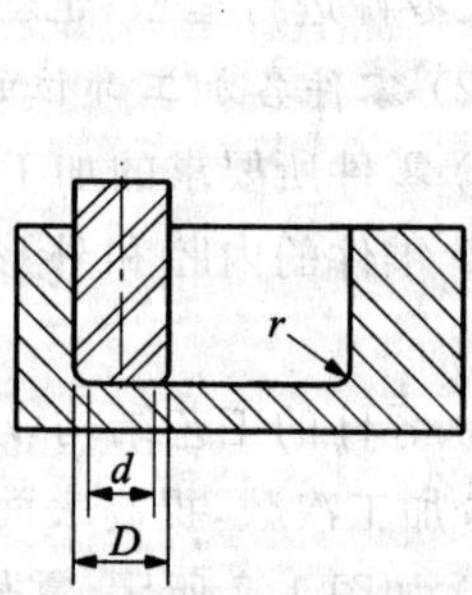

图 1.8 零件槽底圆弧对工艺的影响

1.3.2　数控铣床和加工中心的选用

数控铣床主要有3类:数控立式铣床、数控卧式铣床、立卧两用数控铣床。数控立式铣床在数控铣床中数量最多,在模具加工中应用最为广泛,常用于中、小型模具的制造,如电视机前盖、洗衣机面板等塑料注射模具成型零件、摩托车汽缸等压铸模具及连杆等锻压模具。卧式数控铣床主要用于铣削平面、沟槽和成型表面等,在模具制造中常用于具有深型腔的模具零件铣削,如洗衣机桶体模具的型腔及冰箱内胆的模具型腔等。数控卧式铣床通常采用增加数控转盘或万能数控转盘等方式实现第四坐标、第五坐标的加工。这样不仅可以加工出工件侧面上的连续回转轮廓,而且可以在一次装夹中,通过转盘改变工位实现"四面加工"。立卧两用数控铣床通过主轴方向的变换,在一台机床上既可以进行卧式加工,也可以进行立式加工,从而具备立式和卧式两类机床的功能,实现"五面体加工",应用范围更广,但精度和刚度稍差。

本书所涉及的加工中心是指镗铣类加工中心,它将铣削、钻削、铰削、镗削、攻螺纹和切削螺纹等功能集中在一台设备上,使其具有多种工艺手段,工件经一次装夹后,能对两个以上的表面自动完成加工,并且具有多种换刀选刀功能或自动工作台交换装置。

加工中心主要有立式和卧式两种。卧式加工中心适用于需多工位加工和位置精度要求较高的零件,如箱体、泵体、阀体和壳体等;立式加工中心适用于需单工位加工的零件,如箱盖、端盖和平面凸轮等。规格(指工作台宽度)相近的加工中心,一般卧式加工中心的价格要比立式加工中心贵50%～100%。因此,从经济性角度考虑,完成同样工艺内容,宜选用立式加工中心。但卧式加工中心的工艺范围较宽。

1.3.3　加工方法选择及加工方案确定

1. 加工方法选择

在数控机床上加工零件,一般有以下两种情况。一是有零件图样和毛坯,要选择适合加工该零件的数控机床;二是已经有了数控机床,要选择适合该机床加工的零件。无论哪种情况,都应根据零件的种类和加工内容选择合适的数控机床和加工方法。

平面轮廓零件的轮廓多由直线、圆弧和曲线组成,一般在两坐标联动的数控铣床上加工;具有三维曲面轮廓的零件,多采用三坐标或三坐标以上联动的数控铣床或加工中心加工。经粗铣的平面,尺寸精度可达IT12～IT14级(指两平面之间的尺寸),表面粗糙度及Ra值可达12.5 μm～50 μm。经粗、精铣的平面,尺寸精度可达IT7～IT9级,表面粗糙度Ra值可达1.6 μm～3.2 μm。

孔加工的方法比较多,有钻削、扩削、铰削和镗削等。大直径孔还可采用圆弧插补方式进行铣削加工。

对于直径大于ϕ30 mm已铸出或锻出毛坯孔的孔加工,一般采用粗镗—半精镗—孔口倒角—精镗加工方案。

孔径较大的可采用立铣刀粗铣-精铣加工方案。有空刀槽时可用锯片铣刀在半精镗之后、精镗之前铣削完成,也可用镗刀进行单刃镗削,但单刃镗削效率低。

对于直径小于ϕ30 mm的无毛坯孔的孔加工,通常采用锪平端面—打中心孔—钻—扩—孔口倒角—铰加工方案。

有同轴度要求的小孔,须采用锪平端面—打中心孔—钻—半精镗—孔口倒角—精镗(或铰)加工方案。为提高孔的位置精度,在钻孔工步前须安排锪平端面和打中心孔工步。孔口倒角安排在半精加工之后、精加工之前,以防孔内产生毛刺。

螺纹的加工根据孔径大小而定,一般情况下,直径在 M5～M20 之间的螺纹,通常采用攻螺纹的方法加工。直径在 M6 以下的螺纹,在加工中心上完成底孔加工后,通过其他手段攻螺纹。因为在加工中心上攻螺纹不能随机控制加工状态,小直径丝锥容易折断。直径在 M25 以上的螺纹,可采用镗刀镗削加工。

加工方法的选择原则是保证加工表面的精度和表面粗糙度的要求。由于获得同一级精度及表面粗糙度的加工方法一般有许多,因而在实际选择时,要结合零件的形状、尺寸和热处理要求全面考虑。例如,对于 IT7 级精度的孔采用镗削、铰削、磨削等方法加工均可达到精度要求,但箱体上的孔一般采用镗削或铰削,而不采用磨削。一般小尺寸的箱体孔选择铰削,当孔径较大时则应选择镗削。此外,还应考虑生产率和经济性的要求,以及工厂的生产设备等实际情况。

2. 加工方案确定

确定加工方案时,首先应根据主要表面的精度和表面粗糙度的要求,初步确定为达到这些要求所需要的加工方法,即精加工的方法,再确定从毛坯到最终成型的加工方案。

在加工过程中,工件按表面轮廓可分为平面类和曲面类零件,其中平面类零件中的斜面轮廓又分为有固定斜角和变斜角的外形轮廓面。外形轮廓面的加工,若单纯从技术上考虑,最好的加工方案是采用多坐标联动的数控机床,这样不但生产效率高,而且加工质量好。但由于一般中小企业无力购买这种价格昂贵、生产费用高的机床,因此应考虑采用 2.5 轴控制和 3 轴控制机床加工。

两轴半控制和三轴控制机床上加工曲面类的零件,通常采用球头铣刀,轮廓面的加工精度主要通过控制走刀步长和加工带宽度来保证。加工精度越高,走刀步长和加工带宽度越小,编程效率和加工效率越低。

如图 1.9 所示,球头刀半径为 r,零件曲面上曲率半径为 ρ,行距为 S,加工后曲面表面残留高度为 H。则有:

$$s = 2\sqrt{H(2r-H)} \times \frac{\rho}{r \pm \rho}$$

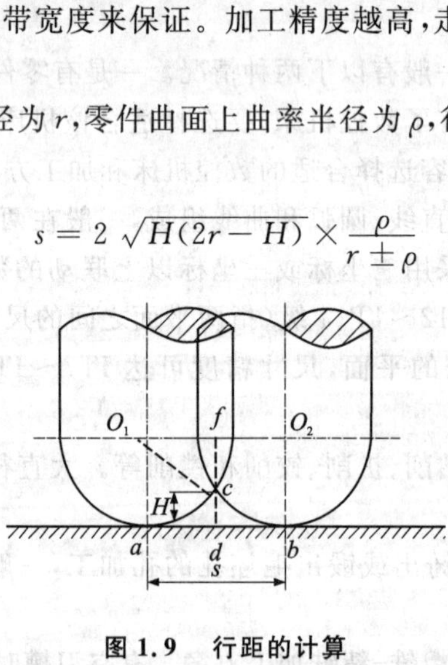

图 1.9　行距的计算

式中,当被加工零件的曲面在 ab 段内是凸的时候取"+"号,是凹的时候取"−"号。

现在的 CAD/CAM 系统编程时选择行距与步长的方式主要有两种:一种是经过估算,选择等行距等步长。在规定的区域内不论曲面如何变化,刀具总是以相等的行距与步长进行切削。由于曲面的曲率和凹凸是变化的,所以采用这种方法切削后,曲面表面残留高度是不同的。另一种方法是等残留高度法，即在编程时，先确定整张曲面表面上的残留沟纹高度，CAD/CAM 系统根据此高度自动计算出行距与步长，所以采用这种方法切削出的表面，不论曲面如何变化，残留高度总是相等的，但行距与步长却不相等。

1.3.4　加工余量的选择

加工余量指毛坯实体尺寸与零件(图纸)尺寸之差。加工余量的大小对零件的加工质量和制造的经济性有较大的影响。余量过大会浪费原材料及机械加工工时，增加机床、刀具及能源的消耗；余量过小则不能消除上道工序留下的各种误差、表面缺陷和本工序的装夹误差，容易造成废品。因此，应根据影响余量的因素合理地确定加工余量。零件加工通常要经过粗加工、半精加工、精加工才能达到最终要求。因此，零件总的加工余量等于中间工序加工余量之和。

(1) 工序间加工余量的选择原则

① 采用最小加工余量原则，以求缩短加工时间，降低零件的加工费用；

② 应有充分的加工余量，特别是最后的工序。

(2) 在选择加工余量时，还应考虑的情况

① 由于零件的大小不同，切削力、内应力引起的变形也会有差异，工件大，变形增加，加工余量相应地应大一些。

② 零件热处理时引起变形，应适当增大加工余量。

③ 加工方法、装夹方式和工艺装备的刚性可能引起的零件变形，过大的加工余量会由于切削力增大引起零件的变形。

(3) 确定加工余量的方法

① 查表法：这种方法是根据各工厂的生产实践和实验研究积累的数据，先制成各种表格，再汇集成手册。确定加工余量时查阅这些手册，再结合工厂的实际情况进行适当修改后确定。目前，我国各工厂普遍采用查表法。

② 经验估算法：这种方法是根据工艺编制人员的实际经验确定加工余量。一般情况下，为了防止因余量过小而产生废品，经验估算法的数值总是偏大。经验估算法常用于单件小批量生产。

③ 分析计算法：这种方法是根据一定的试验资料数据和加工余量计算公式，分析影响加工余量的各项因素，并计算确定加工余量。这种方法比较合理，但必须有比较全面和可靠的试验资料数据。目前，只在材料十分贵重，以及少数大量生产的工厂采用。

1.3.5　加工路线的确定

在数控加工中，刀具刀位点相对于工件运动的轨迹称为加工路线，它是编程的依据，直接影响加工质量和效率。在确定加工路线时要考虑下面几点：

① 保证零件的加工精度和表面质量，且效率要高；

② 减少编程时间和程序容量；

③ 减少空刀时间和在轮廓面上的停刀，以免划伤零件；

④ 减少零件的变形；

⑤ 位置精度要求高的孔系零件的加工应避免机床反向间隙的带入而影响孔的位置精度；

⑥ 复杂曲面零件的加工应根据零件的实际形状、精度要求、加工效率等多种因素来确定

是行切还是环切，是等距切削还是等高切削的加工路线等。

以下是几种典型加工的刀具路径。

1. 孔加工路线的确定

如图 1.10 所示，精镗 4－ϕ30H7 的孔，由于孔的位置精度要求较高，采用图 1.11(a)中方案时，由于Ⅳ孔与Ⅰ、Ⅱ、Ⅲ孔的定位方向相反，x 向的间隙会使定位误差增加，而影响Ⅳ孔与Ⅲ的位置精度。采用图 1.11(b)中方案在工件外增加一个刀具折返点，这样，几个孔的定位方向一致，可避免反向间隙的引入，提高孔距精度。

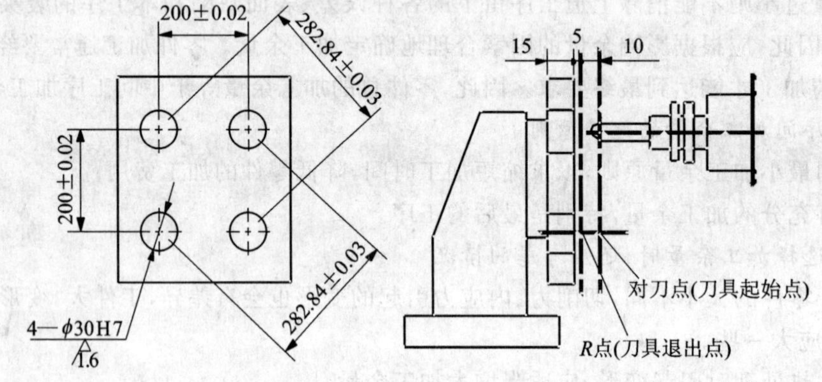

图 1.10 镗孔结构示意图

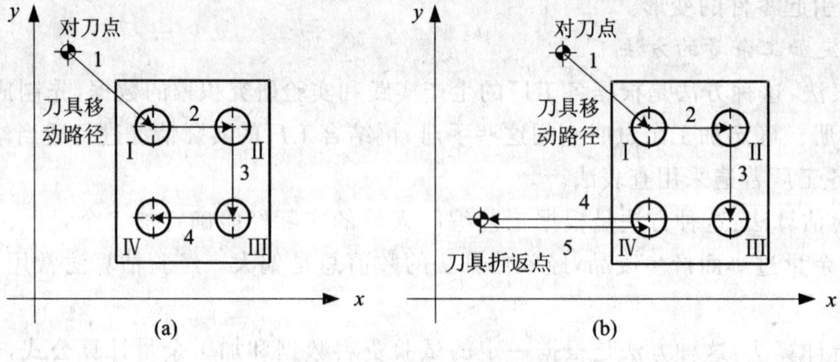

图 1.11 孔加工顺序的选择

2. 铣削平面的加工路线

铣削平面零件时，一般采用立铣刀侧刃进行切削。因刀具的运动轨迹和方向不同，可能是顺铣或逆铣，其不同的加工路线所得的零件表面质量也不同。

沿着刀具的进给方向看，如果工件位于铣刀进给方向的右侧，那么进给方向称为顺时针。反之，当工件位于铣刀进给方向的左侧时，进给方向定义为逆时针。如果铣刀旋转方向与工件进给方向相反，称为逆铣，如图 1.12 所示；铣刀旋转方向与工件进给方向相同，称为顺铣，如图 1.13 所示。

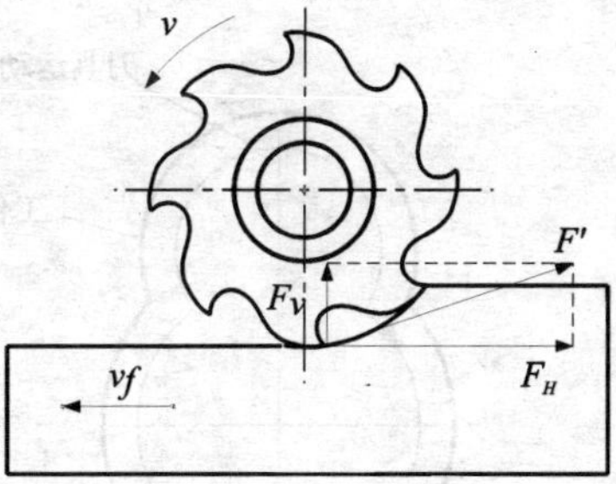

图 1.12　逆　铣

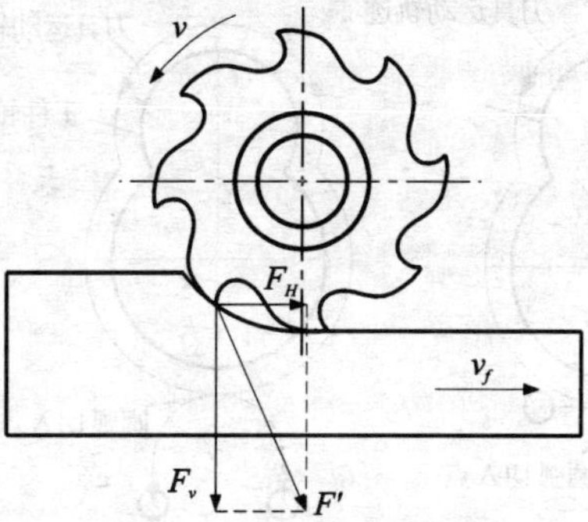

图 1.13　顺　铣

逆铣时，每个刀的切削厚度都是由小到大逐渐变化的，刀齿从已加工表面切入，对铣刀的使用有利。但由于铣刀的刀齿接触工件后不能马上切入金属层，而是在工件表面滑动一小段距离，在滑动过程中，由于强烈的磨擦，就会产生大量的热量，同时在待加工表面易形成硬化层，降低了刀具的耐用度，影响工件表面粗糙度，给切削带来不利。

顺铣时，切削厚度是由大到小逐渐变化的，刀齿开始和工件接触时切削厚度最大，且从表面硬质层开始切入，刀齿受很大的冲击负荷，铣刀变钝较快，但刀齿切入过程中没有滑移现象。顺铣的功率消耗要比逆铣时小，在同等切削条件下，顺铣功率消耗要低 5%～15%（铣削碳钢时，功率消耗可减少 5%，铣削难加工材料时可减少 14%），同时顺铣也更加有利于排屑，但由于水平铣削力的方向与工件进给运动方向一致，当刀齿对工件的作用力较大时，由于工作台丝杆与螺母间间隙的存在，工作台会产生窜动，这样不仅破坏了切削过程的平稳性，影响工件的加工质量，而且严重时会损坏刀具。

目前，数控机床通常具有间隙消除机构，能可靠地消除工作台进给丝杆与螺母间的间隙，防止铣削过程中产生振动。因此对于工件毛坯表面没有硬皮，工艺系统具有足够的刚性的条件下，数控铣削加工应尽量采用顺铣，以降低被加工零件表面的粗糙度，保证尺寸精度。但是在切削面上有硬质层、积渣、工件表面凹凸不平较显著时，如加工锻造毛坯，应采用逆铣法。

铣削平面零件时，切削前的进刀方式也必须考虑。切削前的进刀方式有两种形式：一种是垂直方向进刀，另一种是水平方向进刀。

如图 1.14(a)所示，铣削外表面轮廓时，为减少接刀痕迹，保证零件表面质量，铣刀的切入点和切出点应沿零件轮廓曲线上某点的切线延长线来切入和切出零件表面。如果切入和切出距离受限，可采用先直线进刀再圆弧过渡的加工路线，如图 1.14(b)所示；铣削内轮廓表面时，可以同样处理，如图 1.15 所示。

3. 刀具轴向进给的切入与切出距离的确定

如图 1.16 所示为用钻头钻孔。钻头定位于 R 点，从 R 点以进给速度作 Z' 向进给，到孔底部后，快速退到 R 点，距离 A 为切入点，λ 为切出距离。刀具的轴向引入距离的经验数据为：在已加工面上钻、镗、铰孔，$A=1$ mm～3 mm；在毛坯表面上钻、镗、铰孔，$\lambda=5$ mm～8 mm。钻孔时刀具的轴向切出距离为 1 mm～3 mm，当顶角 $\theta=118°$，切削长度 $\lambda=D\cos\theta/2\approx0.3D$。

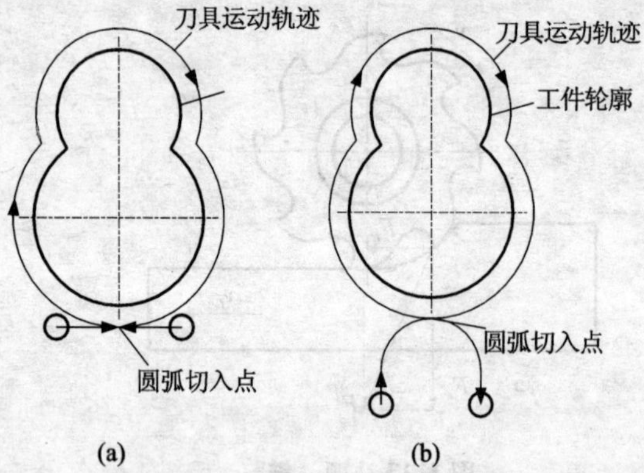

图 1.14 铣削外圆时的加工路线

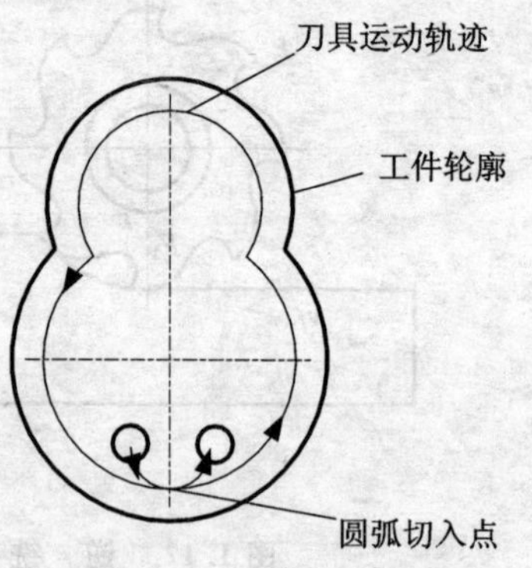

图 1.15 铣削内圆时的加工路线

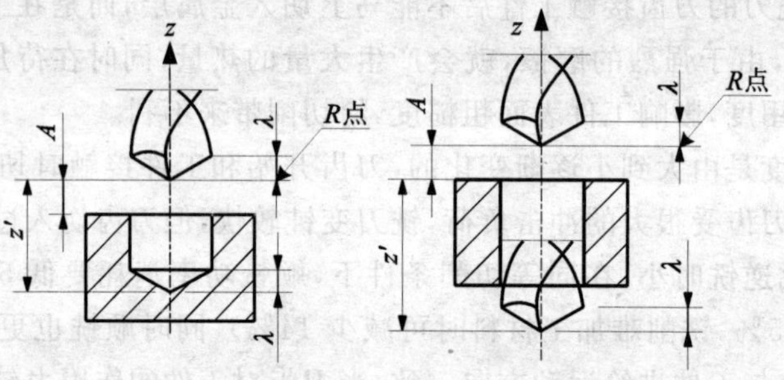

图 1.16 钻孔的切入和切出距离

4. 曲面铣削

曲面铣削时需要注意如下几个方面。

① 粗铣:粗铣时应根据被加工曲面给出的余量,用立铣刀按等高面一层一层地铣削,这种铣削方式效率高。粗铣后的曲面类似于山坡上的阶梯田。台阶的高度视粗铣精度而定。粗加工给半精加工的余量为 0.5 mm～1 mm。

② 半精铣:用以铣掉“梯田”的台阶,使被加工表面更接近于理论曲面,采用球头铣刀或圆弧刀加工,一般为精加工工序留出 0.2 mm～0.5 mm 左右的加工余量。半精加工的行距和步长可比精加工大。

③ 精加工:用以加工出理论曲面。用球头铣刀精加工曲面时,一般用行切法。对于开敞性比较好的零件而言,行切的接近点应选在曲面的外面,即在编程时,应把曲面向外延伸一些。对开敞性不好的零件表面,由于折返时切削速度的变化,很容易在已加工表面上及检查面上留下由于停顿和振动产生的刀痕。所以在加工和编程时,一是要在折返时降低进给速度,二是被加工曲面折返点应稍离开检查面。对曲面与检查面相贯线应单作一个清根程序另外加工,这样就会使被加工曲面与检查面光滑连接,而不致产生很大的刀痕。

④ 球头铣刀在铣削曲面时,其刀尖处的切削速度很低,如果用球刀垂直于被加工面铣削比较平缓的曲面时,球刀刀尖切出的表面质量比较差,所以应适当地提高主轴转速,另外还应避免用刀尖切削。

⑤ 避免垂直进刀,该铣刀可有两种,一种是端面有顶尖孔,其切削刃不过中心;另一种是

端面无顶尖孔，端刃相连且过中心。在铣削曲面时，有顶尖孔的立铣刀绝对不能像钻头似的向下垂直进刀，除非预先钻有工艺孔，否则会把铣刀顶断。如果用无顶尖孔的立铣刀可以垂直向下进刀，但由于刀刃角度太小，轴向力很大，所以也应尽量避免。最好的办法是向斜下方进刀，进到一定深度后再用侧刃横向切削。在铣削凹槽面时，可以预钻出工艺孔以便进刀。用球头铣刀垂直进刀的效果虽然比平底的端铣刀要好，但也因轴向力过大，影响切削效果，最好不使用这种进刀方式。

⑥ 铣削曲面零件时，如果发现零件材料热处理不好、有裂纹、组织不均匀等现象时，应及时停止加工，以免浪费工时。

⑦ 在铣削模具型腔比较复杂的曲面时，一般需要较长的周期，因此，在每次开机铣削前应对机床、夹具、刀具进行适当的检查，以免在中途发生故障，影响加工精度，甚至造成废品。

⑧ 在模具型腔铣削时，应根据加工表面的粗糙度适当掌握修锉余量。对于铣削比较困难的部位，如果加工表面粗糙度较差，应适当多留些修锉余量；而对于平面、直角沟槽等容易加工的部位，应尽量降低加工表面粗糙度，减少修锉工作量，避免因大面积修锉而影响型腔曲面的精度。

1.3.6　工件定位与安装的确定

在铣削加工时，把工件放在机床上（或夹具中），使它在夹具上的位置按照一定的要求确定下来，并将必须限制的自由度逐一予以限制，这称作工件在夹具上的“定位”。工件定位以后，为了承受切削力、惯性力和工件重力，还应夹牢，这称为“夹紧”。从定位到夹紧的整个过程叫做“安装”。工件安装情况的好坏，将直接影响工件的加工精度。

1. 工件的定位

工件相对夹具一般应完全定位，且工件的基准相对于机床坐标系原点应有严格的确定位置，以满足能在数控机床坐标系中实现工件与刀具相对运动的要求。同时，夹具在机床上也应完全定位，夹具上的每个定位面相对数控机床的坐标原点均应有精确的坐标尺寸，以满足数控加工中简化定位和安装的要求。

数控铣床和加工中心的工作台是夹具和工件定位与安装的基础，因机床结构形式和工作台的结构差异有所不同，常见的有下面 5 种（如图 1.17 所示）。

① 以侧面定位板定位：利用侧面定位板可直接计算出工件或夹具在工作台上的位置，并能保证与回转中心的相对位置，定位安装十分方便。

② 以中心孔定位：利用工件的外径或内径进行中心孔定位，能保证工件中心与工作台中心有较高的一致性。

③ 以中央 T 形槽定位：通常把标准定位块插入 T 形槽，使安装的工件或夹具紧靠标准块，达到定位的目的，多用于立式数控铣床。

④ 以基准槽定位：通常在工作台的基准槽中插入标准定位块或止动块，作为工件或夹具的定位标准。

⑤ 以基准销孔定位：多在立式数控铣床辅助工作台上采用，适合多工件频繁装卸的场合。

选择定位方式时应注意下面 5 点。

- 所选择的定位方式有较高的定位精度；
- 无超定位的干涉现象；

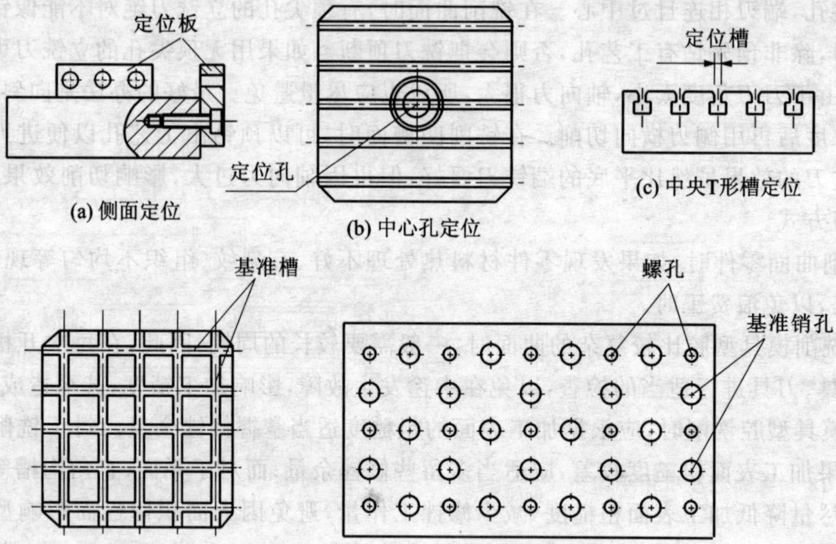

(a) 侧面定位　(b) 中心孔定位　(c) 中央T形槽定位

(d) 基准槽定位　(e) 基准销孔定位

图 1.17　工件(夹具)的安装与定位

- 零件的安装基准最好与设计基准重合；
- 便于安装、找正和测量；
- 有利于刀具的运动和简化程序的编制。

2. 选择合适的夹具装置

零件的数控加工大都采用工序集中原则，加工的部位较多，同时批量较小，零件更换周期短，夹具的标准化、通用化和自动化对加工效率的提高及加工费用的降低有很大影响。

夹具按照结构类型可分为通用类、组合类与专用类夹具分为如下 3 种。

(1) 通用类夹具

图 1.18 所示为强力液压机用平口钳，该平口钳有多种规格(如表 1.13 所列)。可用于数控铣、加工中心和普通的钻床和铣床。

表 1.13　强力液压机用平口钳的规格

mm

规　格	数　值			
钳口宽度	113	135	160	200
夹持范围	170	220	310	355
钳口　高 C/厚 Y	31.6/12	39.6/16	49.6/16	66.6/20
高度　$(G\pm0.02)/E$	65.5/97	72.5/112	83.5/133	104.5/171
长 F/D	390/583	468/681	574/817	685/1 022
宽 K	160	200	240	280
槽宽 Q	13	13	17	18

图 1.19 所示为可换支承钳口、气动类夹紧通用虎钳。该系统夹紧时由压缩空气使活塞 1 下移，带动杠杆 2 使活动钳口 3 右移，快速调整固定钳口宽度，由手柄 4 反转而使支承板 5 的凸块从槽中退出完成对工件的装夹。

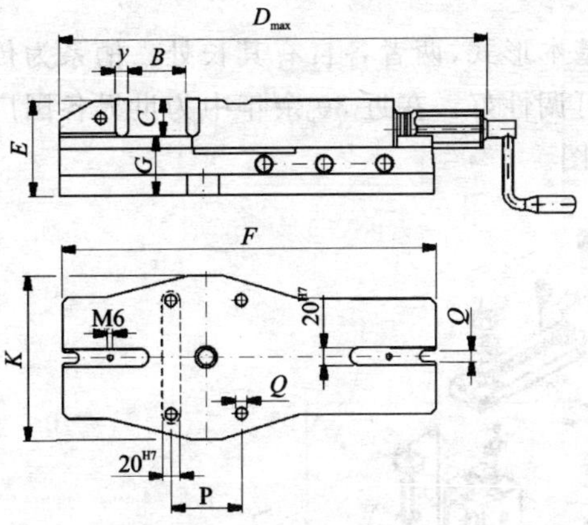

图 1.18　强力液压机用平口钳

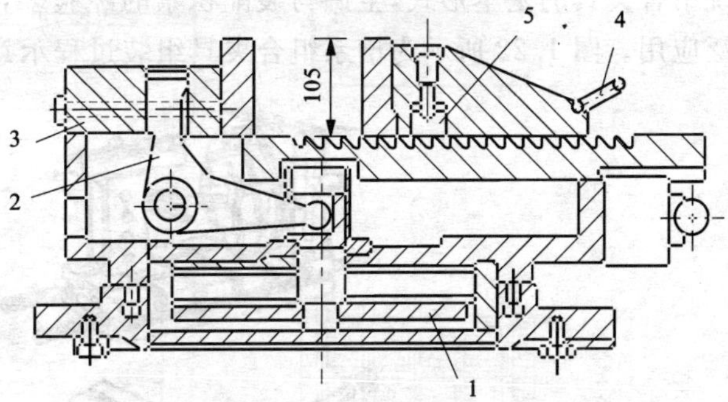

1. 活塞杠杆；2. 杠杆；3. 活动钳口；4. 手柄；5. 凸块

图 1.19　气动夹紧通用虎钳

图 1.20 所示为数控铣床和加工中心上通用的可调夹具系统。该系统由图示基础件和另外一套定位夹紧调整件组成。基础件 1 为内装立式油缸 2 和卧式液压缸 3 的平板，通过销 4 与 5 和机床工作台的一个孔与槽对定，夹紧元件可从上或侧面把双头螺杆或螺栓旋入液压缸活塞杆，不用的定位孔用螺塞封盖。

图 1.21 所示为数控回转工作台(座)。用于在铣床和钻床上一次安装工件，同时可从四面加工坯料。图 1.21(a)可作四面加工，图 1.21(b)和(c)可作圆柱凸轮的空间成型面和平面凸轮加工，图 1.21(d)为双回转台，可用于加工在表面上成不同角度布置的孔，可作 5 个方向的加工。

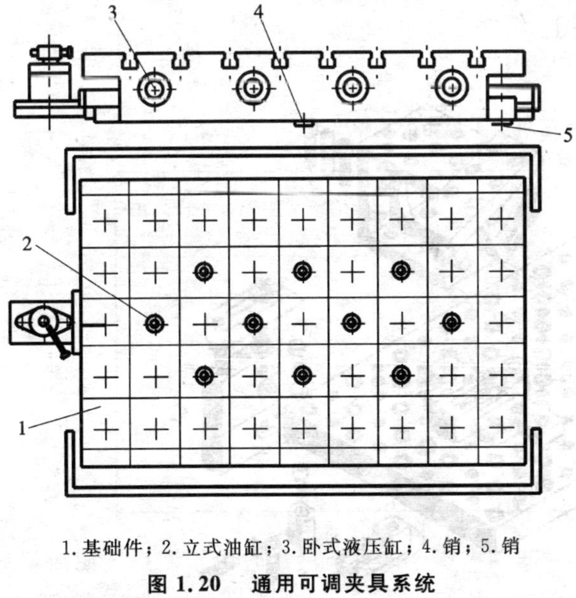

1. 基础件；2. 立式油缸；3. 卧式液压缸；4. 销；5. 销

图 1.20　通用可调夹具系统

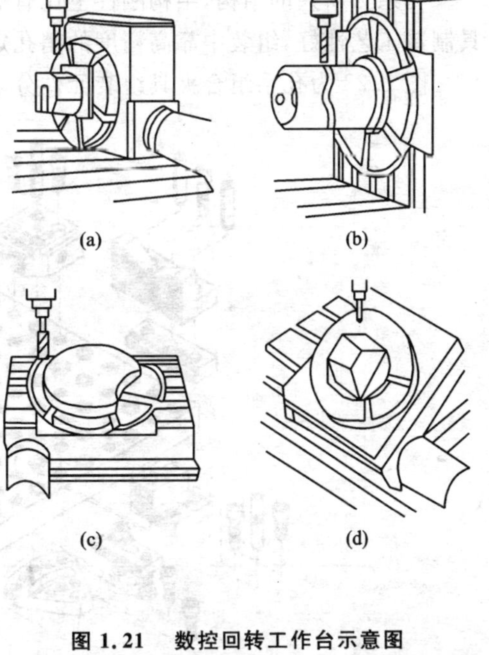

图 1.21　数控回转工作台示意图

(2) 组合类夹具

现代组合夹具的结构主要分为孔系与槽系两种基本形式,两者各自有其长处。槽系为传统组合夹具的基本形式,生产与装配积累的经验多,可调性好。在近30余年中为世界各国广泛应用。图1.22所示为槽系组合夹具组装过程示意图。

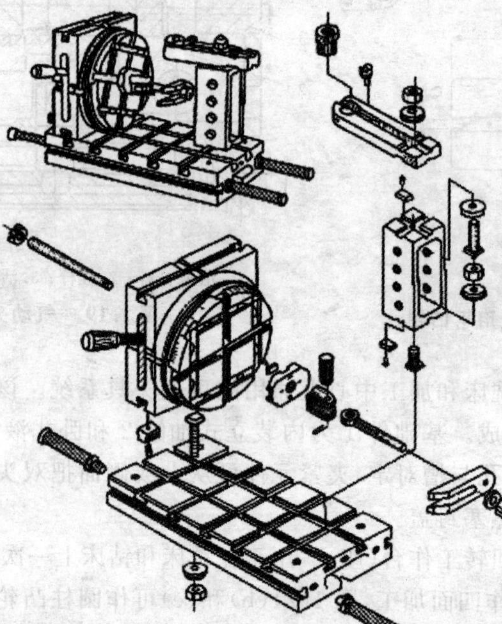

图1.22 槽系组合夹具组装示意图

孔系为新兴的结构,结构刚性上比有纵横交错的槽更好。由于孔比槽易加工,孔系组合夹具制造工艺性好,组装中靠高精度的销孔定位,比需要费时测量的槽系组合夹具操作简单。图1.23为孔系组合夹具组装元件分解图。

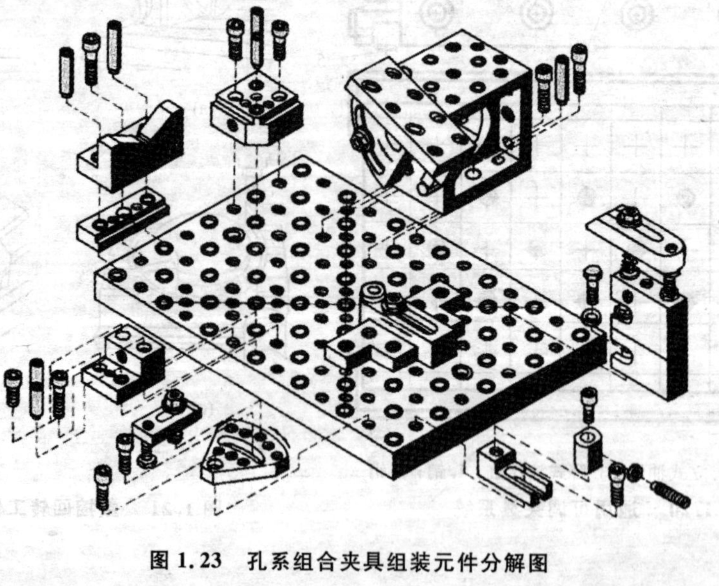

图1.23 孔系组合夹具组装元件分解图

图 1.24 为孔系的方箱组合夹具示意图。图 1.25 所示为孔系组合夹具应用实例。

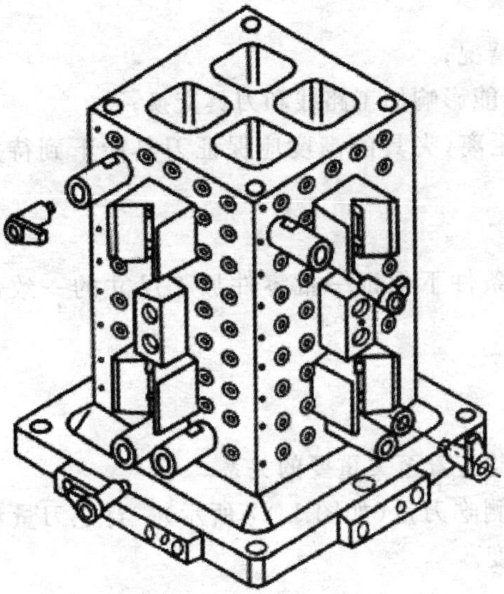

图 1.24　孔系的方箱组合夹具

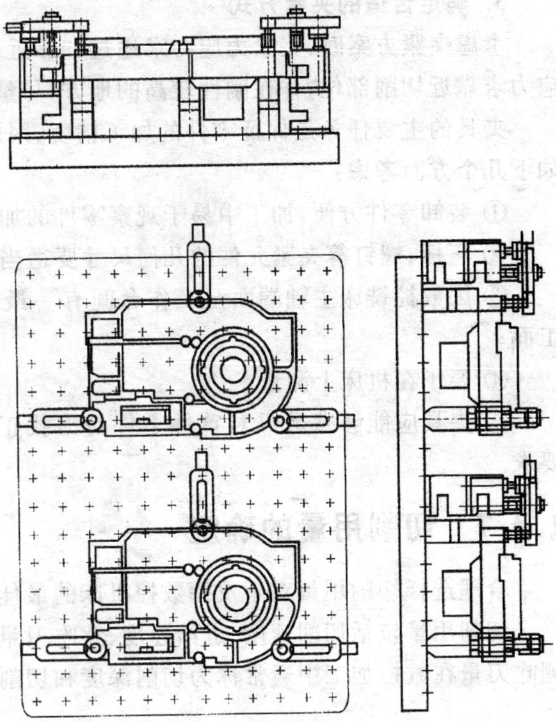

图 1.25　孔系组合夹具应用实例

孔系组合夹具基础板的孔系形成网格式坐标(如图 1.26 所示),其他元件都可以按照孔系网格的坐标值组装在此基础板上。基础板的孔系网格坐标与托板网格坐标相对应,因而简化了数控编程中的工件坐标计算。

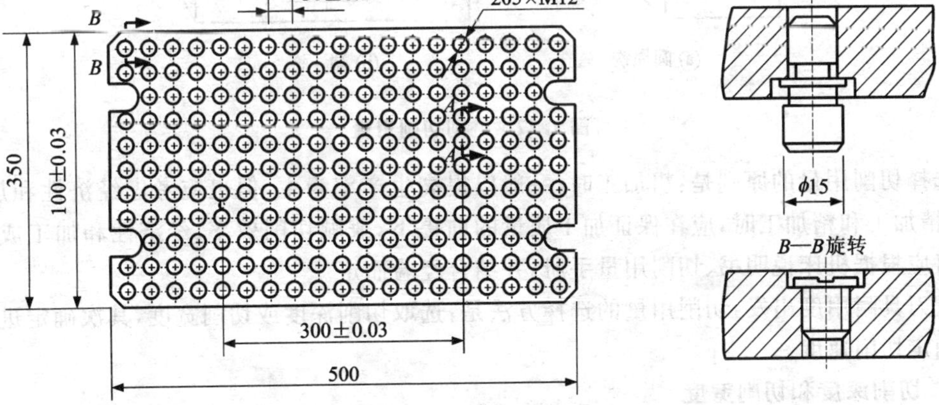

图 1.26　孔系夹具的基础板

(3) 专用类夹具

对批量较大,且周期性投产,加工精度要求较高的关键工序应设计专用夹具,以保证加工精度和提高装夹效率。

3. 确定合适的夹紧方式

考虑夹紧方案时,夹紧力应力求通过和靠近中心点上,或在支持点所组成的三角区之内,应力求靠近切削部位,并在刚性较高的地方,尽量不要在被加工孔上方进行夹压。

夹具的主要任务是保证零件的加工精度,因此要求夹具必须具备足够的刚性和强度,可从如下几个方面考虑:

① 装卸零件方便,加工中易于观察零件的加工情况;

② 压板、螺钉等夹紧元件的几何尺寸要适当,不能影响加工路线和刀具交换;

③ 因数控铣床主轴端面至工作台间有一最小距离,夹具的高度应保证刀具能下到待加工面;

④ 便于在机床上测量;

⑤ 夹具应能够满足只对首件零件对刀找正的条件下保证一批零件加工尺寸的一致性要求。

1.3.7 切削用量的确定

合理选择切削用量对于发挥数控机床的最佳效益有着至关重要的关系。

切削用量包括切削速度、进给速度、背吃刀量和侧吃刀量(如图 1.27 所示)。背吃刀量和侧吃刀量在数控加工中通常称为切削深度和切削宽度。

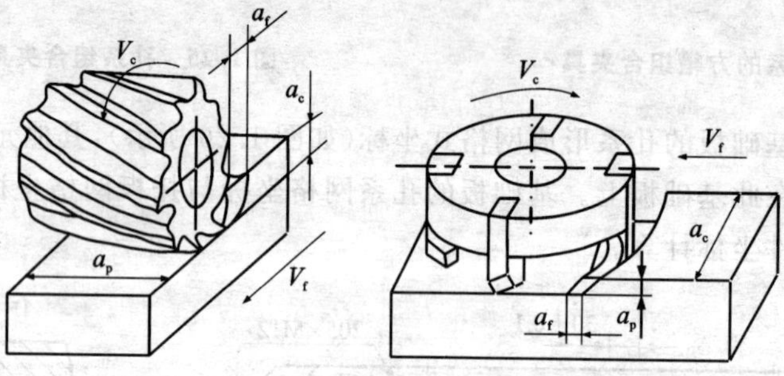

(a) 圆周铣 (b) 端 铣

图 1.27 铣削切削用量

选择切削用量的原则是:粗加工时,一般以提高生产率为主,但也应考虑经济性和加工成本;半精加工和精加工时,应在保证加工质量的前提下,兼顾切削效率、经济性和加工成本,具体数值应根据机床说明书、切削用量手册,并结合经验而定。

从刀具耐用度出发,切削用量的选择方法是:选取切削深度或切削宽度,其次确定进给量,最后确定切削速度。

1. 切削深度和切削宽度

在机床、工件和刀具刚度允许的情况下,增加切削深度,可以提高生产率。为了保证零件的加工精度和表面粗糙度,一般应留一定的余量进行精加工。

在编程中切削宽度称为步距,一般切削宽度与刀具直径成正比,与切削深度成反比。在粗加工中,步距取得大有利于提高加工效率。在使用平底刀进行切削时,切削宽度的一般取值范围为:(0.6～0.9)D。而使用圆角刀进行加工,刀具直径应扣除刀尖的圆角部分,即 $d=D-2r$(D 为刀具直径,r 为刀尖圆角半径),而切削宽度可以取(0.8～0.9)d。而在使用球头刀进行精加工时,步距的确定应首先考虑所能达到的精度和表面粗糙度。

切削深度的选择,通常有如下3种情况:

① 在工件表面粗糙度值要求 Ra 为12.5 μm～25 μm时,如果圆周铣削的加工余量小于5 mm,端铣的加工余量小于6 mm,粗铣一次进给就可以达到要求。但在余量较大,工艺系统刚性较差或机床动力不足时,可分多次进给完成;

② 在工件表面粗糙度值要求 Ra 为3.2 μm～12.5 μm时,可分粗铣和半精铣两步进行。粗铣时切削深度或切削宽度选取同前。粗铣后留0.5 mm～1.0 mm余量,在半精铣时切除;

③ 在工件表面粗糙度值要求 Ra 为0.8 μm～3.2 μm时,可分粗铣、半精铣、精铣3步进行。半精铣时切削深度或切削宽度取1.5 mm～2 mm;精铣时圆周铣侧吃刀量取0.3 mm～0.5 mm,面铣刀背吃刀量取0.5 mm～1 mm。

2. 进给量

进给量有进给速度 v_f、每转进给量 f 和每齿进给量 f_z 3种表示方法。

进给速度 v_f,是单位时间内工件与铣刀沿进给方向的相对位移,单位为 mm/min,在数控程序中的代码为 F。

每转进给量 f 是铣刀每转一转,工件与铣刀的相对位移,单位为 mm/r。

每齿进给量 f_z 是铣刀每转过一齿时,工件与铣刀的相对位移,单位为 mm/齿。

这3种进给量的关系为:

$$v_f = f \times n = f_z \times z \times n$$

式中,铣刀转速为 n,铣刀齿数为 z,f_z 为每齿进给量。

每齿进给量 f_z 的选取主要取决于工件材料的力学性能、刀具材料、工件表面粗糙度等因素。工件材料的强度和硬度越高,f_z 越小;反之则越大。硬质合金铣刀的每齿进给量高于同类高速钢铣刀。工件表面粗糙度要求越高,f_z 就越小。每齿进给量的确定可参考表1.14选取。

攻丝时,进给速度的选择取决于螺孔的螺距 P(单位:mm),由于使用了有浮动功能的攻丝夹头。一般攻丝时,进给速度小于计算数值:

$$v_f \leqslant P \times n$$

表1.14 铣刀每齿进给量 f_z

mm/齿

铣刀 工件材料	平铣刀	面铣刀	圆柱铣刀	端铣刀	成形铣刀	高速钢镶刃刀	硬质合金镶刃刀
铸铁	0.2	0.2	0.07	0.05	0.04	0.3	0.1
可锻铸铁	0.2	0.15	0.07	0.05	0.04	0.3	0.09
低碳钢	0.2	012	0.07	0.05	0.04	0.3	0.09
中高碳钢	0.15	0.15	0.06	0.04	0.03	0.2	0.08
铸钢	0.15	0.1	0.07	0.05	0.04	0.2	0.08
镍铬钢	0.1	0.1	0.05	0.02	0.02	0.15	0.06
高镍铬钢	0.1	0.1	0.04	0.02	0.02	0.1	0.05
黄铜	0.2	0.2	0.07	0.05	0.04	0.03	0.21
青铜	0.15	0.15	0.07	0.05	0.04	0.03	0.1

续表 1.14

铣刀 工件材料	平铣刀	面铣刀	圆柱铣刀	端铣刀	成形铣刀	高速钢镶刃刀	硬质合金镶刃刀
铝	0.1	0.1	0.07	0.05	0.04	0.02	0.1
Al-Si 合金	0.1	0.1	0.07	0.05	0.04	0.18	0.1
Mg-Al-Zn	0.1	0.1	0.07	0.04	0.03	0.15	0.08
Al-Cu-Mg	0.15	0.1	0.07	0.05	0.04	0.02	0.1
Al-Cu-Si							—

3. 切削速度 V_c

影响切削速度的因素很多，其中最主要的是刀具材质（如表 1.15 所列）。

表 1.15 刀具材料与许用最高切削速度表

序 号	刀具材料	类 别	主要化学成分	最高切削速度/m·min^{-1}
1	碳素工具钢		Fe	
2	高速钢	钨系	18W+4Cr+1V+(Co)	50
		钼系	7W+5Mo+4Cr+1V	
3	超硬工具	P 种（钢用）	WC+Co+TiC+(TaC)	150
		M 种（铸钢用）	WC+Co+TiC+(TaC)	
		K 种（铸铁用）	WC+Co	
4	涂镀刀具（COATING）		超硬母材料镀 Ti TiNi103 A203	250
5	陶金（CERMET）	TicN+NbC 系	TicN+NbC+Co	300
		NbC 系	NbC+Tic+Co	
		TiN 系	TiN+TiC+Co	
6	陶瓷 （CERAMIC）	酸化物系	Al_2O_3 $Al_2O_3+ZrO_2$	1 000
		氮化硅素系	Si_3N_4	
		混合系	Al_2O_3+TiC	
7	CBN 工具	氮化硼	高温高压下烧结（BN）	1 000
8	金刚石工具	非金属	钻石（多结晶）	1 000

表 1.16～表 1.20 是数控机床和加工中心常用的切削用量表。

表 1.16 铣刀切削速度 mm/min

工件材料	铣刀材料					
	碳素钢	高速钢	超高速钢	合金钢	碳化钛	碳化钨
铝合金	75～150	180～300		240～460		300～600
镁合金		180～270				150～600
铝合金		45～100				120～190
黄铜（软）	12～25	20～25		45～75		100～180
青铜	10～20	20～40		30～50		60～130

续表 1.16

工件材料	铣刀材料					
	碳素钢	高速钢	超高速钢	合金钢	碳化钛	碳化钨
青铜(硬)		10～15	15～20			40～60
铸铁(软)	10～12	15～20	18～25	28～40		75～100
铸铁(硬)		10～15	10～20	18～28		45～60
(冷)铸铁			10～15	12～18		30～60
可锻铸铁	10～15	20～30	25～40	35～45		75～110
钢(低碳)	10～14	18～28	20～30		45～70	
钢(中碳)	10～15	15～25	18～28		40～60	
钢(高碳)		180～300	12～20		30～45	
合金钢					35～80	
合金钢(硬)					30～60	
高速钢					45～70	

表 1.17　镗孔切削用量　切削速度/(mm·min^{-1})、进给量/(mm·r^{-1})

工　序	工件材料 刀具材料	铸　铁		铜		铝及合金	
		切削速度	进给量	切削速度	进给量	切削速度	进给量
粗镗	高速钢	20～25		15～30		100～150	0.5～1.5
	硬质合金	30～35	0～1.5	50～70	0.35	100～250	
半精镗	高速钢	20～35	0.15～0.45	15～50		100～200	0.2～0.5
	硬质合金	50～70		92～130	0.15～0.45		
精镗	高速钢		D1 级 0.08				
	硬质合金	70～90	D1 级 0.12～0.15	100～130	0.2～0.15	150～400	0.06～0.1

表 1.18　攻螺纹切削速度　(mm/min^{-1})

工件材料	铸铁	钢及其合金钢	铝及其铝合金
切削速度 V/m·min^{-1}	2.5～5	1.5～5	5～15

表 1.19　金属材料用高速钢钻孔的切削用量　切削速度/(mm·min^{-1})、进给量/(mm·r^{-1})

工件材料	牌号或硬度	切削用量	钻头直径			
			1～6	6～12	12～22	22～50
铸铁	HB160-200	切削速度	16～24			
		进给量	0.07～0.12	0.12～0.2	0.2～0.4	0.4～0.8
	HB200-241	切削速度	10～18			
		进给量	0.05～0.1	0.1～0.18	0.18～0.25	0.25～0.4
	HB300-400	切削速度	5～12			
		进给量	0.03～0.08	0.08～0.15	0.15～0.2	0.2～0.3

续表 1.19

工件材料	牌号或硬度	切削用量	钻头直径			
			1～6	6～12	12～22	22～50
钢	35、45	切削速度	8～25			
		进给量	0.05～0.1	0.1～0.2	0.2～0.3	0.3～0.45
	15Cr、20Cr	切削速度	12～30			
		进给量	0.05～0.1	0.1～0.2	0.2～0.3	0.3～0.45
	合金钢	切削速度	8～18			
		进给量	0.03～0.08	0.08～0.15	0.15～0.25	0.25～0.35

表 1.20 有色金属材料用高速钢钻孔的切削用量 切削速度/($mm \cdot min^{-1}$)、进给量/($mm \cdot r^{-1}$)

工件材料	牌号或硬度	切削用量	钻头直径		
			3～8	8～25	25～50
铝	纯铝	切削速度	20～50		
		进给量	0.03～0.2	0.06～0.5	0.15～0.8
	铝合金（长切削）	切削速度	20～50		
		进给量	0.05～0.25	0.1～.6	0.2～1.0
	铝合金（短切削）	切削速度	20～50		
		进给量	0.03～0.1	0.05～0.15	0.08～0.36
铜	黄铜、青铜	切削速度	60～90		
		进给量	0.06～0.15	0.15～0.3	0.3～0.75
铜	硬青铜	切削速度	25～45		
		进给量	0.05～0.15	0.12～0.25	0.25～0.5

4. 主轴转速

主轴转速 n(r/min)一般根据切削速度 V_c来选定。计算公式为：

$$n=\frac{1\,000\times V_c}{\pi\times d}$$

式中，d 为刀具或工件直径(mm)。

对于球头立铣刀的计算直径 D，一般要小于铣刀直径 D，故其实际转速不应按铣刀直径 D 计算，而应按直径 D_e计算。

$$D_e=\sqrt{D^2-(D-D\times\alpha_p)^2}$$

α_p为切削深度，而

$$n=\frac{1\,000\times V_c}{\pi\times D_e}$$

数控机床的控制面板上一般备有主轴转速修调(倍率)开关和进给速度修调(倍率)开关，可在加工过程中对主轴转速和加工速度进行调整。

第 2 章　数控车床编程与操作

2.1　数控车床的基本功能

2.1.1　数控车床的基本功能

数控车床的加工精度和加工效率与普通车床相比要提高几倍甚至几十倍，最主要的是数控车床的加工主要依赖于数控车床本身的系统精度以及编制数控程序的准确度，数控车削的编程由指令代码构成。

1. N 功能

程序段号是用地址 N 和后面的四位数字来表示的，通常是按顺序在每个程序段前加上编号（顺序号），但也可以只在需要的地方编号。

例如　N0011 G00 M08 X3.0；

2. 工具机能（T 指令）

刀具功能是表示换刀功能，根据加工需要在某些程序段指令进行选刀和换刀。刀具功能是用字母 T 和其后的四位或两位数字表示。其中前两位或一位为刀具号，后两位或一位为刀具补偿号，四位或两位数字是由参数设定的。每次刀具加工结束后必须取消其刀具补偿。其输入格式：

T □□ □□

（后两位）刀具补偿号：0~32，

（前两位）刀具序号：0~99

注：· 刀具的序号可以与刀盘上的刀位号相对应；

· 刀具补偿包括形状补偿和磨损补偿；

· 刀具序号和刀具补偿序号不必相同，但为了方便通常使它们一致；

· 取消刀具补偿的 T 指令格式为：

T□□或 T□□00；

例如：

G00 X20.0 Z20.0 T0303；　　（参考刀具快速移动到 A 点）

G00 X20.0 Z20.0 T0505；　　（镗孔刀具快速移动到 A 点，如图 2.1 所示）

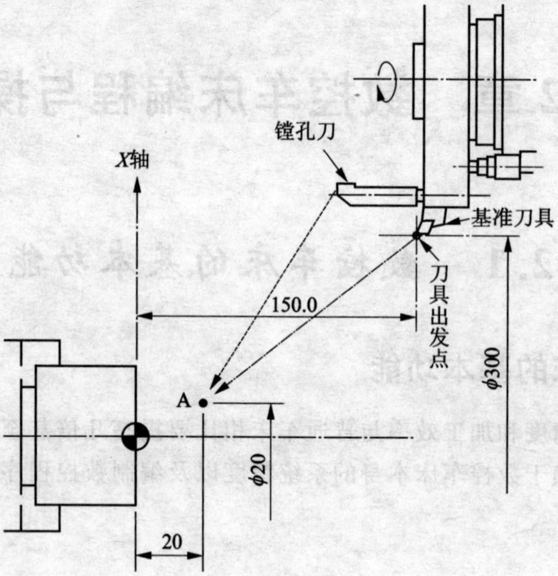

图 2.1 换 刀

3. F 进给机能

进给功能是表示进给速度，进给速度是用字母 F 和其后面的若干位数字来表示的。该指令制定刀具的进给速度，有三种形式：

(1) 每转进给量(mm/r)

若系统处于 G99 状态，则认为 F 所指定的进给速度单位为 mm/r，如图 2.2 所示。

(G99) F_ ;

↑

主轴每转刀具进给量

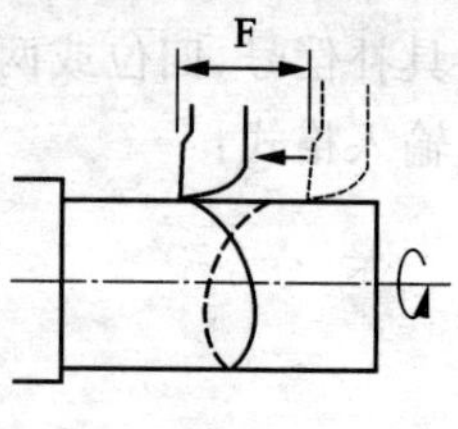

图 2.2 每转进给量

小数点输入指令范围：0.000 1～500.000 0(mm/r)，例如：F0.1 即为 0.1 mm/r。

注：要取消 G99 状态，必须重新制定 G98，系统默认 G99。

(2) 每分钟进给量 G98(mm/min)

系统在执行了一条含有 G98 的程序段后，在遇到 F 指令时便认为 F 所指定的进给速度单位为 mm/min，如图 2.3 所示。

(G98) F_ ;

↑

每分钟刀具进给量

指令范围：1～15 000(mm/min)

例如：F100 即为 100 mm/min。

注：G98 被执行一次后，系统将保持 G98 状态，即使断电也不受影响，直至系统执行了含有 G99 的程序段，G98 便被取消，而 G99 将发生作用。

(3) 螺纹切削进给速度

如图 2.4 所示：

(G32)
(G76) IP　F_　;
(G92)

↑

指定螺纹的螺距

指令范围：0.000 1～500.000 0(mm/r)

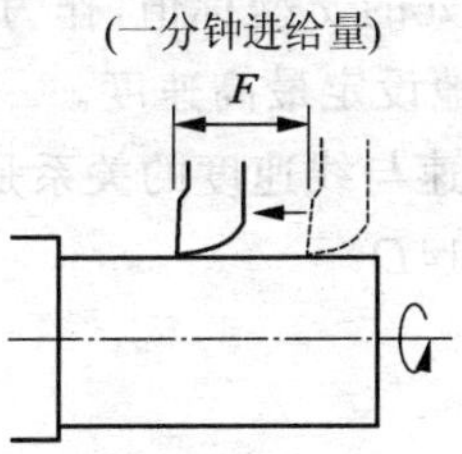

图 2.3　每分钟进给量

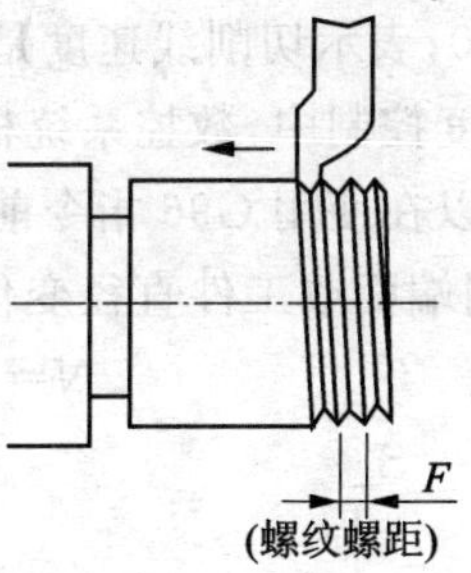

图 2.4　螺纹切削

注：· 每转进给量切螺纹时，快速进给速度没有指定界限；

· 接入电源时，系统默认 G99 模式(每转进给量)。

4. S 主轴机能

主轴机能(S 指令)是设定主轴转数的指令。

(1) 主轴最高转速的设定(G50)

(G50) S_　;

↑

主轴最高转速

例如：G50　S2000；表示主轴最高转速为 2 000 r/min。

该指令可防止因主轴转速过高，离心力太大，产生危险及影响机床寿命。

用恒线速度(即 G96)控制加工端面、锥度和圆弧时，由于 X 坐标不断变化，故当刀具逐渐移近工件旋转中心时，主轴转速会越来越高，工件有可能从卡盘飞出。为了防止事故有时必须限制主轴的最高转速，这时可使用 G50　S_指令来达到目的。

G50 指令以程序原点为工作坐标系的中心(原点)，指令刀具出发点的坐标，设定工作坐标以后，刀具的出发点到程序原点之间的距离就是一个确定的绝对坐标值，这与刀具从机械原点出发相比，生产效率提高了。例如：

G50　X100.0　Z200.0；

(2) 直接设定主轴转数指令(G97)

主轴速度用转数设定，单位：rpm。G97 是取消恒线速度控制的指令。此时，S 指定的数值表示主轴每分钟的转速。

指令格式为：G97　S_

例如:G97　　S1000;　表示主轴转速为 1 000 r/min。

(G97)　　S_

↑　　↑

取消主轴线速度　设定主轴转数(rpm)

恒定机能　指令范围:0～9 999

(3) 设定主轴线速度恒定指令(G96)

主轴速度用线速度设定,单位:m/min。G96 是执行恒线速度控制的指令。系统执行 G96 指令后,便认为用 S 指定的数值表示切削线速度。指令格式为: G96　S_;

例如:G96　S200;表示切削线速度是 200 m/min。

注:· 在恒线速度控制中,数控系统根据刀尖所处的 x 坐标值,作为工件的直径来计

· 主轴转速,所以在使用 G96 指令前必须正确地设定最高速度。

· 该指令在车削端面或工件直径变化较大时转速与线速度的关系是:

$$N=1\,000V/3.14D$$

(G96)　　S_

↑　　↑

主轴线速度恒定　设定主轴线速度,即切削速度(m/min)

例如,设定主轴速度的程序如下:

G97　S600;　取消线速度恒定机能,主轴转数为 600 rpm

M
M　} G97 模式

G96　S150;　线速度恒定,切削速度为 150 m/min

G50　S1200;用 G50 指令设定主轴最高转速为 1 200 rpm

M
M　} G96 模式

G97　S300;　取消线速度恒定机能,主轴转数 300 rpm

注:G96(控制线速度一定指令):当工件直径变化时主轴每分钟转数也随之变化,这样就可保证切削速度不变,从而提高了切削质量;

2.1.2 数控车床各种常用指令

数控车床各种常用指令如表 2.1 和表 2.2 所列。

表 2.1　数控车床编程指令的种类

功　能	地　址	说　明
程序号码	O(EIA)	数控程序的编号
程序段序号	N	程序段序号
准备功能	G	指令数控机床的运动方式

续表 2.1

功　能	地　址	说　明
尺寸字	X、Z、U、W	各个坐标轴上的移动指令
	R	圆弧半径、倒圆角
	I、K	从始点到圆弧中心的距离
进给功能	F	指定进给速度、指定螺纹的螺距
主轴功能	S	指定主轴的转速
工具功能	T	指定刀具编号、指定刀具补偿编号
辅助功能	M	指定辅助功能的开关控制
暂　停	P、U、X	停刀的时间
指定程序号	P	指定程序执行的编号
指定程序段号	P、Q	指定程序开始执行和返回的程序段号
重复次数	P	子程序的重复操作次数

表 2.2　常用准备功能指令(G 代码)

G 代码	功　能
G00	快速点定位(快速进给,非切削指令)
G01	直线插补(切削进给,切削指令)
G02	顺时针圆弧插补
G03	逆时针圆弧插补
G04	暂停
G28	返回参考点
G32	螺纹切削(涡形或端面螺纹)
G40	取消刀尖 R 补偿
G41	左刀尖补偿
G42	右刀尖补偿
G50	设定坐标系,设定主轴最高转速
G70	精加工循环指令
G71	z 向循环粗加工指令
G72	x 向循环粗加工指令
G73	轮廓循环粗加工指令
G74	钻孔或端面切削循环指令(z 向)
G75	切槽循环指令(x 向)
G76	螺纹复合切削循环指令(梯形螺纹或蜗杆切削)
G90	外圆、内孔车削循环指令
G92	螺纹切削指令
G94	端面车削循环指令(z 向)

续表 2.2

G代码	功能
G96	设定恒线速度/(m·min^{-1})
G97	设定恒转速/(r·min^{-1})
G98	每分进给量/(mm·min^{-1})
G99	每转进给量/(mm·r^{-1})

1. 常用G代码指令

(1) 快速点定位(G00)

该指令命令刀具以点位控制方式从刀具所在点快速移动到目标位置，无运动轨迹要求，不需特别规定进给速度。

输入格式：G00　IP_；

注：· IP代表目标点的坐标，可以用X、Z、C、U、W或H表示(下文同)；

· X(U)坐标按直径值输入；

· “;”表示一个程序段的结束。

例2.1.1　如图2.5所示，快速进刀(G00)程序：

　　G00　X50.0　Z6.0；

或　　G00　U－70.0　W－84.0；

注：· ⊕ 符号代表程序原点；

· 本章所有示例均采用公制输入；

· 在某一轴上相对位置不变时，可以省略该轴的移动指令；

· 移动速度为：x轴方向8 000 mm/min，z轴方向12 000 mm/min，c轴22.2 rpm(FANUC 0T/15T系统)；

· 在同一程序段中，绝对坐标指令和增量坐标指令可以混用；

· 刀具移动的轨迹不是标准的直线插补(如图2.1所示)。

(2) 直线插补(G01)

该指令用于直线或斜线运动。可使数控车床沿x轴、z轴方向执行单轴运动，也可以沿x、z平面内任意斜率的直线运动。

输入格式：G01　IP_　F_；

例2.1.2　如图2.6所示，外圆柱切削程序：

　　G01　X60.0　Z－80.0　F0.3；

或　　G01　U0　W－80.0　F0.3；

注：· X和U指令可以省略；

· X和Z指令与U和W指令可在一个程序段内混用，程序可写为：G01　U0　Z－80.0　F0.3；或G01　X60.0　W－80.0　F0.3；

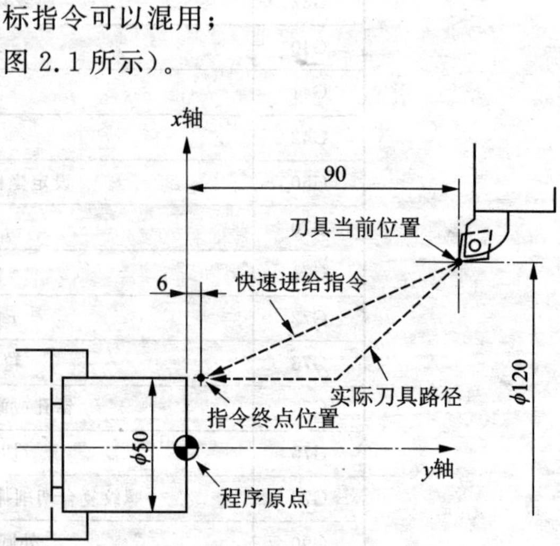

图2.5　G00快速进刀

例2.1.3　如图2.7所示，外圆锥切削程序：G01　X80.0　Z－80.0　F0.3；或G01　U20.0　W－80.0　F0.3；

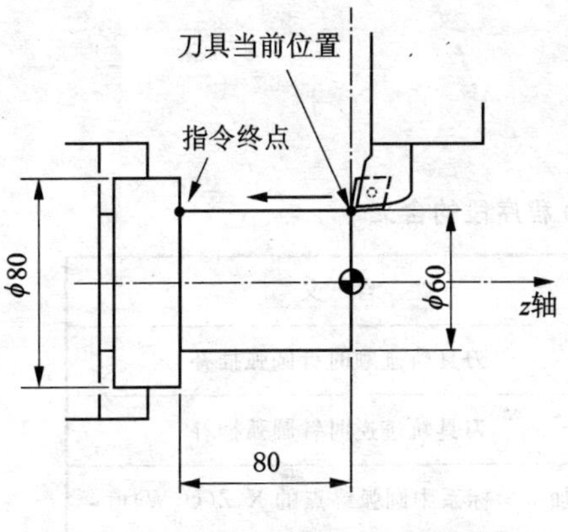

图 2.6　G01 指令切外圆柱

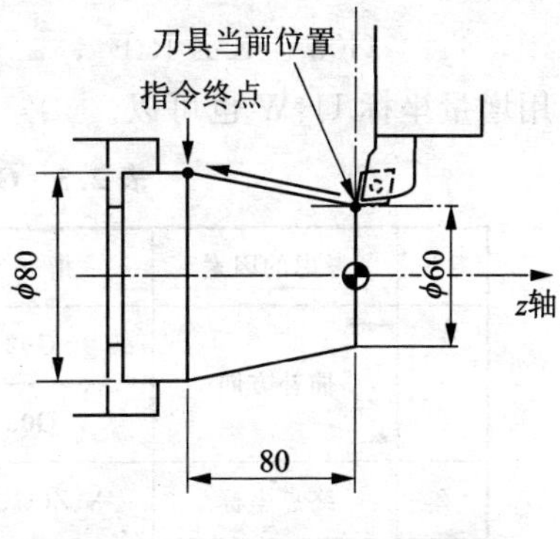

图 2.7　G01 指令切外圆锥

直线插补指令 G01 在数控车床编程中还有一种特殊的用法：倒角及倒圆角，可以用一个程序段来代替两个程序段倒角或倒圆，如例 4 和例 5。

例 2.1.4　如图 2.8 所示倒角程序。

N001　G01　Z－20.0　C4.0　F0.4；

N002　X50.0　C2.0；

N003　Z－40.0；

例 2.1.5　如图 2.9 所示倒圆程序（绝对坐标指令）。

N001　G01　Z－20.0　R4.0　F0.4；

N002　X50.0　R2.0；

N003　Z－40.0；

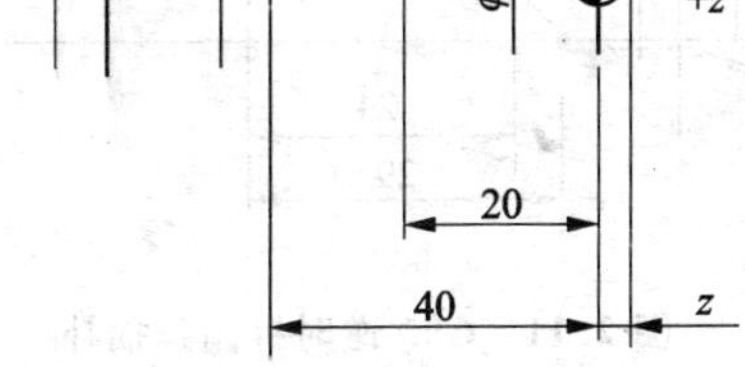

图 2.8　G01 指令倒角

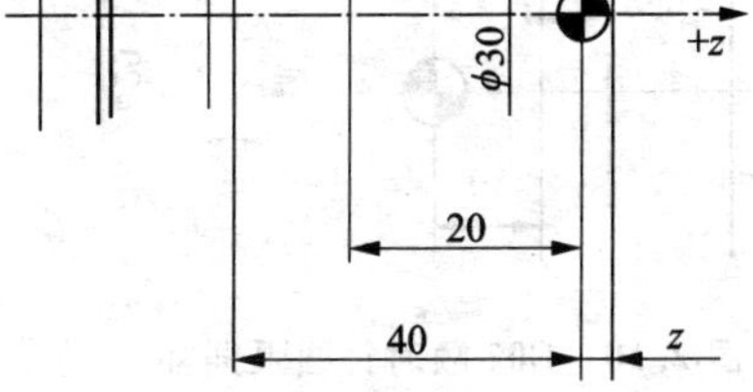

图 2.9　G01 指令倒圆

（3）圆弧插补（G02 和 G03）

该指令能使刀具沿着圆弧运动，切出圆弧轮廓。G02 来顺时针圆弧插补指令，G03 为逆时针圆弧插补指令，如表 2.3 所列。

输入格式:

G02 X_Z R F_;

G03 X Z R F_;

注:用增量坐标 U、W 也可以。

表 2.3 G02 和 G03 程序段的含义

	考虑的因素	指 令	含 义
1	插补方向	G02	刀具轨迹顺时针圆弧插补
		G03	刀具轨迹逆时针圆弧插补
2	终点坐标	X、Z(U、W)	加工坐标系中圆弧终点的 X、Z(U、W)值
3	圆弧半径	R	指圆弧的半径,取小于 180 的圆弧部分

例 2.1.6 如图 2.10 所示,顺时针圆弧插补程序。

G02 U30.0 W−10.0 I20.0 K17.0 F0.3;

R 指令:

G02 X50.0 Z−10.0 R27.0 F0.3;

G02 U30.0 W−10.0 R27.0 F0.3;

例 2.1.7 如图 2.11 所示,逆时针圆弧插补程序。

G03 U30.0 W−24.0 I−20.0 K−29.0 F0.3;

R 指令:

G03 X50.0 Z−24.0 R35.0 F0.3;

G03 U30.0 W−24.0 R35.0 F0.3;

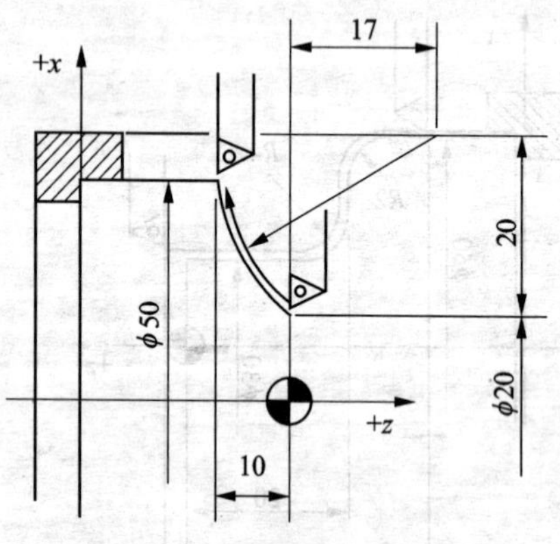

图 2.10 G02 顺时针圆弧插补

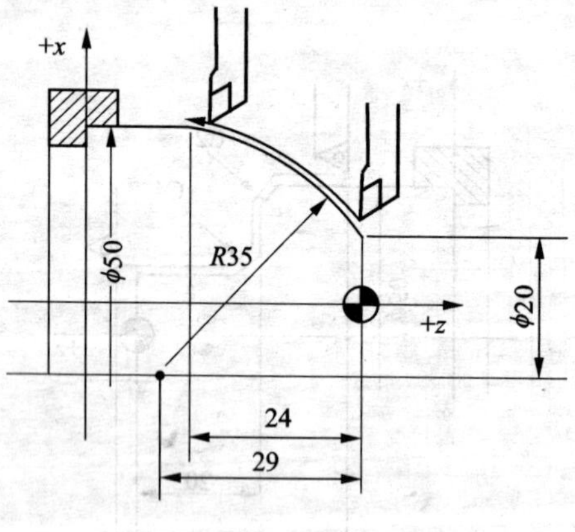

图 2.11 G03 逆时针圆弧插补

执行圆弧插补需要注意的事项:

- I、K(圆弧中心)的指定也可以用半径指定;
- 当 I、K 值均为零时,该代码可以省略;
- 圆弧在多个象限时,该指令可连续执行;
- 在圆弧插补程序段内不能有刀具机能 T 指令;

· 进给机能 F 指令指定切削进给速度，并且，进给速度 F 控制沿圆弧方向的线速度。
· 使用圆弧半径 R 值时，指定小于 180°；
· 指定比始点到终点的距离的一半还小的 R 值时，按 180°圆弧计算；
· 当 I、K 和 R 同时被指定时，R 指令优先，I、K 值无效。

(4) 螺纹切削指令(G32)

G32 指令能够切削圆柱螺纹、圆锥螺纹、端面螺纹(涡形螺纹)

输入格式：G32　IP F ；

注：“F_”为螺纹的螺距。

例 2.1.8　如图 2.12 所示，圆柱螺纹切削程序。

G32　Z－40.0　F3.5；　(绝对坐标指令)

G32　W－45.0　F3.5；　(相对坐标指令)

注：· δ_1 和 δ_2 表示由于伺服系统的延迟而产生的不完全螺纹。这些不完全螺纹部分的螺距也不均匀，应该考虑这一因素来决定螺纹的长度。请参考有关手册来计算 δ_1 和 δ_2；

· 主轴转速与螺距是相关联并相互制约的；
· 改变主轴转速，将切出不规则的螺纹；
· 在 G32 指令切削螺纹过程中不能执行循环暂停钮。

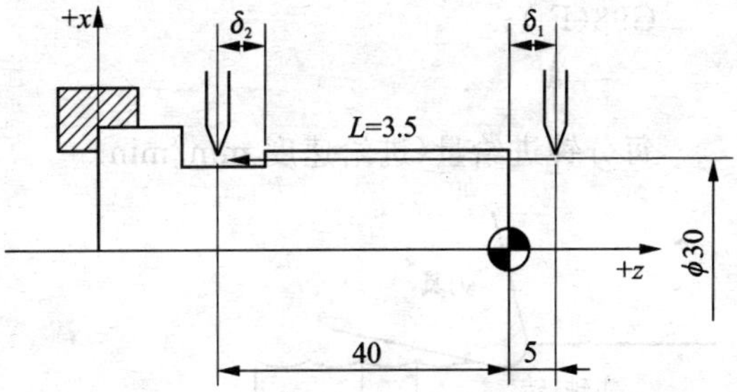

图 2.12　G32 圆柱螺纹切削

δ_1 和 δ_2 的经验公式：　$\delta_1=\dfrac{R \cdot L}{1\,800}\times 3.605$；　$\delta_2=\dfrac{R \cdot L}{1\,800}$

式中，R 为主轴转速(rpm)；L 为螺纹导程。

例 2.1.9　如图 2.13 所示，锥螺纹切削程序。

G32　X50.0　Z－35.0　F2；　(绝对坐标指令)

G32　U30.0Z－40.0　F2；　(相对坐标指令)

注：锥螺纹螺距的确定方法如图 2.14 所示。

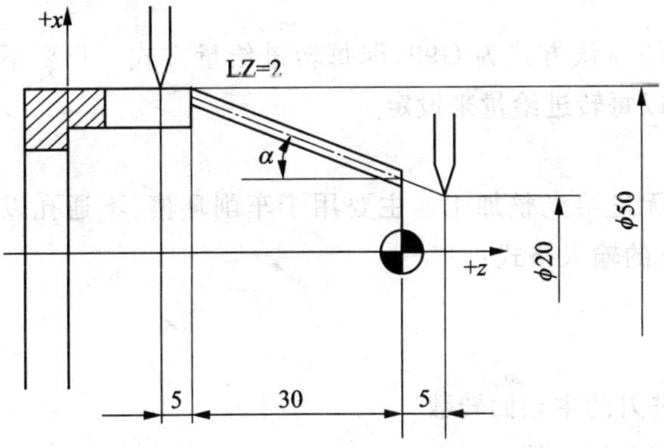

图 2.13　G32 锥螺纹切削

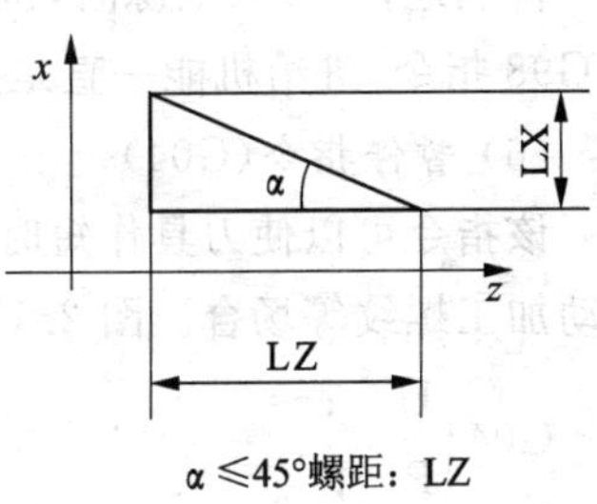

图 2.14　锥螺纹螺距的确定

(5) 每转进给量和每分钟进给量

指定进给机能的指令方法有两种：

① 每转进给量(G99)，如图 2.15 所示。

输入格式：

G99(F_)；

↑

主轴每转进给量(进给速度 mm/r)

② 每分钟进给量(G98)，如图 2.16 所示。

输入格式：

G98(F_)；

↑

每分钟进给量(进给速度 mm/min)

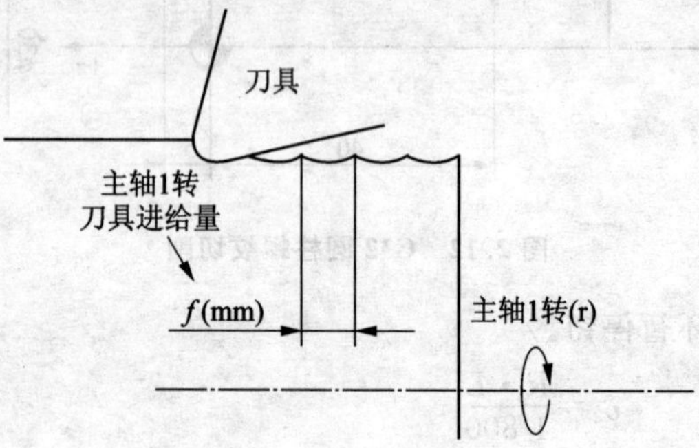

图 2.15　每转进给量

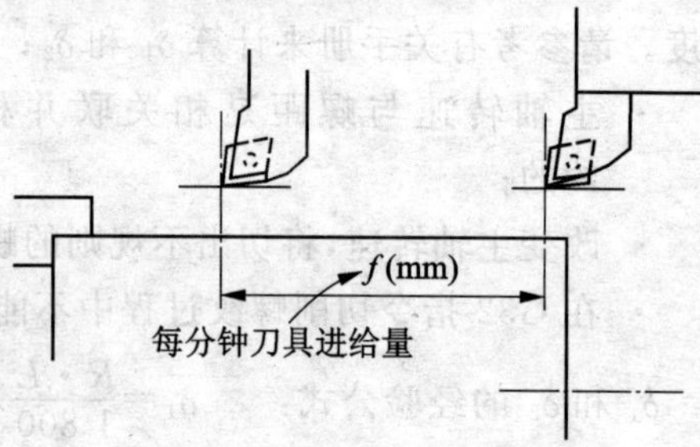

图 2.16　每分钟进给量

使用每转进给量(G99)设定进给速度以后，地址 F 后面的数值，都以主轴每转一周刀具进给量来计算。进给速度的单位为 mm/r。

使用每分钟进给量(G98)设定进给速度以后，地址 F 后面的数值，都以每分钟刀具进给量来计算，进给速度的单位为 mm/min。

特别地，当接入电源时，机床进给方式的默认方式为 G99，即每转进给量方式。只要不出现 G98 指令，进给机能一直是按 G99 方式以每转进给量来设定。

(6) 暂停指令(G04)

该指令可以使刀具作短时间(几秒钟)无进给光整加工。主要用于车削环槽、不通孔以及自动加工螺纹等场合。图 2.17 所示情况下的输入格式：

$$G04\begin{cases}U & ;\\ P & ;\end{cases}$$

(G99)G04 U(P)　　；　　指令暂停进刀的主轴回转数

(G98)G04 U(P)　　；　　指令暂停进刀的时间

注：· 在 G98 进给模式中，指令中输入的时间即为停止进给时间；

· 在暂停指令同一语句段内不能指令进给速度；

· 使用 P 的形式输入时，不能用小数点输入。

· 在没有出现 G98 时，数控车床程序默认 G99 进给方式，指令形式如下：

· (G99)G04 1.0；　主轴转一转后执行下一个程序段

· (G98)G04 1.0；　1 s 之后执行下一个程序段

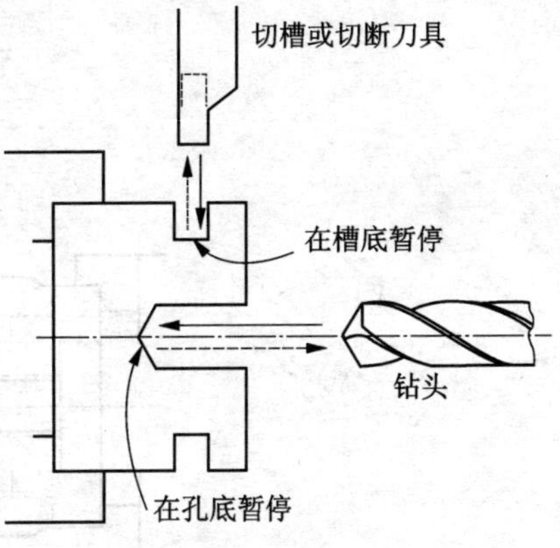

图 2.17　G04 暂停指令

(7) 自动原点复归指令(G28)

该指令使刀具自动返回机械原点或经过某一中间位置，再回到机械原点。图 2.18 和图 2.19 所示情况下的输入格式：

G28　X(U)　Z(W)　T00；

（X(U)　Z(W)：中间点的坐标）

注：· T00(刀具复位)指令必须写在 G28 指令的同一程序段或该程序段之前；

· X(U)指令必须按直径值输入；

· 该指令用快速进给方式。

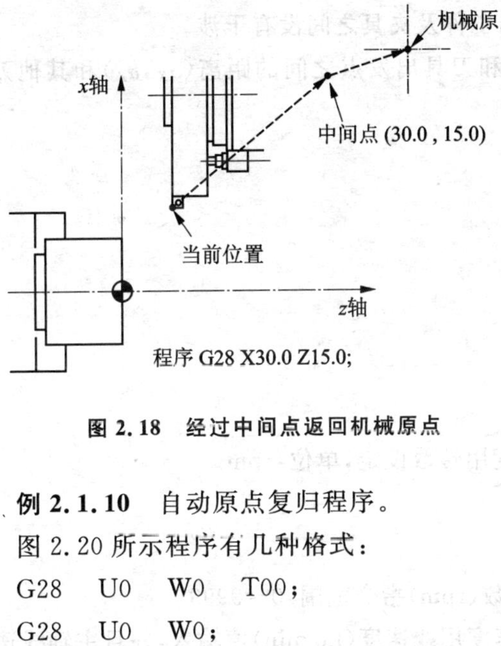

图 2.18　经过中间点返回机械原点

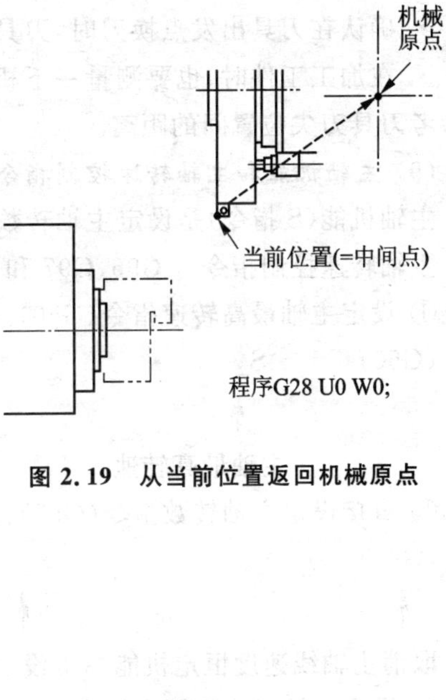

图 2.19　从当前位置返回机械原点

例 2.1.10　自动原点复归程序。

图 2.20 所示程序有几种格式：

G28　U0　W0　T00；

G28　U0　W0；

G28　U0　T00；

G28　W0；

(8) 工作坐标系设定指令(G50)

该指令以程序原点为工作坐标系的中心(原点)，指令刀具出发点的坐标值。其输入格式：

G50　X_　Z_；

（X_　Z_：刀具出发点的坐标）

例 2.1.11　设定工作坐标系(G50)的程序(如图 2.20 所示)。

G50 X200.0 Z150.0；

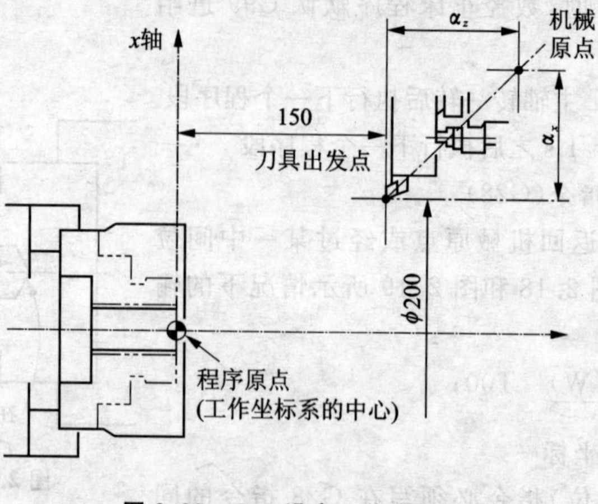

图 2.20 G50 设定工作坐标系

注：· 设定工作坐标系之后，刀具的出发点到程序原点之间的距离就是一个确定的绝对坐标值，这与刀具从机械原点出发相比，生产效率提高了。

· 刀具出发点的坐标以参考刀具(外径、端面精加工车刀)的刀尖位置来设定。

· 确认在刀具出发点换刀时，刀具、刀库与工件及夹具之间没有干涉。

· 在加工工件时，也要测量一下机械原点和刀具出发点之间的距离(α_X，α_Z)和其他刀具与参考刀具刀尖位置间的距离。

(9) 主轴机能和主轴转速控制指令

主轴机能(S 指令)是设定主轴转数的指令。

主轴转速控制指令有 G96、G97 和 G50。

① 设定主轴最高转速指令(G50)。

(G50)　　S_　；

　　　　　↑

　　　主轴最高转速

② 直接设定主轴转数指令(G97)：主轴速度用转数设定，单位：rpm。

(G97)　　　　　　S_　；

↑　　　　　　　　↑

取消主轴线速度恒定机能　　设定主轴转数(rpm)指令范围：0～9999

③ 设定主轴线速度恒定指令(G96)：主轴速度用线速度(m/min)值输入，并且主轴线速度恒定。

(G96)　　　　S_　；

↑　　　　　　↑

主轴线速度恒定　　设定主轴线速度，即切削速度(m/min)

例 2.1.12 设定主轴速度。

G97　　S600；　　取消线速度恒定机能，主轴转数 600 rpm

M

M　　} G97 模式

G96　　S150；　　线速度恒定，切削速度为 150 m/min

G50　　S1200；　用 G50 指令设定主轴最高转速为 1 200 rpm

M
M　} G96 模式

G97　　S300；　　取消线速度恒定机能，主轴转数 300 rpm

注：G96（控制线速度一定指令）：当工件直径变化时主轴每分钟转数也随之变化，这样就可保证切削速度不变，从而提高了切削质量；

2. 辅助机能(M 指令)

M 指令设定各种辅助动作及其状态，表 2.4 是数控车床及车铣中心的辅助机能（M 指令）的说明。

表 2.4　辅助机能

MCode	功　能	MCode	功　能
M 00	程序停止	M 09	冷却液关
M 01	计划停止	M 30	纸带结束
M 02	程序结束	M 40	低速齿轮
M 03	主轴顺时针转/回转刀具顺时针转	M 41	高速齿轮
M 04	主轴逆时针转/回转刀具逆时针转	M98	调用子程序
M 05	主轴停止/回转刀具停止	M99	子程序结束
M 08	冷却液开		

下面介绍几个特殊 M Code 的使用方法。

① M00：程序停止。执行完 M00 指令的程序段之后，自动运行停止。模态信息被保存。按下自动循环起动按钮，自动运转重新开始。（如用于工件检测）

② M01：任选停止。与 M00 一样，执行完 M01 指令后，自动运行停止，但是只有当机床操作面板上的“任选停止开关”有效时，CNC 才执行该功能。

③ M02，M30：程序结束。表示主程序结束，自动运转停止，而 M30 变为复位状态，光标返回到程序的开头。

④ M03：主轴或旋转刀具顺时针旋转（CW）。

⑤ M04：主轴或旋转刀具逆时针旋转（CCW）。

⑥ M05：主轴或旋转刀具停止旋转。

M03、M04 所规定的主轴或旋转刀具的转向：

- 当卡爪不在夹紧状态时，主轴不能旋转；
- 齿轮没有挂好在中间位置时，主轴不能旋转；
- M03 和 M04 的旋转方向可通过不同的位置进行改变；
- M04 指令之后不能直接转变为 M03 指令，M03 指令之后不能直接转变为 M04 指令，要想改变主轴转向必须用 M05 指令使主轴停转，再使用 M03 指令或 M04 指令。

以日本 TECNO WASINO 公司的数控车铣中心（LJ－10MC）为例介绍 M52～M55 的功

能及使用方法：

· M52：锁紧主轴。当执行铣削时除去 x 轴和主轴（C 轴）联动或 z 轴和主轴（C 轴）联动），必须使主轴固定在某一位置，这时就要用 M52 指令。

· M53：主轴松开，使动力从铣削轴转回主轴。当完成铣削以后，必须确认使用 M53 指令解除了主轴的锁紧状态。

· M54：C 轴离合器合上。将动力从主轴齿轮换到 C 轴齿轮准备铣削，该命令可以控制 C 轴并使用旋转刀具进行切削，使用 M54 命令后，必须确认 C 轴返回参考点。

· M55：C 轴离合器打开。将动力从 C 轴齿轮切换到主轴齿轮，通过控制执行铣削之后，一定要执行 M55 指令并且在指令 M55 之前还必须使 C 轴返回一个参考点。

· M82：尾架体前进。

· M83：尾架体后退。

注：· 在每个程序段内只允许有一个 M 指令。

· 下列 MCode 在紧急停止或复位或其他情况下要重新指令：M10、M11、M32、M33、M40、M41、M52、M54、M55。

2.1.3 刀具半径补偿功能

大多数全功能的数控机床都具备刀具半径（直径）自动补偿功能（以下简称刀具半径补偿功能），因此，只要按工件轮廓尺寸编程，再通过系统补偿一个刀具半径值即可。下面我们讨论一下数控车床刀具半径补偿的概念和方法。

1. 刀尖半径和假想刀尖的概念

刀尖半径：即车刀刀尖部分为一圆弧构成假想圆的半径值，一般车刀均有刀尖半径，刀尖半径的存在是必要的，主要是提高了刀具寿命和加工工件的表面质量。而实际编写程序的时候，是把刀具看作一个点来考虑的，这就出现了一种矛盾，所以进行正确的刀尖圆弧半径补偿，是加工高精度产品的基本保障。车削外径或端面时，刀尖圆弧大小并不起作用，但用于车倒角、锥面或圆弧时，则会影响精度，因此在编制数控车削程序时，必须给予考虑。

假想刀尖：所谓假想刀尖如图 2.21(b)所示，图 2.21(a)所示为尖头刀的刀尖点。实际上假想刀尖并不存在。

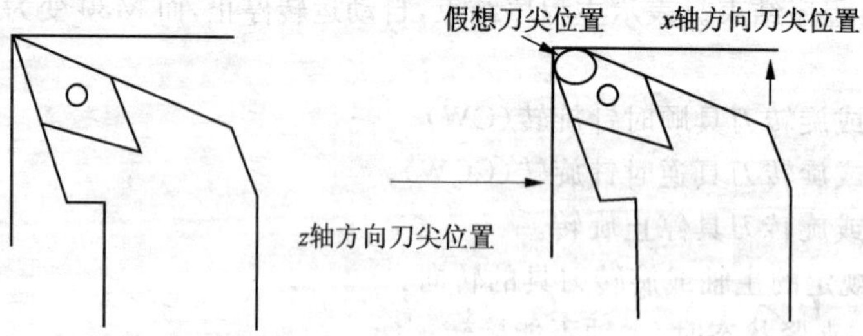

图 2.21 假想刀尖

如图 2.22 所示为由于刀尖半径 R 而造成的过切削及欠切现象。

用手动方法计算刀尖半径补偿值时，必须在编程时将补偿量加入程序中，一旦刀尖半径值

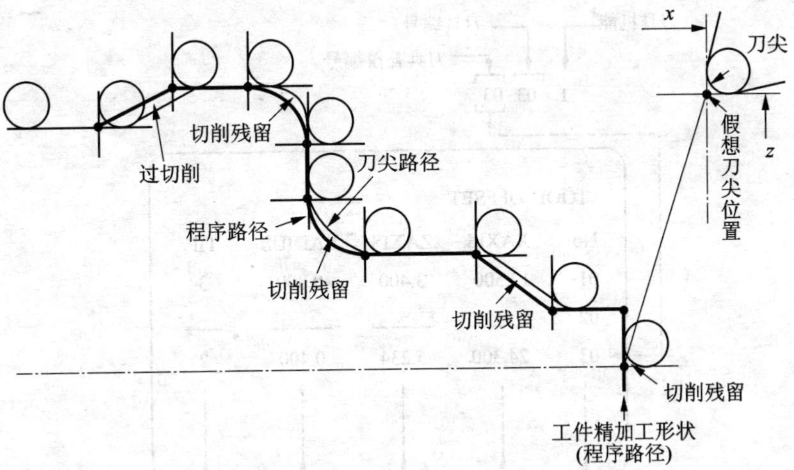

图 2.22 切削及欠切现象

变化时,就需要改动程序,这样很繁琐,刀尖半径(R)补偿功能可以利用 NC 装置自动计算补偿值,生成刀具路径,下面就讨论刀尖半径自动补偿的方法。

2. 刀尖半径补偿模式的设定(G40、G41 和 G42 指令)

① G40(解除刀具半径补偿):解除刀尖半径补偿,应写在程序开始的第一个程序段及取消刀具半径补偿的程序段,取消 G41、G42 指令;

② G41(左偏刀具半径补偿):面朝与编程路径一致的方向,刀具在工件的左侧(前置刀架),则用该指令补偿;

③ G42(右偏刀具半径补偿):面朝与编程路径一致的方向,刀具在工件的右侧(前置刀架),则用该指令补偿。

后置刀架如图 2.23 所示为根据刀具与零件的相对位置及刀具的运动方向选用 G41 或 G42 指令。

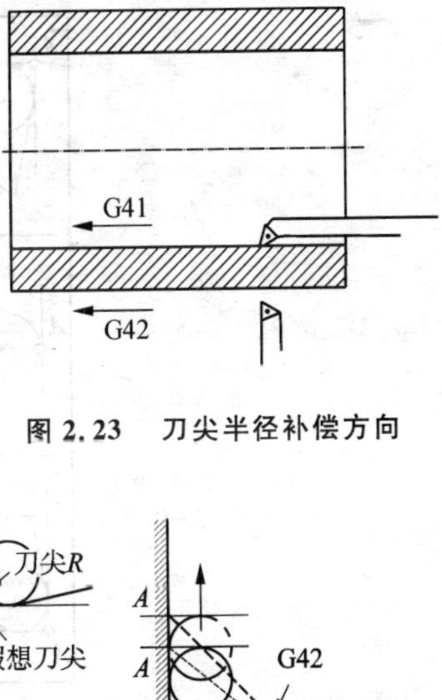

图 2.23 刀尖半径补偿方向

例 2.1.13 图 2.24 所示为切削过程中经过刀尖半径补偿和未经刀尖半径补偿时,假想刀尖的位置。

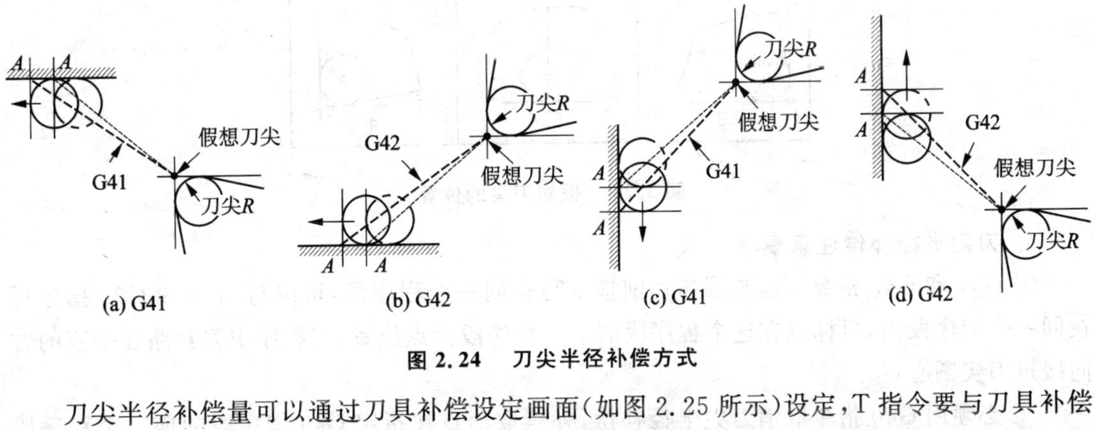

图 2.24 刀尖半径补偿方式

刀尖半径补偿量可以通过刀具补偿设定画面(如图 2.25 所示)设定,T 指令要与刀具补偿编号相对应,并且要输入假想刀尖位置序号。假想刀尖位置序号共有 10 个(0~9),如图 2.26 所示。

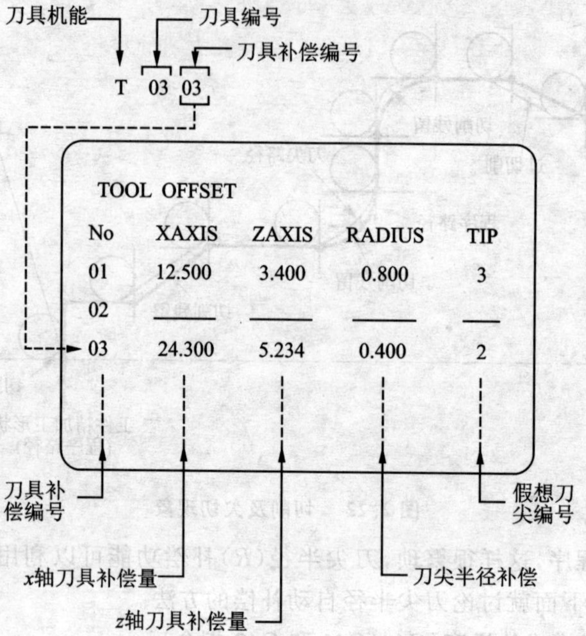

图 2.25　刀具补偿设定画面

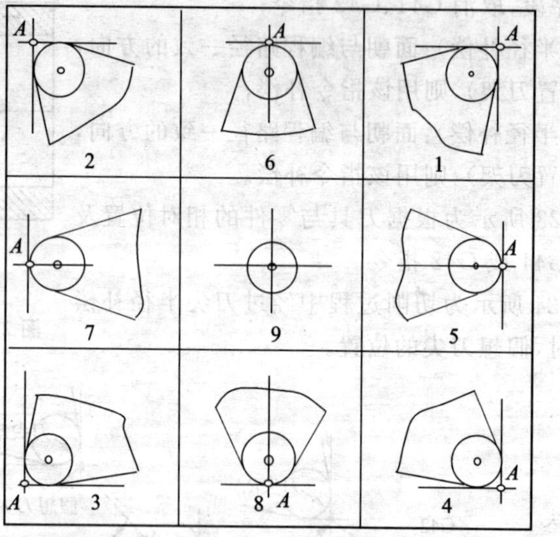

图 2.26　假想刀尖的位置

3. 刀尖半径补偿注意事项

① G41 和 G42 指令不能与圆弧切削指令写在同一个程序段，可以与 G00 和 G01 指令写在同一个程序段内，目标点在这个程序段的下一程序段始点位置，与程序中刀具路径垂直的方向线过刀尖圆心；

② 必须用 G40 指令取消刀尖半径补偿，补偿取消点在指定 G40 程序段的前一个程序段的终点位置，与程序中刀具路径垂直的方向线过刀尖圆心；

③ 在使用 G41 或 G42 指令模式中，不允许有两个连续的非移动指令，否则刀具在前面程

序段终点的垂直位置停止，且产生过切或欠切现象。

④ 切断端面时，为了防止在回转中心部位留下欠切削的小锥(如图 2.27 所示)，在 G42 指令开始的程序段刀具应到达 A 点位置，且 $X_A > R$。

⑤ 加工终端接近卡爪或工件的端面时，指令 G40 为了防止卡爪或工件的端面被切(如图 2.28 所示)，应在 B 点指令 G40 且 $Z_B > R$。

⑥ 如图 2.28 所示，想在工件阶梯端面指令 G40 时，必须使刀具沿阶梯端面移动到 F 点，再指令 G40，且 $X_A > R$；在工件端面，开始刀尖半径补偿，必须在 A 点指令 G42，且 $Z_A > R$；开始切圆弧时，必须从 B 点开始加入刀尖半径补偿指令，且 $X_B > R$。

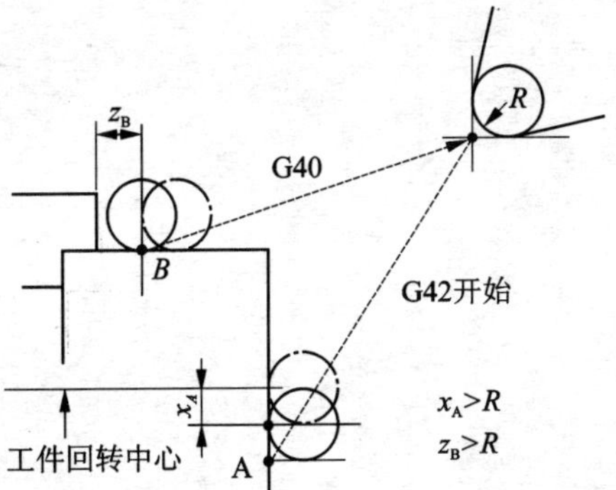

图 2.27　切削端面时刀尖圆弧半径补偿方式

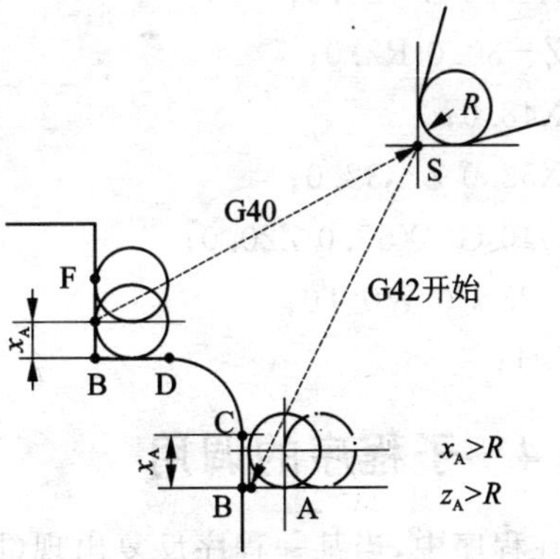

图 2.28　切削端面时长度补偿方式

⑦ 在 G74～G76 和 G90～G92 固定循环指令中不用刀尖半径补偿。

⑧ 在手动输入中不用刀尖半径补偿。

⑨ 在加工比刀尖半径小的圆弧内侧时，产生报警。

⑩ 在阶梯锥面连接处退刀时使用 G40 指令，在应用 G40 的程序段里使用反映斜面方向的 I、K 地址来防止工件被过切。其输入格式：

G00 G40 X_ Z _ I_ K_;

4. 刀尖半径补偿的应用实例

例 1.14　用刀尖半径为 0.8 mm 的车刀精加工如图 2.29 所示外径程序。

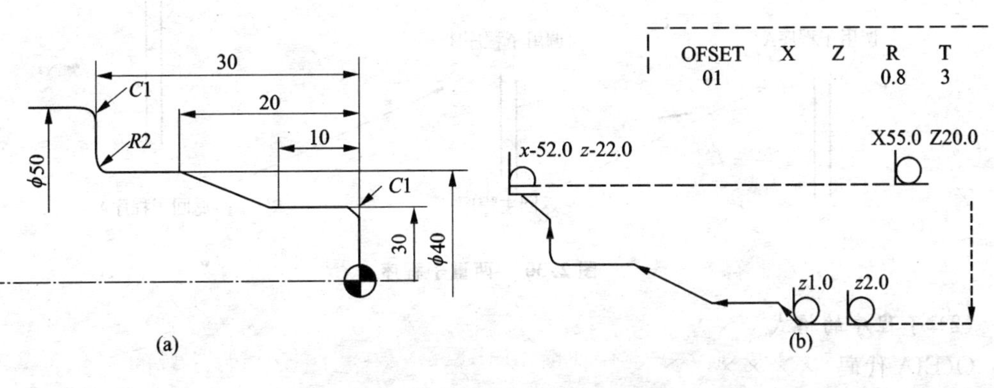

图 2.29　刀尖圆弧半径补偿示意图

N2；
G0 G97 G40 S_ T0101 M03 F0.2；
Z2.0；
G1 X26.0；
G96 S_ ；
G42 G1 Z1.0 F_ ；
X30.0 Z－1.0；
Z－10.0；
X40.0 Z－20.0；
Z－30.0 R2.0；
X48.0；
X52.0 Z－32.0；
G40 G0 X55.0 Z20.0；
G28 U0 W0 T0；
M1；

2.1.4 子程序的调用

在程序中，当某一程序反复出现(即工件上相同切削路线的重复)时，可以把这类程序作为子程序，事先存储起来，编程时调用，使程序简化。

(1) 调用子程序(M98)的格式

M98 P_ L_或 M98 P_(调用子程序的次数)_(调用的子程序号)

若省略格式中要调用的子程序号和调用子程序的次数，表示只调用一次子程序。如图 2.30 所示，主程序可以调用两重子程序，即主程序调用一个子程序，而子程序又可调用另一个子程序。主程序也可以重复调用子程序多次。

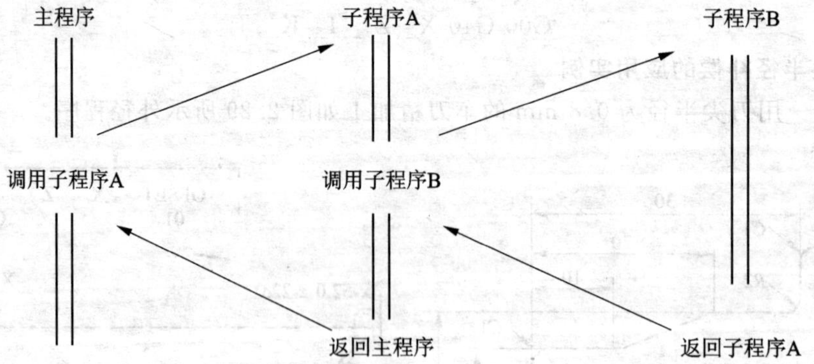

图 2.30 两重子程序

(2) 子程序的格式

O(EIA 代码)××××

……

M99

其中 M99 指令为子程序结束并返回主程序 M98 P_ L_或 M98 P_的下一程序段，继续执行主程序（如图 2.31 所示）。

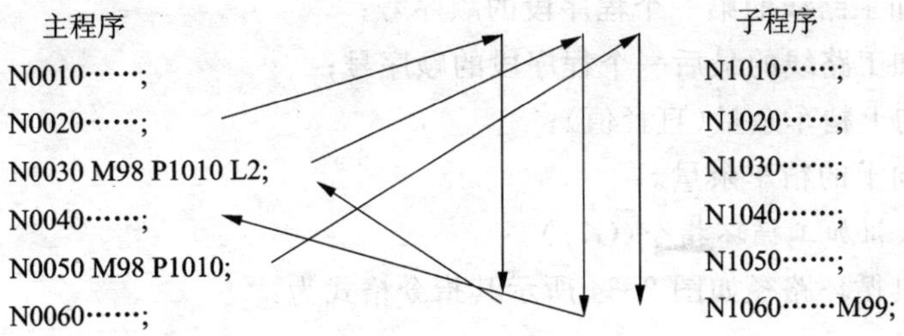

图 2.31　程序举例

2.1.5　复合固定循环指令

现代数控车床配置不同的数控系统，定义了一些具有特殊功能的固定循环切削指令（G70～G73），日本 FANUC 0T/15T 系统定义了 G70～G76 各种形式的复合固定循环指令，下面介绍几种指令的使用方法。

（1）外径、内径粗加工循环指令（G71）

G71 指令将工件切削至精加工之前的尺寸，精加工前的形状及粗加工的刀具路径由系统根据精加工尺寸自动设定。

在 G71 指令程序段内要指定精加工工件的程序段的顺序号，精加工留量，粗加工每次切深、F 机能、S 机能、T 机能等，刀具循环路径如图 2.32 所示。其输入格式：

G71　U(Δd) R(e)；

G71　P(ns)　Q(nf)　U(Δu)　W(Δw)　F(f)；

N(ns)……；

⋮ 在顺序号为 N(ns)和 N(nf)的程序段之间，指定工件由 A→A′→B 的精车加工路线。

⋮

N(nf)……；

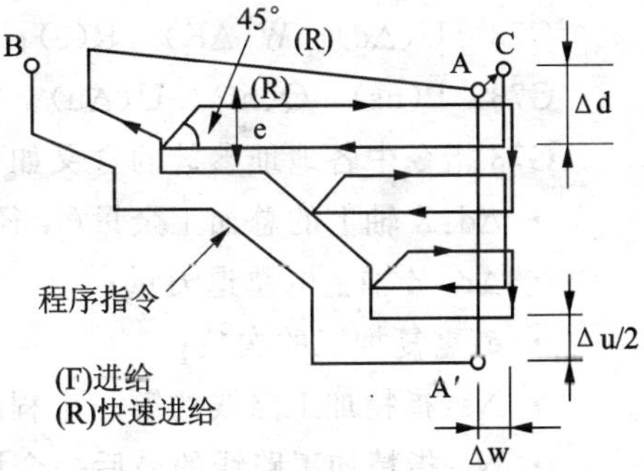

图 2.32　G71 指令刀具循环路径

G71 指令中各地址参数的含义如下。

- Δd：每次吃刀深度（半径值）；
- ΔE：每次切削循环退刀量；
- Ns：指定工件由 *A* 到 *B* 点的精加工路线的第一个程序段的顺序号；
- Nf：指定工件由 *A* 点到 *B* 点的精加工路线的最后一个程序段的顺序号；
- △u：X 方向上精车余量（直径值），其外轮廓为正，内轮廓为负；
- △w：Z 方向上的精车余量。

（2）端面粗加工循环指令（G72）

G72 指令与 G71 指令类似，不同之处就是刀具路径是按径向循环，其刀具循环路径如图 2.33所示。其指令格式为：

G72　U(Δd)　R(e)；

G72　P(ns)　Q(nf)　U(Δu)　W(Δw)；

G72 指令中各地址参数的含义如下。

- Δd：每次吃刀深度（半径值）；
- E：每次切削循环退刀量；
- Ns：指精加工路线的第一个程序段的顺序号；
- Nf：指精加工路线的最后一个程序段的顺序号；
- Δu：x 方向上精车余量（直径值）；
- Δw：z 方向上的精车余量。

(3) 固定形状粗加工循环指令（G73）

该指令的刀具循环路径如图 2.34 所示其指令格式为：

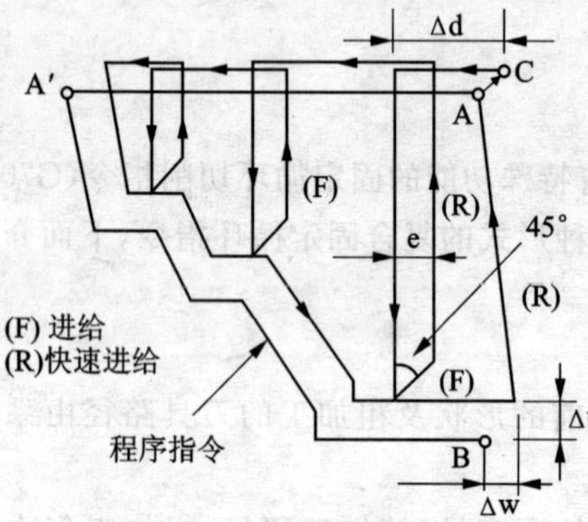

图 2.33 G72 指令刀具循环路径

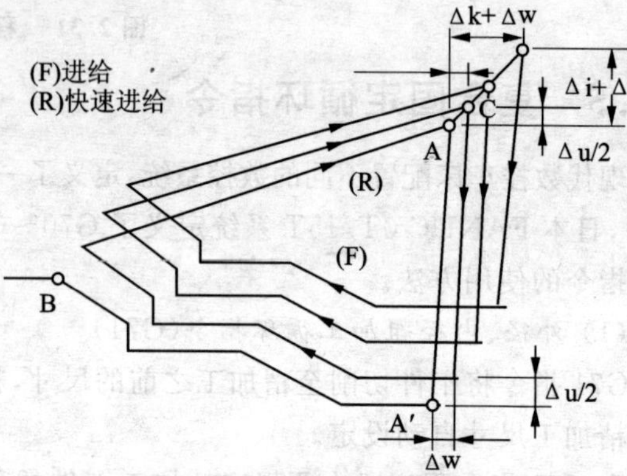

图 2.34 G73 指令刀具循环路径

G73 U(Δd) W(ΔK) R(e)；

G73 P(ns) Q(nf) U(Δu) W(Δw)；

G73 指令中各地址参数的含义如下。

- Δd：X 轴上的总加工余量（半径值）；
- ΔK：Z 轴上的总退刀量；
- e：重复加工的次数；
- Ns：指精加工路线的第一个程序段的顺序号；
- Nf：指精加工路线的最后一个程序段的顺序号；
- Δu：x 方向上精车余量（直径值）；
- Δw：z 方向上的精车余量。

(4) 精车循环指令（G70）

当用 G71 指令对工件进行粗加工之后，可以用 G70 指令完成精车循环。即让刀具按粗车循环指令的精加工路线一切除粗加工中留下的余量。其指令格式为：

G70 P(Ns) Q(Nf)

其中，Ns 为指定精加工路线的第一程序段的顺序号；Nf 为指定精加工路线的最后一个程序段的顺序号。

(5) 端面切槽、钻孔指令（G74）

端面切槽、钻孔指令可以实现端面槽、深孔的断续切削，刀具作 Z 向的往复运动，及时排除切屑，最大程度保证切削顺利和加工安全。该指令的加工轨迹如图 2.35 所示。其格式如下：

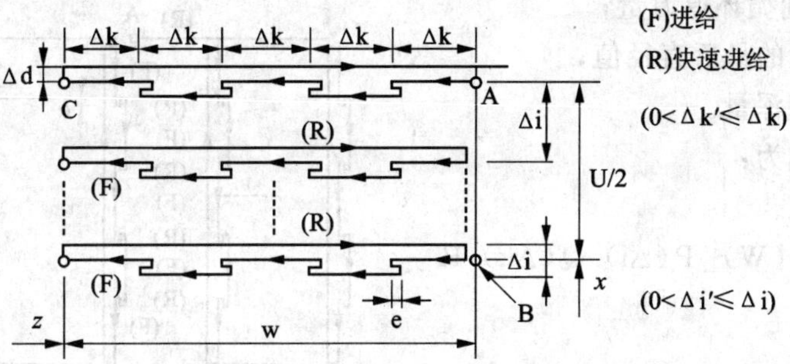

图 2.35　G74 指令的加工轨迹

钻孔的起始点程序举例：

X0　Z2；

G74　R(e)；

G74　X(ΔU)　Z(Δw)　P(Δi)　Q(Δk)　R(Δd)　F(f)；

其中，

- e：退刀量，这个指定是模态值，在下次指定之前一直有效。还可由参数设定，根据程序指令，参数值也改变。
- X：B 点的 X 轴坐标值。
- U：从 A 到 B 的增量值。
- Z：C 点的 Z 轴坐标值。
- ΔW：从 A 到 C 的增量。
- Δi：X 方向的移动量(为正值)，半径值。
- Δk：Z 方向的每次切削深度(为正值)。
- Δd：刀具在底部的退刀量，用正值指定。
- f：进给速度。

例 2.1.15　如图 2.36 所示程序。

O1000；

G00　G40　G97　G99　S300　M03　T0101　F0.1；

X70.0　Z2.0；(端面槽刀宽 5 mm)

G74　R0.5；

G74　X50.0　Z−10.0　P4000　Q2000；

G28　U0　W0　M05；

M30；

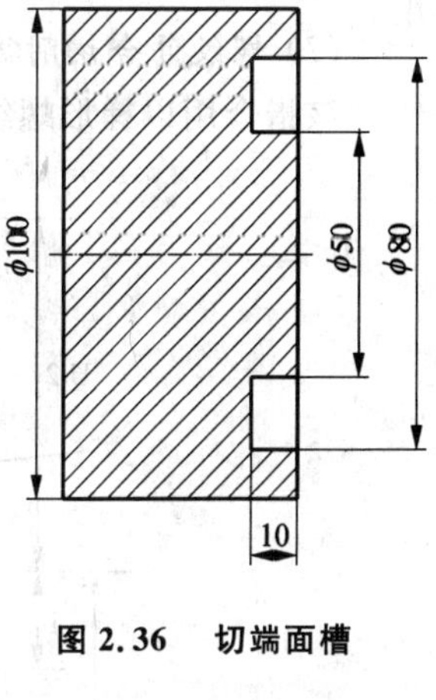

图 2.36　切端面槽

(6) 切断、切槽循环指令(G75)

G75 指令加工轨迹如图 2.37 所示。

切断指令格式为：

G75　R(e)；

G75　X(ΔU)　P(Δd)；

G75 指令中各地址参数的含义如下。

- e:每次切削循环退刀量；
- Δu:X 轴上的最后直径值；
- Δd:每次切深量。

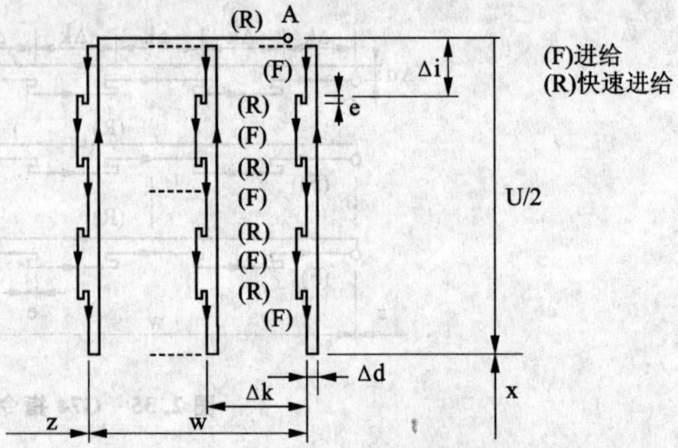

图 2.37 G75 指令的加工轨迹

切槽指令格式为：

G75R (e)；

G75X(U)_Z(W)_P(Δi) Q(Δk) R (Δd) F (f)；

其中，

- X:槽底 C 点的 X 轴坐标值；
- U:起点 A 到 C 点的增量值；
- Z:槽宽终点 B 点的坐标值；
- W:A 到 B 的增量值；
- P:*X* 方向的每次切深 Δi,无符号值,半径指定；
- Q:*Z* 方向的移动量 Δk,无符号值；
- e:径向回退量；
- R:刀具在槽底的纵向退刀量 Δd。

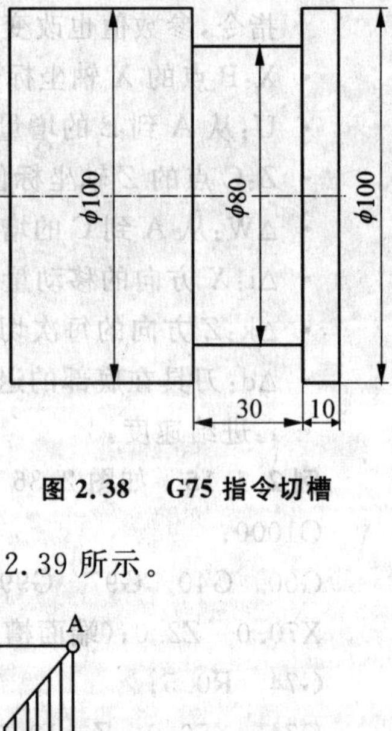

图 2.38 G75 指令切槽

例 2.1.16 如图 2.38 所示切槽的程序。

```
O0001;
G50  S1000;
G00  G40  G97  G99  S300  M03  T11  F0.1;
X102.0  Z-15.0;
G75  R0.5;
G75  X80.0  Z-40.0  P2000  Q4000;    (切刀宽 5 mm)
G28  U0  W0  M05;
M30;
```

(7) 螺纹复合切削循环指令(G76)

该指令用以梯形螺纹或蜗杆的切削。螺纹切削循环轨迹如图 2.39 所示。

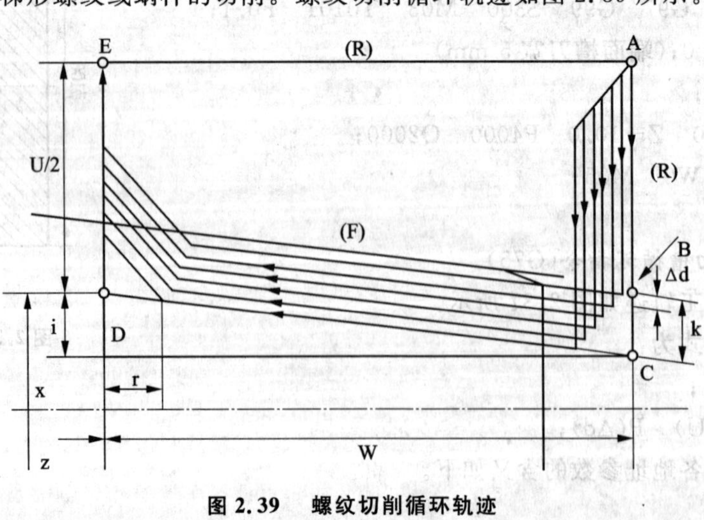

图 2.39 螺纹切削循环轨迹

G76 P(m) R (r)　A(a) Q(Δdmin) R(d)；
G76 X(u) Z(w) R(i) P(k) Q(Δd) F(f)；
其中，

- m：为精加工重复次数（1～99）。本指定是状态指定，在另一个值指定前不会改变。FANUC 系统参数（NO. 0723）进行设定，具体切削次数螺纹牙型及螺距确定。
- r：为倒角量，本指定是状态指定，在另一个值指定前不会改变。FANUC 系统参数（NO. 0109）指定，退刀角度一般为 45°。
- a：为刀尖角度，可选择 80°、60°、55°、30°、29°、0°，只能用 2 位数指定。本指定是状态指定，在另一个值指定前不会改变。FANUC 系统参数（NO. 0724）进行设定。如加工梯形螺纹时，牙型角设定为 30°。
- Δd_{min}：为最小切削深度（半径值）。当 n 次切削深度（$\Delta d\sqrt{n}-\Delta d\sqrt{n-1}$）小于 Δdmin 时，则切削深度设定为该值）本指定是状态指定，在另一个值指定前不会改变。FANUC 系统参数（NO. 0726）进行设定。
- d：为精加工余量（半径值）。根据刀具、切削材料及螺距来确定。
- i：为螺纹部分的半径差。如果 i＝0，为圆柱螺纹切削。但应注意正负值，对于加工外螺纹来说，顺锥时为负值。倒锥为正值，理解为进刀点在退刀点 x 轴负方向。
- k：为螺纹高度。这个值在 X 轴方向用半径值指定。螺纹高度要螺纹牙型角、螺距及有关计算公式来确定。
- Δd：为第一次的切削深度（半径值）。第一刀切削与螺纹牙型角有关，如切削梯形螺纹，第一刀切深不宜太大，避免切削力过大或出现“啃刀”现象。
- F：为切削螺纹的螺距或者导程。

该螺纹切削循环指令，是进行单边斜进切削，这样能减少了刀具切削刃的切削长度和切削力，在第一次切削时切削深度为 Δdmm，第 n 次的切削总深度为 $\Delta d\sqrt{n}$ mm。每次循环的切削深度为 $\Delta d(\sqrt{n}-\sqrt{n-1})$ mm。

当刀具空行程时，走刀速度为 G00 快速移动，

例 2.1.17　圆柱梯形螺纹加工程序。

O0001	程序号
G00 G97 G99 T0101 S100 M03；	设定刀具号（螺纹刀）及刀具补偿号、转速及转向
X60.0 Z5.0；	设定循环起始点
G76 P020030 Q100 R0.05；	螺纹切削复合循环指令设定
G76 X54.0 Z－120.0 R0 P550 Q1500 F10.0；	
G00 X100.0 Z100.0；	快速退回机械原点的过渡点 X100.0 Z100.0
G28 U0 W0 M05；	回归机械原点，转速停止
M30；	程序结束返回程序号

（8）外径、内径切削循环（G90）

该指令用以切削圆柱面的输入格式：

G90　X(U)_ Z(W)_　(F_)；

外径、内径切削终点坐标

例 2.1.18　用 G90 指令编程，如图 2.40 所示。

G96 S120 T0100；

G50 X150.0 Z200.0 M08；

G00 X94.0 Z10.0 T0101 M03；

Z2.0；…循环起点

G90 模式{ G90 X80.0 Z－49.8 F0.25；
X70.0；
X60.4；

(取消 G90)G00 X150.0 Z200.0 T0000；

M01；

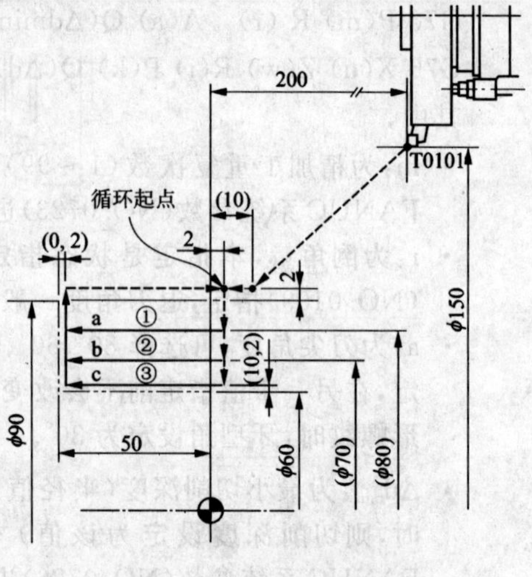

图 2.40 G90 程序举例

该指令用以切削锥面的输入格式：

G90 指令切削锥面循环动作如图 2.41 所示，其锥面方向如图 2.42 所示。

G90 X（U）_ Z（W）_ I_ （F_ ）；

外径、内径锥面切削终点坐标 **锥面径向尺寸**

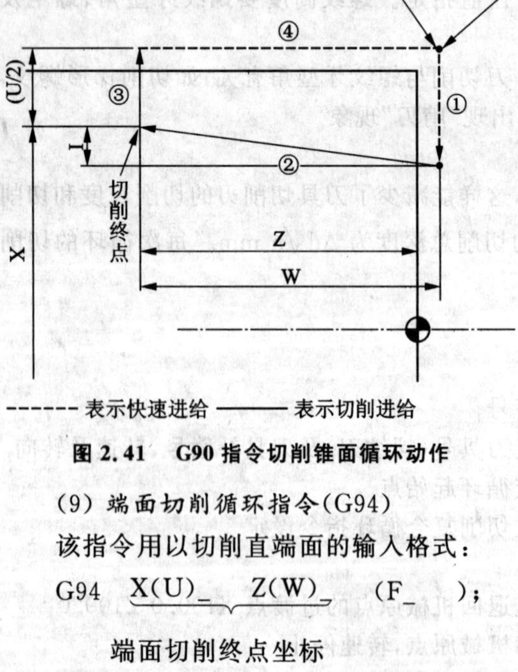

------ 表示快速进给 ——— 表示切削进给

图 2.41 G90 指令切削锥面循环动作

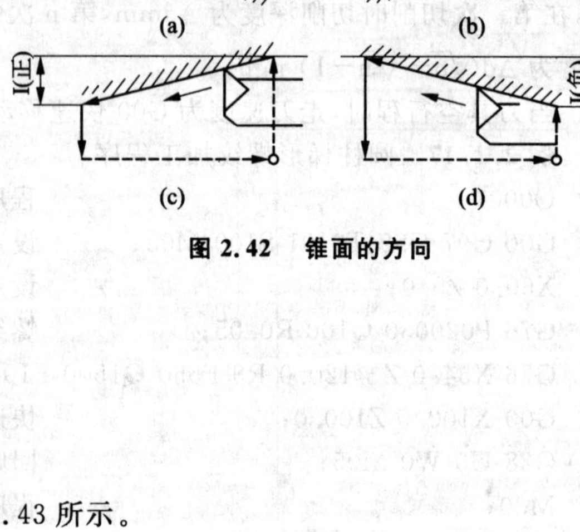

图 2.42 锥面的方向

(9) 端面切削循环指令(G94)

该指令用以切削直端面的输入格式：

G94 X(U)_ Z(W)_ (F_)；

端面切削终点坐标

例 2.1.19 用 G94 指令编程举例，如图 2.43 所示。

G94 指令循环动作如图 2.44 所示，其程序如下。

G00 X84.0 Z2.0；…循环起点

G94 模式{ G94 X30.4 Z－5.0 F0.2；
Z－10.0；
Z－14.8；

(取消 G94)G00 X150.0 Z200.0；

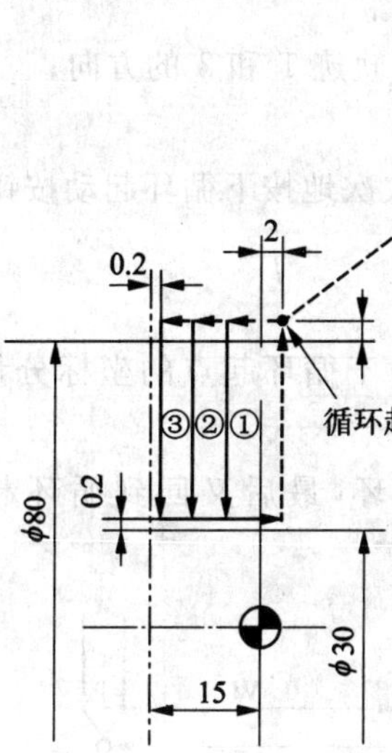

图 2.43　G94 程序举例

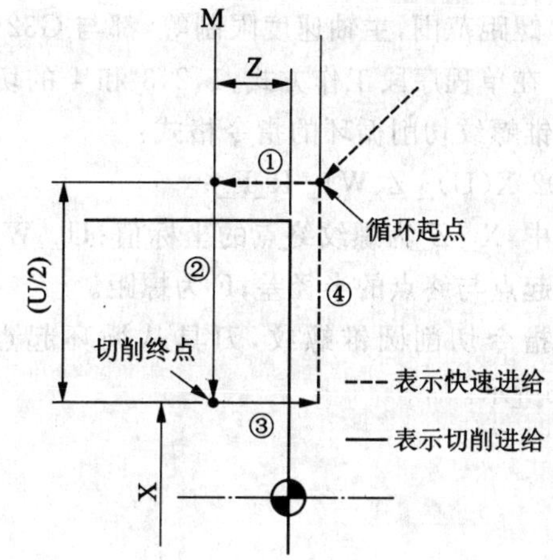

图 2.44　G94 指令循环动作

G94 指令切削锥面循环动作如图 2.45 所示，其锥面方向如图 2.46 所示，该指令用以切削锥度端面的输入格式：

G94 X（U）_ Z（W）_　K _　（F_ ）；

端面切削终点坐标　　锥面轴向尺寸锥度

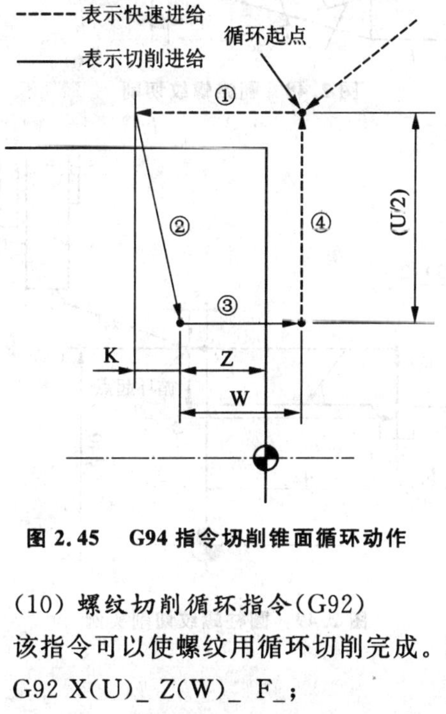

图 2.45　G94 指令切削锥面循环动作

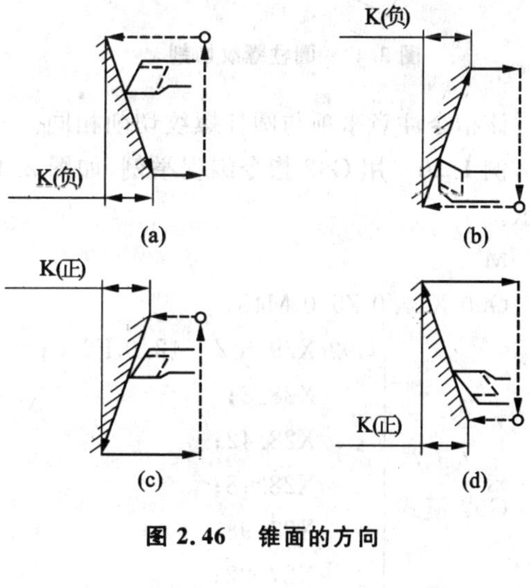

图 2.46　锥面的方向

(10) 螺纹切削循环指令(G92)

该指令可以使螺纹用循环切削完成。其指令格式：

G92 X(U)_ Z(W)_ F_；

其中，X_ Z_为螺纹终点的坐标值；U_ W_为螺纹终点相对于循环起点的坐标分量；F 为螺距。

该指令切削圆柱螺纹，刀具从循环起点开始，按矩形循环，最后又回到循环起点（如

图 2.47所示)。

注:· 在增量编程中,U 和 W 地址后的数值的符号取决于轨迹 1 和 2 的方向;

· 螺距范围,主轴速度限制等,都与 G32(螺纹切削)相同;

· 在单程序段工作方式,1,2,3 和 4 的切削过程,必须一次次地按下循环起动按钮。

圆锥螺纹切削循环的指令格式:

G92 X(U)_ Z(W)_ R_F_;

其中,X_ Z_为螺纹终点的坐标值;U_ W_为螺纹终点相对于循环起点的坐标分量;R 为锥螺纹起点与终点的半径差;F 为螺距。

该指令切削圆锥螺纹,刀具从循环起点开始,按梯形循环,最后又回到循环起点,如图 2.48所示。

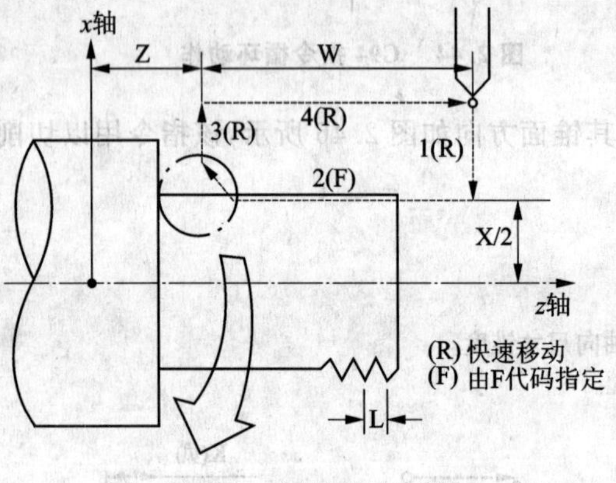

图 2.47 圆柱螺纹切削

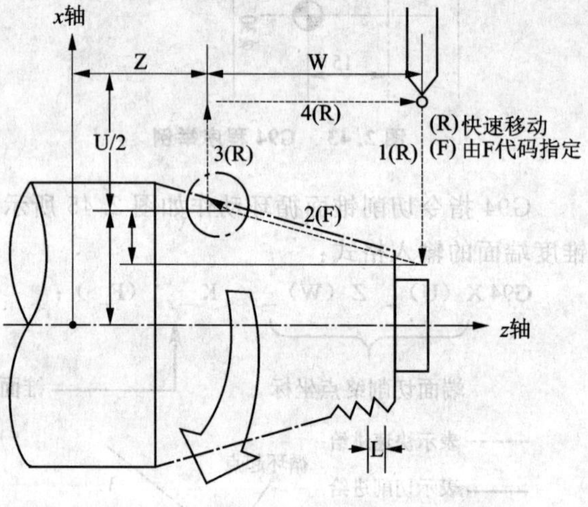

图 2.48 圆锥螺纹切削

该指令注意事项与圆柱螺纹切削相同。

例 1.20 用 G92 指令编程举例,如图 2.49 所示。

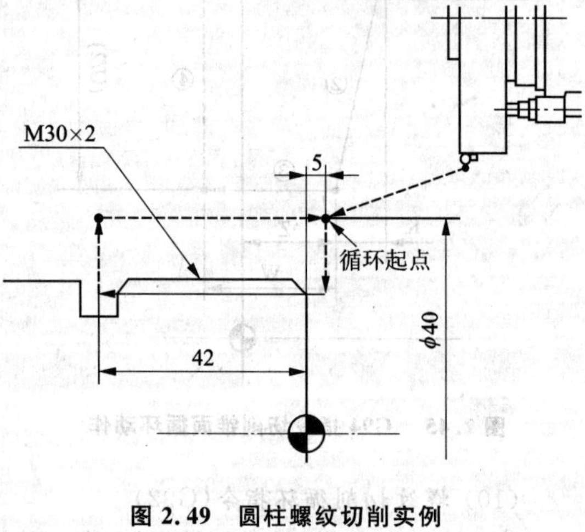

图 2.49 圆柱螺纹切削实例

M

G00 X40.0 Z5.0 M48;

G92 模式:

G92 X29.3 Z-42.0 F2.0;

X28.8;

X28.42;

X28.18;

X27.98;

X27.82;

X27.72;

X27.62;

(取消 G92) G00 X150.0 Z200.0;

2.2　数控车床的编程实例

例 2.2.1　如图 2.50 所示毛坯为 ϕ42 mm 的铝合金棒料。从右端至左端轴向走刀切削，粗加工每次进给深度 1.5 mm，进给速度为 0.15 m/r，精加工余量 X 向 0.5 mm，Z 向 0.05 mm，切断刀刃宽 4 mm，工件程序原点如图 2.50 所示。

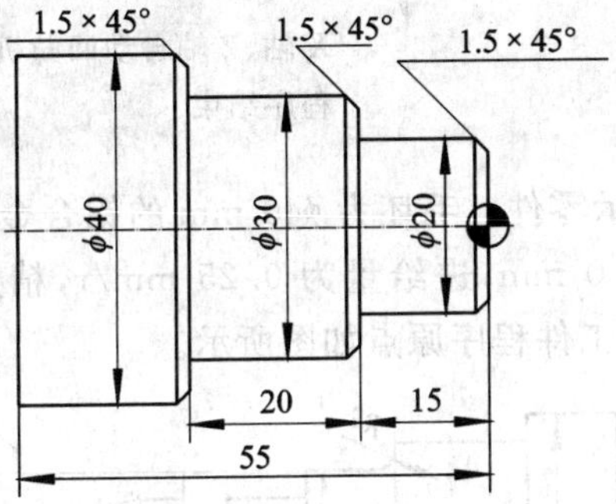

图 2.50　数控车阶梯轴训练件

例 2.2.1 程序如下。

内　容	说　明
O0001;	程序号主轴高速档
N1;	工序（一）：外圆粗切削
G00 G40 G97 G99 S500 T0101 M03 F0.2;	主轴转速 500 rpm，走刀量 0.2 mm/r，刀具号 T01
X44.0 Z2.0;	外圆粗车循环点
G71 U1.5 R0.5;	外圆粗车纵向循环指令，每次吃刀深度 1.5 mm，退刀量 0.5 mm
G71 P10 Q11 U0.5 W0.05;	X 向精加工余量 0.5 mm，Z 向精加工余量 0.05 mm
N10 G0 G42 X0;	工件轮廓程序起始序号（N10），刀具以 G0 速度至 X0，进行右刀补
G01 Z0;	进刀至 Z0
X20.0 C1.5;	切削端面，倒角 1.5 × 45°
Z-15.0;	切削 ϕ20 外圆，长 15 mm
X30.0 C1.5;	切削端面，倒角 1.5 × 45°
Z-35.0;	切削 ϕ30 外圆至 35 mm
X40 C1.5;	切削端面，倒角 1.5 × 45°
Z-58.0;	切削 ϕ40 外圆至 58 mm
N11 G01 G40 X43.0;	工件轮廓程序结束序号（N11），刀具至 ϕ43，取消刀补
G28 U0 W0 M05;	X 轴、Z 轴自动回归机械原点
N2;	工序（二）：外圆精车
G00 G40 G97 G99 S1000 T0101 M03 F0.08;	主轴转速 1 000 r/min，走刀量 0.08 mm/r 刀具号 T01
X44.0 Z2.0;	外圆精车循环点
G70 P10 Q11;	精车外圆指令，执行（N10）至（N11）程序段
G28 U0 W0 M05;	刀具自动回归机械原点

M00;	尺寸检测
N3;	工序(三):切断
G0 G40 G97 G99 S300 T0202 M03 F0.05;	主轴转速 300 r/min,走刀量为 0.05 mm/r
X42.0 Z-59.0;	切断刀循环点
G75 R0.5;	切断循环加工指令,R0.5 指切削时的每次退刀量
G75 X0 P2000;	X0 为刀具切削终点坐标值,为每次切削深度为 2 000 μm
G00 X100.0;	
G28 U0 W0 M05;	X 轴、Z 轴自动回归机械原点
M30;	程序结束

例 2.2.2 加工如图 2.51 所示零件。毛坯为 ϕ40 mm 的铝合金棒料,从右端至左端轴向走刀切削,粗加工每次进给深度 2.0 mm,进给量为 0.25 mm/r,精加工余量 X 向 0.4 mm,Z 向 0.05 mm,切槽刀刃宽 4 mm,工件程序原点如图所示。

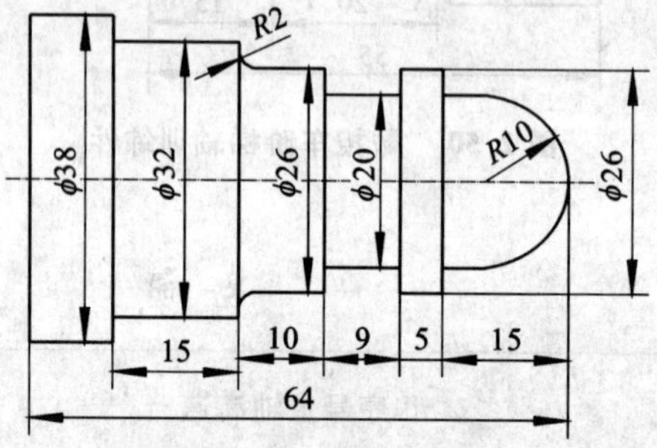

图 2.51 数控车轴类训练件

例 2.2.2 程序如下。

内 容	说 明
O0002;	
G50 S1000;	
N1;	
G00 G40 G97 G99 S500 T0101 M03F0.2;	转速为 500 rpm
X42.0 Z2.0;	刀具定位至粗车循环点
G71 U2.0 R0.5;	外圆粗加工
G71 P10 Q11 U0.4 W0.1;	
N10 G00 G42 X0;	
G01 Z0;	
G03 X20.0 Z-10.0 R10.0;	
G01 Z-15.0;	
X26.0;	
Z-39.0 R3.0;	
X32.0;	
Z-66.0;	

N11 G40 X42.0；	
G28 U0 W0 M05；	
N3；	
G00 G40 G97 G99 S800 T0101 M03 F0.08；	
X42.0 Z2.0；	刀具定位至精车循环点
G96 S150；	
G70 P10 Q11；	外圆精加工
G00 G97 S600 X100.0；	
G28 U0 W0 M05；	
M00；	
N4；	切槽加工
G00 G40 G97 G99 S300 T0202 M03 F0.05；	
X27.0 Z－29.0；	
G01 X20.1；	进刀时进给量为 0.05 mm/r
G01 X27.0 F0.5；	退刀时进给量为 0.5 mm/r
G00 W3.0；	
G01 X20.1 F0.05；	
G01 X27.0 F0.5；	
G00 W2.0；	
G01 X20.0 F0.05；	
Z－29.0；	
X27.0 F0.5；	
G28 U0 W0 M05；	
M30；	程序结束

例 2.2.3　加工如图 2.52 所示工件。工件材料 ϕ42 mm 铝合金棒料，切刀刀头宽 4 mm。

分析：零件尺寸公差要求较高，对完刀后即加工前，在磨耗中补偿 0.5 mm 的余量留给第二次精加工（第一次精加工后，测量有多少余量通过修改程序或磨耗补偿进行第二次精加工来保证零件的尺寸公差）。

例 2.2.3 程序如下。

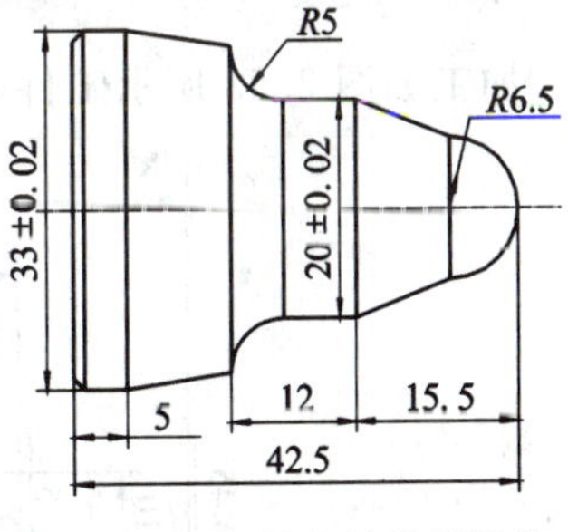

图 2.52　数控车轴类训练件

内　容	说　明
O0003；	
N1；	粗加工
G00 G40 G97 G99 S500 F0.2 T0101 M03；	
X44.0 Z2.0；	循环起点
G71 U1.5 R0.5；	粗加工循环
G71 P10 Q11 U0.5 W0.03；	

```
N10 G00 G42 X0;                          轮廓程序
G01 Z0;
G03 X20.0 Z-10.0 R10.0;
G01 X28.0 Z-18.0;
Z-25.0;
G02 X38.0 Z-30.0 R5.0;
G01 X39.5 Z-40.0;
Z-50.0;
N11 G40 X44.0;
G28 U0 W0 M05;
N2;                                      精加工
G00 G40 G97 G99 S800 F0.05 T0101 M03;
X44.0 Z2.0;
G70 P10 Q11;
G28 U0 W0 M05;
M00;                                     检测
N3;                                      切断
G00 G40 G97 G99 S300 F0.1 T0202 M03;
X44.0 Z-45.0;
G75 R0.5;
G75 X0 P2000;
G28 U0 W0 M05;
M30;                                     程序结束
```

例 2.2.4 加工如图 2.53 所示工件(利用端面循环 G72),材料为 ϕ100 mm 的铝合金棒料。

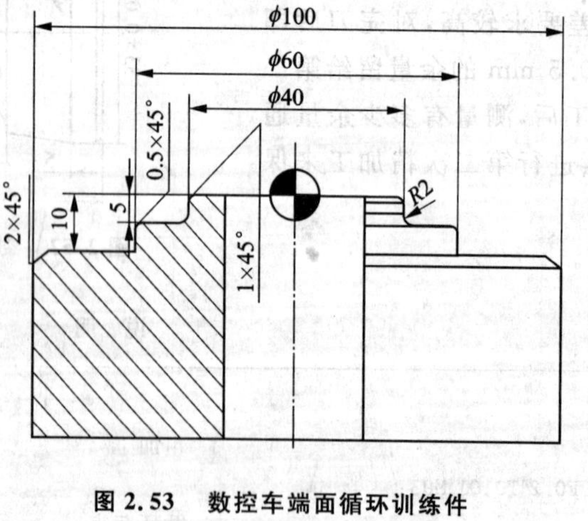

图 2.53 数控车端面循环训练件

注:在利用 G72 编程时,起始句移动的是 Z 向,而不是 X 向,这是与 G71、G73(起始句移动的是 X 向)编程不同之处。

例 2.2.4 程序如下。

内　容	说　明
O0004；	
N1；	粗加工
G00 G40 G97 G99 S300 F0.15 T0202 M03；	
X102.0 Z2.0；	循环起点
G72 W3.0 R0.5；	
G72 P10 Q11 U0.5 W0.2；	
N10 G00 G41 Z－12.0；	
G01 X100.0；	
X96.0 Z－10.0；	
X60.0；	
Z－5.5；	
X59.0 Z－5.0；	
X44.0；	
G03 X40.0 W2.0 R2.0；	
G01 W2.0；	
X38.0 Z0；	
N11 G40 W2.0；	
G28 U0 W0 T0 M05；	
N2；	精加工
G00 G40 G96 G99 S100 T0202 F0.1 M03；	
X102.0 Z2.0；	
G70 P10 Q11；	
G28 U0 W0 T0 M05；	
M30；	程序结束

例 2.2.5　加工如图 2.54 所示零件，毛坯为 $\phi35$ 的铝合金棒料。

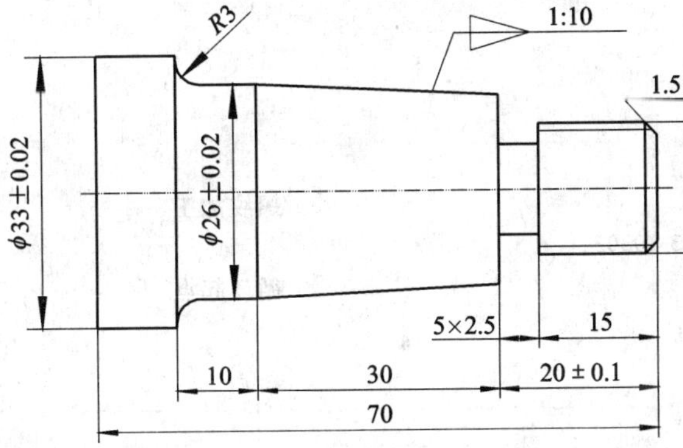

图 2.54　数控车综合训练件

分析：加工外螺纹直径时，螺纹大径可按经验公式：$d=D-0.1P$，来编程（如 M16×1.5 大径可车到 15.85 mm）。

例 2.2.5 程序如上。

内　容	说　明
00005;	
N1;	粗加工
G00 G40 G97 G99 S400 M03 T0101 F0.15;	
X37.0 Z2.0;	粗加工循环起点
G71 U1.5 R0.5;	
G71 P10 Q11 U0.5 W0.03;	
N10 G00 G42 X0;	
G01 Z0;	
X15.85 C1.5;	
Z－20.0;	
X23.0;	
X26.0 W－30.0;	
Z－60.0 R3.0;	
X33.0;	
Z－71.0;	
N11 G40 X36.0;	
G28 U0 W0 M05;	
N2 ;	精加工
G00 G40 G97 G99 S400 M03 T0101 F0.08;	
X37.0 Z2.0;	
G70 P10 Q11;	
G28 U0 W0 M05;	
M00;	
N3;	切槽
G00 G40 G97 G99 S400 M03 T0202 F0.1;	
X25.0.0 Z－20.0;	
G01 X11.0;	
G00 X17.0;	
W1.0;	
G01 X11.0;	
G00 X25.0;	
G28 U0 W0 T0 M05;	
N4;	螺纹加工
G00 G40 G97 G99 S300 M03 T0303;	
X18.0 Z3.0;	循环起点
G92 X15.0 Z－17.0 F1.5;	
X147.5;	
X14.2;	
X14.1;	
X14.05;	
X14.05;	
G28 U0 W0 M05;	
M30;	程序结束

例 2.2.6　加工如图 2.55 所示零件(使用 G73 指令),毛坯为 $\phi 35$ mm 的棒料。

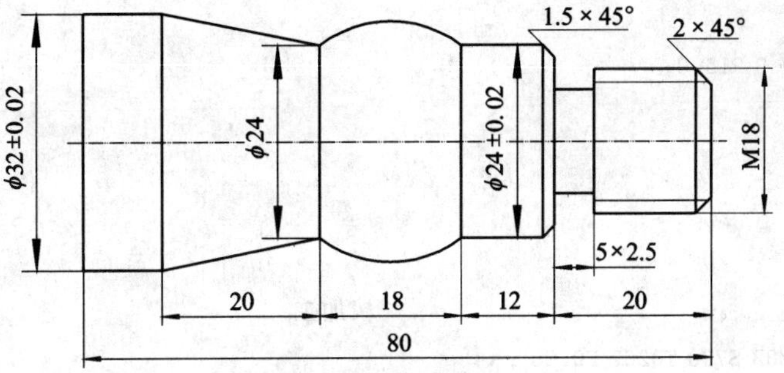

图 2.55　数控车综合训练件

分析:G73 程序段切削深度 U 和加工次数 R 的计算:$a_p = \dfrac{U}{R-1}$

式中,U 为凹槽处最小切削深度(半径);

a_p 为每次切削深度;

R 为设定加工次数。

例 2.2.6 程序如下。

内　容	说　明
O0006 ;	
N1 ;	粗加工
G0 G40 G97 G99 M03 F0.2 S400 T0101 ;	主轴正转,换一号刀,进给速度 0.2 mm/r
X37.0 Z3.0 ;	粗车循环起点
G71 U1.5 R0.5 ;	
G71 P10 Q11 U0.3 W0.05 ;	外圆粗加工循环
N10 G0 G42 X0 ;	刀具右补偿
G01 Z0 ;	
X17.75 C2.0 ;	
Z-20.0 ;	
X24.0 C1.5 ;	
Z-32.0 ;	
N11 G0 G40 X41.0 ;	取消刀具补偿
G28 U0 W0 M05 ;	返回原点,主轴停止
N2 ;	精加工
G0 G40 G97 G99 M03 F0.1 T0101 S600 ;	
X37.0 Z3.0 ;	精车循环起点
G70 P10 Q11 ;	精车循环
G28 U0 W0 M05 ;	返回原点,主轴停止
M00 ;	
N3;	粗加工
G0 G40 G97 G99 M03 S400 T0202 F0.15 ;	调用螺纹刀
X37.0 Z-18.0.0;	循环起点
G73 U4.0 R4;	粗加工循环
G73 P12 Q13 U0.5 W0.03;	

```
N12 G01 G42 X24.0;
Z-32.0;
G03 X24.0 Z-50.0 R15.0;
G01 X32.0 W-20.0;
Z-81.0;
N13 G40 X41.0;
G28 U0 W0 M05;
N4;                                         精加工
G0 G40 G97 G99 M03 S700 T0202 F0.08 ;
X37.0 Z-18.0.0;
G70 P12 Q13;
G28 U0 W0 M05;
M00;
N5;                                         切槽
G0 G40 G97 G99 M03 F0.1 T0404 S250 ;        主轴正转,换二号刀,进给速度 0.06 mm/r
X25.0 Z-20.0 ;                              切槽循环起点
G01 X13.0 ;
X20.0 ;                                     切刀宽 4.5 mm
Z-19.5 ;
X13.0 ;
X20.0 ;
G28 U0 W0 M05 ;                             返回原点,主轴停止
M00 ;
N5 ;                                        加工螺纹
G0 G40 G97 G99 M03 S250 T0202 ;
X18.0 Z4.0 ;
G92 X17.0 Z-18.0 F2.5 ;                     螺纹切削固定循环
/X16.4 ;
/X16.1 ;
/X15.8 ;
/X15.5 ;
/X15.2 ;
/X15.0 ;
X14.9 ;
X14.8;
X14.75;
X14.75;
G28 U0 W0 M05 ;                             返回原点,主轴停止
M30 ;                                       程序结束
```

例 2.2.7　加工如图 2.56 所示工件，切刀宽 4 mm。

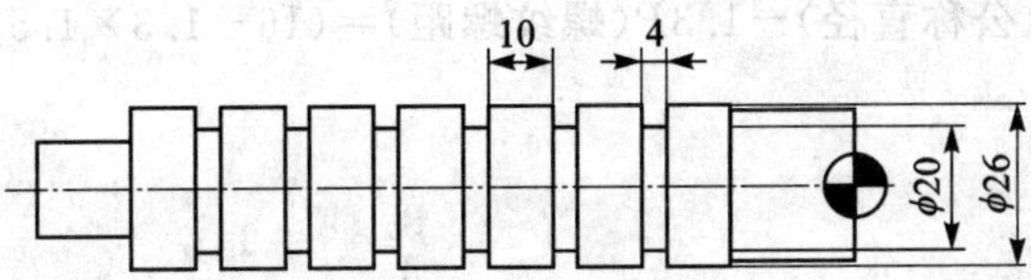

图 2.56　数控车子程序训练件

例 2.2.7 采用一夹一顶方式，其程序如下。

内　容	说　明
00017;	
G00 G40 G97 G99 S300 F0.1 T0202 M03;	
X28.0 Z-20.0;	
M98 P61001;	调用六次子程序 01001
G00 X200.0 Z1.0;	
M05;	
M30;	
O1001;	子程序
G00 W-14.0;	
G01 X20.0;	
G04 U2.0;	
G01 X28.0 F0.2;	
M99;	返回主程序

例 2.2.8　加工如图 2.57 所示零件，毛坯为 ϕ40 mm 的铝合金棒料。

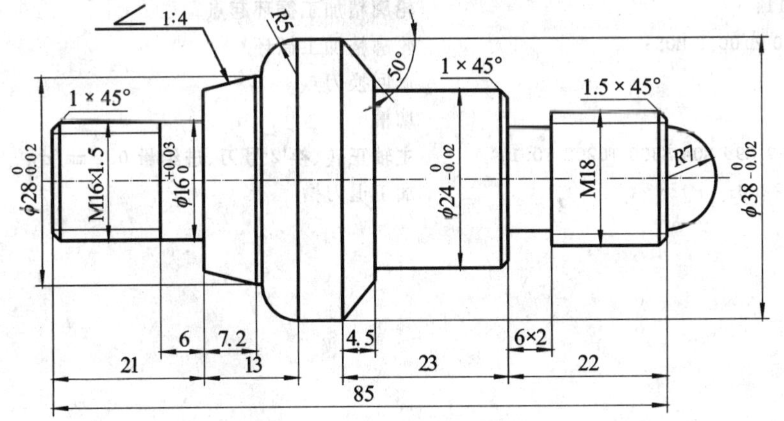

图 2.57　数控车复杂轴类训练件

分析：调头后对刀方法为，用 MDI 模式将刀具(外圆车刀)移到工件附近，不要与工件有干涉，手动车削端面然后沿 X 向退刀，主轴停止，测量长度与图纸长度相差 a 值，即 Z 向余量有 a mm，将其值输入工件平移菜单中，在测量值中输入 MZa 即可。

计算螺纹小径：

右端 $d'=d$(螺纹公称直径)$-1.3P$(螺纹螺距)=(18−1.3×2.5) mm=14.75 mm

左端 $d'=d$(螺纹公称直径)$-1.3P$(螺纹螺距)=(16−1.3×1.5) mm=14.05 mm

例 2.2.8 程序如下。

内 容	说 明
O0007;	右端加工程序
N1;	粗加工
G00 G40 G97 G99 M03 S400 T0101 F0.2;	主轴正转、换 1 号刀、进给量 0.2 mm/r
X42.0 Z2.0;	轮廓粗加工循环起点
G71 U2.0 R0.5;	轮廓粗加工循环
G71 P10 Q11 U0.3 W0.02;	
N10 G00 G42 X0;	
G01 Z0;	
G03 X14.0 Z-7.0 R7.0;	
X17.75 C1.5;	
Z-22.0;	
X24.0 C1.0;	
Z-40.5;	
A90;	
X38.0 Z-45.0 A130;	
N11 X42.0;	
G00 X100.0 Z100.0;	
N2;	返回换刀点
G00 G40 G97 G99 M03 S800 T0101 F0.05;	精加工
X42.0 Z2.0;	主轴正转、换 1 号刀、进给量 0.05 mm/r
G70 P10 Q11;	轮廓精加工循环起点
G00 X100.0 Z100.0 M05;	轮廓精加工循环
M00;	返回换刀点
N3;	切槽
G00 G40 G97 G99 M04 S300 T0202 F0.1;	主轴正转、换 2 号刀、进给量 0.1 mm/r
X25.0 Z-22.0;	加工退刀槽
G01 X14.1;	
X19.0;	
W1.5;	
X14.0;	
W-1.5;	
X25.0;	
G00 X100.0 Z100.0 M05;	返回换刀点
M00;	
N4;	加工螺纹
G00 G40 G97 G99 M03 S300 T0303;	主轴正转、换 3 号刀
X19.0 Z-2.0;	外螺纹加工循环起点

```
G92 X17.55 Z-18.0 F2.5;                      外螺纹切削固定循环
/X17.15;
/X16.75;
/X16.35;
/X15.95;
/X15.55;
/X15.15;
X14.85;
X14.75;
X14.75;
G00 X100.0 Z100.0;                           返回换刀点
M30;
O0008;
N1;                                          左端加工程序
G00 G40 G97 G99 M03 S400 T0101 F0.2;         粗加工
X42.0 Z2.0;                                  主轴正转、换 1 号刀、进给量 0.2 mm/r
G71 U2.0 R0.5;                               轮廓粗加工循环起点
G71 P10 Q11 U0.3 W0.02;                      轮廓粗加工循环
N10 G00 G42 X0;
G01 Z0;
X15.85 C1.0;
Z-15.0;
X16.02;
Z-21.0;
X24.4 C0.5;
X28.0 Z-28.2;                                返回换刀点
Z-29.0;                                      精加工
X38.0 R5.0;                                  主轴正转、换 1 号刀、进给量 0.05 mm/r
Z-41.0;                                      轮廓精加工循环起点
N11 X42.0;                                   轮廓精加工循环
G00 X100.0 Z100.0;                           返回换刀点
N2;
G00 G40 G97 G99 M03 S800 T0101 F0.05;
X42.0 Z2.0;
G70 P10 Q11;
G00 X100.0 Z100.0 M05;
M00;
N3;                                          螺纹加工
G00 G40 G97 G99 M03 S300 T0303;              主轴正转、换 3 号刀
X17.0 Z5.0;                                  外螺纹加工循环起点
G92 X15.65 Z-15.0 F1.5;                      外螺纹切削固定循环
/X15.35;
```

```
/X15.05;
/X14.75;
/X14.45;
/X14.25;
X14.15;
X14.05;
X14.05;
G00 X100.0 Z100.0;                        返回换刀点
M30;
```

例 2.2.9 加工如图 2.58 所示螺纹套件，其内螺纹用螺纹塞规检测，孔的直径用内径百分表测量）

分析：计算螺纹小径，$d' = d$（螺纹公称直径）$- 1.05P$（螺纹螺距）$= (24 - 1.05 \times 1.5)$ mm $=$ 22.425 mm

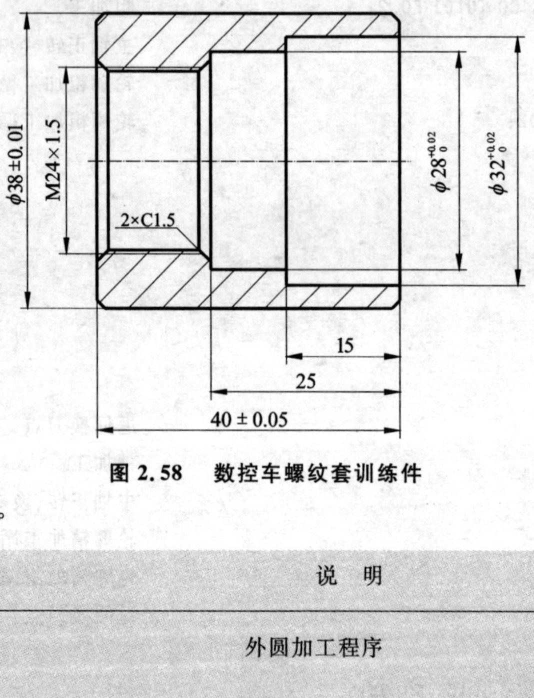

图 2.58 数控车螺纹套训练件

例 2.2.9 程序如下。

内 容	说 明
O0009;	外圆加工程序
N1;	
G00 G40 G97 G99 M03 S400 T0101 F0.2;	主轴正转、换 1 号刀、进给量 0.2 mm/r
X42.0 Z2.0;	轮廓粗加工循环起点
G71 U2.0 R0.5;	轮廓粗加工循环
G71 P10 Q11 U0.3 W0.02;	
N10 G00 G42 X18.0;	
G01 Z0;	
X38.0 C1.0;	
Z-45.0;	
N11 X42.0;	

```
G00 X100.0 Z100.0;                        返回换刀点
N2;
G00 G40 G97 G99 M03 S800 T0101 F0.05;     主轴正转、换 1 号刀、进给量 0.05 mm/r
X42.0 Z2.0;                               轮廓精加工循环起点
G70 P10 Q11;                              轮廓精加工循环
G00 X100.0 Z100.0;                        返回换刀点
M30;
O0002;                                    内孔加工程序
N1;
G00 G40 G97 G99 M03 S300 T0202 F0.15;     主轴正转、换 2 号刀、进给量 0.15 mm/r
X18.0 Z2.0;                               内孔加工循环起点
G71 U1.5 R0.5;                            内孔粗加工循环
G71 P10 Q11 U-0.3 W0.02;
N10 G00 G41 X33.0;
G01 Z0;
X32.0 C0.5;
Z-15.0;
X28.0 C0.5;
Z-25.0;
X22.5 C1.5;
Z-45.0;
N11 X18.0;
G00 X200.0 Z200.0;                        返回换刀点
N2;
G00 G40 G97 G99 M03 S800 T0202 F0.05;     主轴正转、换 2 号刀、进给量 0.05 mm/r
X18.0 Z2.0;                               内孔精加工循环起点
G70 P10 Q11;                              内孔精加工循环
G00 X200.0 Z200.0 M05;                    返回换刀点
M00;
N3;
G00 G40 G97 G99 M03 S300 T0303;           主轴正转、换 3 号刀
X20.0 Z-20.0;                             内螺纹加工循环起点
G92 X22.85 Z-42.0 F1.5;                   螺纹切削固定循环
/X23.25;
/X23.55;
/X23.85;
X23.95;
X24.0;
X24.0;
G00 Z10.0;
X200.0 Z200.0;                            返回换刀点
M30;
```

例 2.2.10 加工如图 2.59 所示轴套两件配合件，两件配合间隙为 $1_{0}^{+0.04}$ mm，毛坯为 ϕ40 mm的棒料。

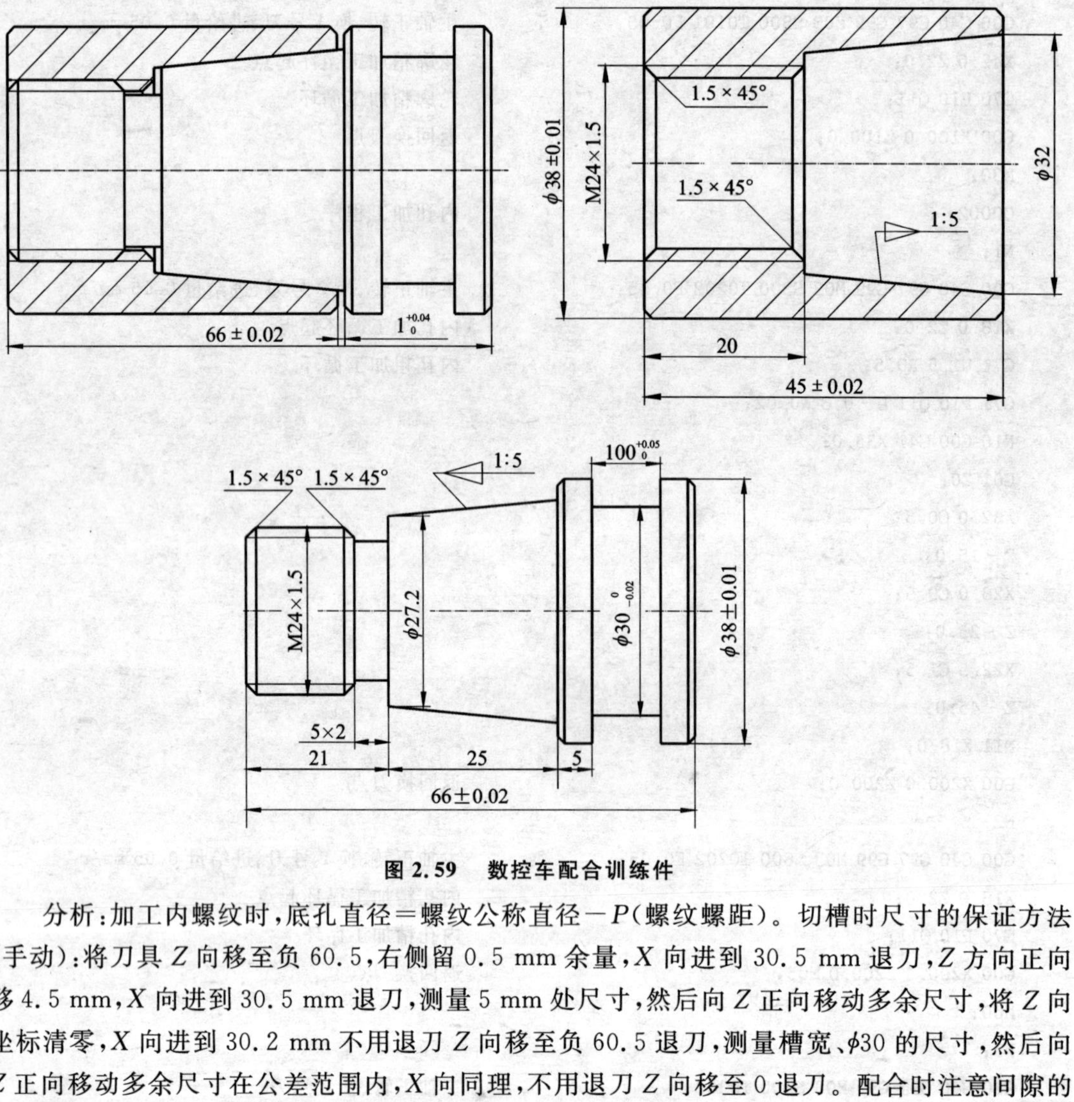

图 2.59 数控车配合训练件

分析：加工内螺纹时，底孔直径＝螺纹公称直径－P(螺纹螺距)。切槽时尺寸的保证方法(手动)：将刀具 Z 向移至负 60.5，右侧留 0.5 mm 余量，X 向进到 30.5 mm 退刀，Z 方向正向移 4.5 mm，X 向进到 30.5 mm 退刀，测量 5 mm 处尺寸，然后向 Z 正向移动多余尺寸，将 Z 向坐标清零，X 向进到 30.2 mm 不用退刀 Z 向移至负 60.5 退刀，测量槽宽、ϕ30 的尺寸，然后向 Z 正向移动多余尺寸在公差范围内，X 向同理，不用退刀 Z 向移至 0 退刀。配合时注意间隙的保证方法(间隙大时，读装配图，找到限位平面，通过修改程序车削锥面减小大小端尺寸，间隙小时，车削 ϕ38 的左端面)。

计算螺纹小径，内螺纹：$d'=d$(螺纹公称直径)$-1.05P$(螺纹螺距)$=(24-1.05\times1.5)$ mm$=$22.425，外螺纹：$d'=d$(螺纹公称直径)$-1.3P$(螺纹螺距)$=(24-1.3\times1.5)$ mm$=22.05$ mm。

例 2.2.10 程序如下。

内 容	说 明
00010;	件 3 外圆加工程序
N1;	
G00 G40 G97 G99 M03 S400 T0101 F0.2;	主轴正转、换 1 号刀、进给量 0.2 mm/r

```
X42.0 Z2.0;                                   轮廓粗加工循环起点
G71 U2.0 R0.5;                                轮廓粗加工循环
G71 P10 Q11 U0.3 W0.02;
N10 G00 G42 X18.0;
G01 Z0;
X38.0 C1.0;
Z-50.0;
N11 X42.0;
G00 X100.0 Z100.0;                            返回换刀点
N2;
G00 G40 G97 G99 M03 S800 T0101 F0.05;         主轴正转、换1号刀、进给量0.05 mm/r
X42.0 Z2.0;                                   轮廓精加工循环起点
G70 P10 Q11;                                  轮廓精加工循环
G00 X100.0 Z100.0;                            返回换刀点
M30;
O0011;                                        件3内孔加工程序
N1;
G00 G40 G97 G99 M03  S300 T0202 F0.15;        主轴正转、换2号刀、进给量0.15 mm/r
X18.0 Z2.0;                                   内孔加工循环起点
G71 U1.5 R0.5;                                内孔粗加工循环
G71 P12 Q13 U-0.3 W0.02;
N10 G00 G41 X24.5;
G01 Z0;
X33.0 C0.5;
X27. Z-25.0;
X23.85 C1.5;
Z-50.0;
N11 X18.0;
G00 X200.0 Z200.0;                            返回换刀点
N2;
G00 G40 G97 G99 M03 S400 T0202 F0.05;         主轴正转、换2号刀、进给量0.05 mm/r
X18.0 Z2.0;                                   内孔精加工循环起点
G70 P12 Q13;                                  内孔精加工循环
G00 X200.0 Z200.0 M05;                        返回换刀点
M00;
N3;
G00 G40 G97 G99 M03 S200 T0303;               主轴正转、换3号刀
X20.0 Z20.0;
Z-20.0;                                       内螺纹加工循环起点
G92 X22.85 Z-42. F1.5;                        螺纹切削固定循环
/X23.15;
/X23.45;
/X23.65;
/X23.85;
X23.95;
```

```
X24.0;
X24.0;
G00 Z10.0;
X200.0 Z200.0;                                返回换刀点
M30;
O0012;
N1;                                           件2外圆加工程序
G00 G40 G97 G99 M03 S400 T0101 F0.2;          主轴正转、换1号刀、进给量0.2 mm/r
X42.0 Z2.0;                                   轮廓粗加工循环起点
G71 U2.0 R0.5;                                轮廓粗加工循环
G71 P14 Q15 U0.3 W0.02;
N10 G00 G42 X0;
G01 Z0;
X23.85 C1.5;
Z-21.0;
X27.2 C0.5;
X32.0 Z-46.0;
X38.0 C1.0;
Z-70.0;
N11 X42.0;
G00 X100.0 Z100.0;                            返回换刀点
N2;
G00 G40 G97 G99 M03 S800 T0101 F0.05;         主轴正转、换1号刀、进给量0.05 mm/r
X42.0 Z2.0;                                   轮廓精加工循环起点
G70 P14 Q15;                                  轮廓精加工循环
G00 X100.0 Z100.0 M05;                        返回换刀点
M00;
N3;
G00 G40 G97 G99 M03 S300 T0202 F0.1;          主轴正转、换2号刀、进给量0.1 mm/r
X29.0 Z-21.0;                                 加工退刀槽
G01 X20.1;
X25.0;
W0.5;
X20.0;
W-0.5;
X35.0;
G00 X100. Z100. M05;                          返回换刀点
M00;
N4;
G00 G40 G97 G99 M03 S300 T0303;               主轴正转、换3号刀
X25.0 Z5.0;                                   外螺纹加工循环起点
G92 X23.65 Z-18.0 F1.5;                       外螺纹切削固定循环
/X23.35;
/X23.05;
/X22.75;
/X22.45;
/X22.25;
X22.15;
```

```
X22.05;
X22.05;
G00 X100.0 Z100.0 M05;                    返回换刀点
M00;
N5;
G00 G40 G97 G99 M03 S300 T0202 F0.1;      主轴正转、换 2 号刀、进给量 0.1 mm/r
X40.0 Z-61.0;                             加工 10 mm 槽
G01 X30.0;
X40.0;
W4.0;
X30.0;
X40.0;
W1.5;
X29.99;
Z-61.0;
X40.0;
G00 X100.0 Z100.0;
M30;                                      返回换刀点
```

例 2.2.11　加工如图 2.60 所示轴套两件配合件，毛坯为 $\phi 40$ mm 的棒料。

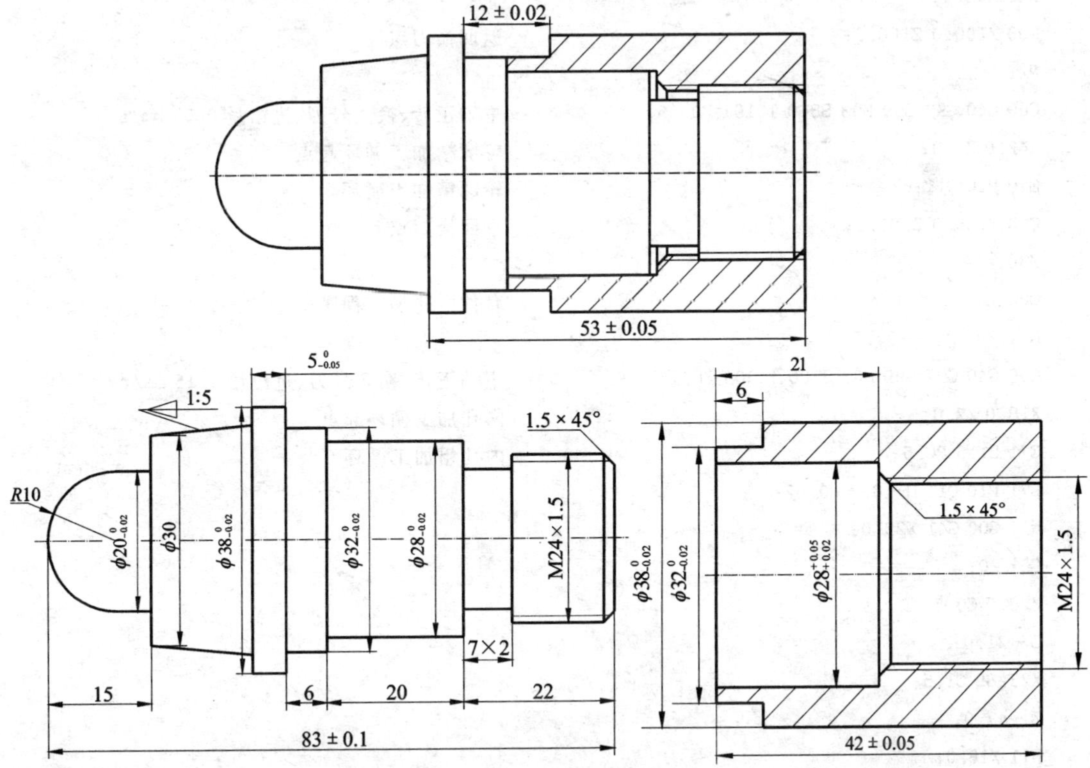

图 2.60　数控车配合训练件

分析：

内螺纹　$d'=d$(螺纹公称直径)$-1.05P$(螺纹螺距)$=(24-1.05\times1.5)$ mm$=$ 22.425 mm

外螺纹　$d'=d$(螺纹公称直径)$-1.3P$(螺纹螺距)$=(24-1.3\times1.5)$ mm$=22.05$ mm

例 2.2.11 程序如下。

内　容	说　明
O0013;	套件外圆加工程序
N1;	
G00 G40 G97 G99 M03 S400 T0101 F0.2;	主轴正转、换 1 号刀、进给量 0.2 mm/r
X42.0 Z2.0;	轮廓粗加工循环起点
G71 U2.0 R0.5;	轮廓粗加工循环
G71 P10 Q11 U0.3 W0.02;	
N10 G00 G42 X18.0;	
G01 Z0;	
X32.0 C0.5;	
Z-6.0;	
X38.0 C0.5;	
Z-47.0;	
N11 X42.0;	
G00 X100.0 Z100.0;	返回换刀点
N2;	
G00 G40 G97 G99 M03 S800 T0101 F0.05;	主轴正转、换 1 号刀、进给量 0.05 mm/r
X42.0 Z2.0;	轮廓精加工循环起点
G70 P10 Q11;	轮廓精加工循环
G00 X100.0 Z100.0;	返回换刀点
M30;	
O0014;	套件内孔加工程序
N1;	
G00 G40 G97 G99 M03 S300 T0303 F0.15;	主轴正转、换 3 号刀、进给量 0.15 mm/r
X18.0 Z2.0;	内孔加工循环起点
G71 U1.5 R0.5;	内孔粗加工循环
G71 P10 Q11 U-0.3 W0.02;	
N10 G00 G41 X29.0;	
G01 Z0;	
X28.0 C0.5;	
Z-21.0;	
X23.85 C1.5;	
Z-47.0;	
N11 X18.0;	
G00 X200.0 Z200.0;	返回换刀点

```
N2;                                          主轴正转、换 3 号刀、进给量 0.05 mm/r
G00 G40 G97 G99 M03 S800 T0303 F0.05;        内孔精加工循环起点
X18.0 Z2.0;                                  内孔精加工循环
G70 P10 Q11;                                 返回换刀点
G00 X200.0 Z200.0 M05;
M00;
N3;
G00 G40 G97 G99 M03 S200 T0404;              主轴正转、换 4 号刀
X20.0 Z20.0;
Z-16.0;                                      内螺纹加工循环起点
G92 X22.85 Z-42.0 F1.5;                      螺纹切削固定循环
/X23.15;
/X23.45;
/X23.65;
/X23.85;
X23.95;
X24.0;
X24.0;
G00 Z10.0;
X200.0 Z200.0;                               返回换刀点
M30;
O0015;                                       轴件右端外圆加工程序
N1;
G00 G40 G97 G99 M03 S400 T0101 F0.2;         主轴正转、换 1 号刀、进给量 0.2 mm/r
X42.0 Z2.0;                                  轮廓粗加工循环起点
G71 U2.0 R0.5;                               轮廓粗加工循环
G71 P10 Q11 U0.3 W0.02;
N10 G00 G42 X0;
G01 Z0;
X23.85 C1.5;
Z-22.0;
X28.0 C0.5;
Z-42.0;
X32.0 C0.5;
Z-48.0;
X38.0 C0.5;
Z-48.5;
N11 X42.0;
G00 X100.0 Z100.0;                           返回换刀点
N2;
G00 G40 G97 G99 M03 S800 T0101 F0.05;        主轴正转、换 1 号刀、进给量 0.05 mm/r
X42.0 Z2.0;                                  轮廓精加工循环起点
```

```
G70 P10 Q11;                              轮廓精加工循环
G00 X100.0 Z100.0 M05;                    返回换刀点
M00;
N3;
G00 G40 G97 G99 M03 S300 T0202 F0.1;      主轴正转、换2号刀、进给量0.1 mm/r
X29.0 Z-22.0;                             加工退刀槽
G01 X20.1;
X25.0;
W2.5;
X20.0;
W-2.5;
X35.0;
G00 X100.0 Z100.0 M05;                    返回换刀点
M00;
N4;
G00 G40 G97 G99 M03 S300 T0303;           主轴正转、换3号刀
X25.0 Z5.0;                               外螺纹加工循环起点
G92 X23.65 Z-18.0 F1.5;                   外螺纹切削固定循环
/X23.35;
/X23.05;
/X22.75;
/X22.45;
/X22.25;
X22.15;
X22.05;
X22.05;
G00 X100.0 Z100.0;                        返回换刀点
M30;
O00016;                                   轴件左端外圆加工程序
N1;
G00 G40 G97 G99 M03 S400 T0101 F0.2;      主轴正转、换1号刀、进给量0.2 mm/r
X42.0 Z2.0;                               轮廓粗加工循环起点
G71 U2.0 R0.5;                            轮廓粗加工循环
G71 P10 Q11 U0.3 W0.02;
N10 G00 G42 X0;
G01 Z0;
X20.0 R10.0;
Z-15.0;
X30.0 C0.5;
X33.0 Z-30.0;
X38.0 C0.5;
Z-36.0;
```

```
N11 X42.0;
G00 X100.0 Z100.0;                                  返回换刀点
N2;
G00 G40 G97 G99 M03 S800 T0101 F0.05;               主轴正转、换 1 号刀、进给量 0.05mm/r
X42.0 Z2.0;                                         轮廓精加工循环起点
G70 P10 Q11;                                        轮廓精加工循环
G00 X100.0 Z100.0;                                  返回换刀点
M30;                                                程序结束
```

例 2.2.12　加工如图 2.61 所示配合件，材料为 $\phi40$ mm 的铝合金棒料。

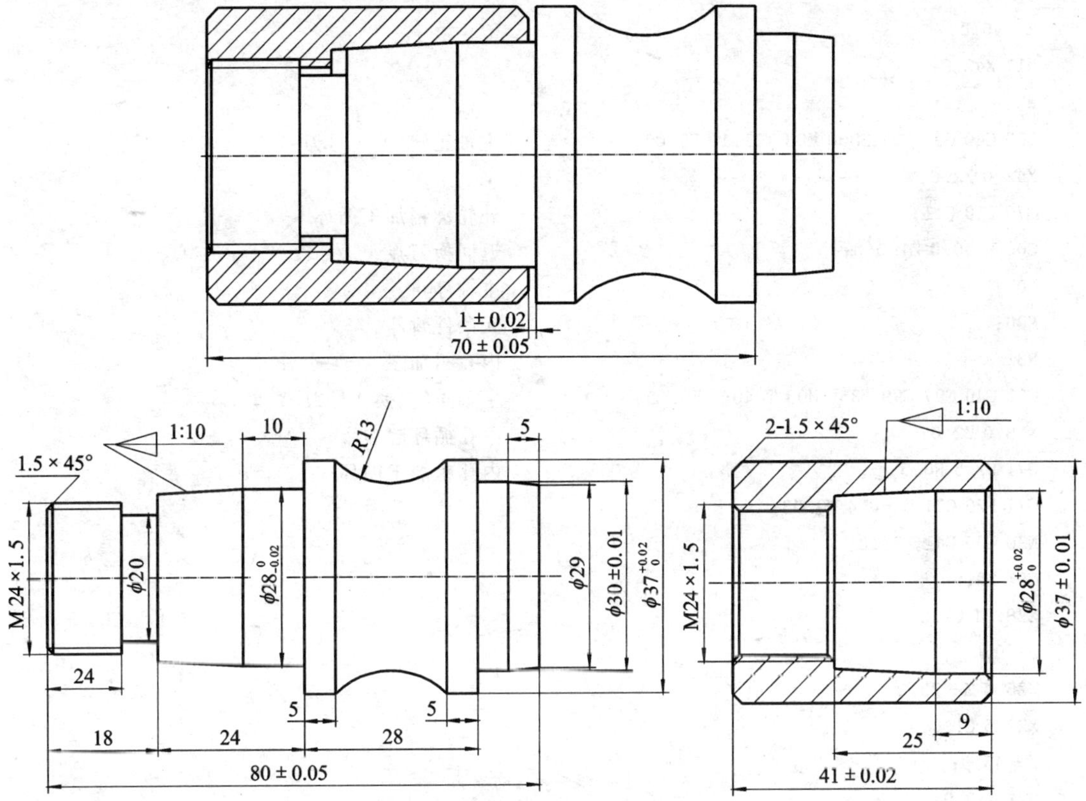

图 2.61　数控车配合训练件

分析：零件装配图左端配作，用塞尺测量配合间隙，用手动车削直径 $\phi28_{-0.02}^{\ 0}$ mm 处轴肩至配合间隙要求。G73 程序段切削深度 U 和加工次数 R 的计算：

$$a_p = \frac{U}{R-1}$$

式中，U 为切削余量（半径）；a_p 为每次切削深度；R 为设定加工次数。

例 2.2.12 程序如下。

内容	说明
O0018;	套件加工程序
N1;	
G00 G40 G97 G99 S500 M03 T0101F0.2;	主轴正转、换1号刀
X42.0 Z2.0;	外轮廓循环起点
G71 U2.5 R0.5;	外轮廓粗加工循环
G71 P10 Q11 U0.4 W0.03;	
N11 G00 G42 X25.0;	
G01 Z0;	
X37.0 C1.5;	
Z-46.0;	
N11 X42.0;	
N2;	
G00 G40 G97 G99 S800 M03 T0101 F0.08;	主轴正转、换1号刀
X42.0 Z2.0;	
G70 P10 Q11;	外轮廓精加工循环
G00 X100.0 Z100.0;	返回换刀点
M05;	主轴停止
M00;	无条件暂停
N3;	内孔粗加工
G00 G40 G97 G99 S350 M03 T0404 F0.15;	主轴正转、换4号刀
X18.0 Z2.0;	内孔循环起点
G71 U1.5 R0.5;	内孔粗加工循环
G71 P20 Q21 U-0.4 W0.03;	
N20 G00 G41 X32.0;	
G01 Z0;	
X28.01 C1.0;	
Z-9.0;	
X26.4 Z-25.0;	
X22.5 C1.0;	
Z-45.0;	
N21 X18.0;	
N4;	
G00 G40 G97 G99 S500 M03 T0404 F0.05;	主轴正转、换4号刀
X18.0 Z2.0;	
G70 P20 Q21;	内孔精加工循环
G00 X150.0 Z200.0;	返回换刀点
M05;	主轴停止
M00;	无条件暂停
N5;	
G00 G40 G97 G99 S250 M03 T0303;	主轴正转、换3号刀
X21.0 Z-20.0;	内螺纹循环点

```
G92 X23.0  Z-42.0 F1.5;                          内螺纹加工
/ X23.5;
/ X23.8;
X23.9;
X23.95;
X24.0;
X24.0;
G00 Z100.0;
X100.0;                                          返回换刀点
M30;                                             程序结束
```

调用 2 号刀手动切断并保证长度 41.5 mm。将工件调头并垫上铜皮，调用 1 号刀手动平端面并保证总长为(41±0.02) mm。

```
轴件参考程序                                      说　明
-------------------------------------------------------------------
O00019
N1;
G00 G40 G97 G99 S500 M03 T0101  F0.2;            主轴正转、换 1 号刀
X42.0 Z2.0;                                      循环起点
G71 U2.5 R0.5;                                   外轮廓粗加工循环
G71 P10 Q11 U0.4 W0.03;                          加工圆锥
N11 G00 G42 X0;
G01 Z0;
X23.85 C1.5;                                     外圆倒角
Z-18.0;
X26.6  C0.5;
X28.0 Z-32.0;
Z-42.0;
X35.0;
X38.0 Z-43.5;
N11 X42.0;
N2;
G00 G40 G97 G99 S800 M03 T0101  F0.08;           主轴正转、换 1 号刀
X42.0 Z2.0;                                      循环起点
G71 P10 Q11;                                     外轮廓精加工循环
G00 X100.0 Z100.0;                               返回换刀点
M05;                                             主轴停止
M00;                                             无条件暂停
N3;                                              加工螺纹退刀槽
G00 G40 G97 G99 S400 M03 T0202;                  主轴正转、换 2 号刀
X30.0 Z-18.0;
G01 X20.0 F0.05;
X30.0 F0.3;
W1.5;
```

X20.0 F0.05;	
W-1.47;	
X30.0 F0.3;	
G00 X100.0 Z100.0;	返回换刀点
M05;	主轴停止
M00;	无条件暂停
N4;	外螺纹加工程序
G00 G40 G97 G99 S400 M03 T0303;	主轴正转、换 3 号刀
X26.0 Z5.0;	螺纹循环起点
G92 X23.5 Z-14.5 F1.5;	
/ X23.0;	
/ X22.6;	
/ X22.3;	
X22.1;	
X22.05;	
X22.05;	螺纹加工结束
G00 X150.0 Z150.0;	返回换刀点
N5;	粗加工 $R30 \pm 0.015$ 处圆弧
G00 G40 G97 G99 S500 M03 T0303 F0.2;	主轴正转、换 3 号外螺纹刀
X42.0 Z-42.0;	循环起点
G73 U3.0 R4;	外轮廓粗加工循环
G73 P20 Q21 U0.4 W0.03;	
N11 G00 G42 X37.0;	
G01 Z-47.0;	
G02 X37.0 Z-65.0 R13.0;	
Z-70.0;	
N11 X42.0;	
N6;	
G00 G40 G97 G99 S800 M03 T0303 F0.08;	主轴正转、换 3 号刀
X42.0 Z2.0;	循环起点
G70 P20 Q21;	精加工 $R30 \pm 0.015$ 处圆弧
G00 X100.0 Z100.0;	返回换刀点
M30;	程序结束

轴件螺纹加工完后将套件旋入轴件用塞尺测量配合间隙，调用 1 号刀用手动车削直径 $\phi28^{0}_{-0.02}$ mm 处轴肩至配合间隙要求，然后调用 2 号刀手动切断并保证长度 80.5 mm。将工件调头垫上铜皮，调用 1 号刀加工右端轮廓，并保证总长为(80 ± 0.05) mm。

轴件右端参考程序	说　明
O0020	
N1;	
G00 G40 G97 G99 S500 M03 T0101F0.2;	主轴正转、换 1 号外圆车刀
X42.0 Z2.0;	循环起点
G71 U2.0 R0.5;	外轮廓粗加工循环

```
G71  P10 Q11 U0.4 W0.03;
N11 G00 G42 X0;
G01 Z0;
X29.0;
X30.0 Z-5.0;
Z-10.0;
X36.0;
X37.0 Z-10.5;                              外圆倒棱
N11 X42.0;
M05;                                       主轴停止
M00;                                       无条件暂停
N2;
G00 G40 G97 G99 S800 M03 T0101  F0.08;     主轴正转、换 1 号刀
X42.0 Z2.0;                                循环起点
G70  P10 Q11;                              外轮廓精加工循环
G00 X100.0 Z100.0;                         返回换刀点
M05;                                       主轴停止
M30;                                       程序结束
```

例 2.2.13　加工如图 2.62 所示配合件，配合间隙为(1±0.02) mm，轴件的左端为椭圆曲线，材料为 ϕ40 mm 的铝合金。

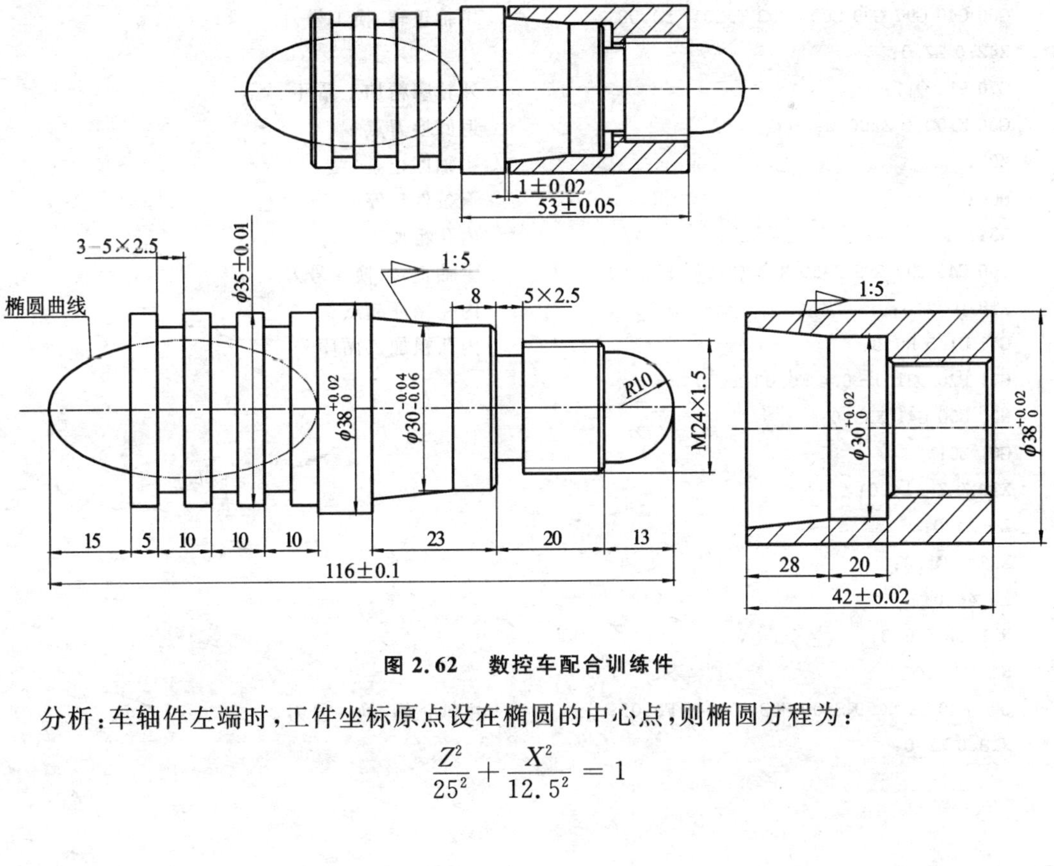

图 2.62　数控车配合训练件

分析：车轴件左端时，工件坐标原点设在椭圆的中心点，则椭圆方程为：

$$\frac{Z^2}{25^2}+\frac{X^2}{12.5^2}=1$$

$$X=\frac{12.5}{25}\times\sqrt{25^2-Z^2},\qquad Z\in(10,25)$$

式中,以 Z 为自变量,X 为因变量。

在加工轴件右端加工完后将套件配合到轴件,用塞尺测量配合间隙,用手动车削圆锥处轴肩至配合间隙要求。配合时注意间隙的保证方法:如果间隙大,读装配图,找到限位平面,通过锥度比例关系,减小锥体大端尺寸;如果间隙小,车削的右端面。

例 2.2.13 程序如下。

内　容	说　明
O0021	加工套件程序
N1;	
G00 G40 G97 G99 S500 M03 T0101F0.2;	主轴正转、换 1 号刀
X42.0 Z2.0;	外轮廓循环起点
G71 U2.0 R0.5;	外轮廓粗加工循环
G71 P10 Q11 U0.3 W0.03;	
N11 G00 G42 X25.0;	
G01 Z0;	
X38.0 C0.5;	
Z－46.0;	
N11 G40X42.0;	
N2;	
G00 G40 G97 G99 S800 M03 T0101 F0.08;	主轴正转、换 1 号刀
X42.0 Z2.0;	
G70 P10 Q11;	外轮廓精加工循环
G00 X100.0 Z200.0;	返回换刀点
M05;	主轴停止
M00;	无条件暂停
N3;	内孔粗加工
G00 G40 G97 G99 S350 M03 T0404 F0.15;	主轴正转、换 4 号刀
X18.0 Z2.0;	内孔循环起点
G71 U1.5 R0.5;	内孔粗加工循环
G71 P20 Q21 U－0.4 W0.03;	
N20 G00 G41 X33.0;	
G01 Z0;	
X30.0 Z－14.0;	
Z－24.0;	
X22.5 C1.0;	
Z－46.0;	
N21 G40X18.0;	
N4;	
G00 G40 G97 G99 S500 M03 T0404 F0.05;	主轴正转、换 4 号刀
X18.0 Z2.0;	

```
G70 P20 Q21;                              内孔精加工循环
G00 X150.0 Z200.0;                        返回换刀点
M05;                                      主轴停止
M00;                                      无条件暂停
N5;
G00 G40 G97 G99 S250 M03 T0303;           主轴正转、换 3 号刀
X21.0 Z-20.0;                             内螺纹循环点
G92 X23.0  Z-43.0 F1.5;                   内螺纹加工
/ X23.5;
/ X23.8;
X23.9;
X24.0;
X24.0;
G00 Z150.0;                               返回换刀点
X100.0;
M30;                                      程序结束
O0022;                                    加工轴件左端程序
N1;                                       粗车外圆
G00 G40 G97 G99 S500 M03 T0101 F0.2;
X42.0 Z17.0;
G71 U2.0 R0.5;
G71 P10 Q11U 0.3W 0.05;
N10 G00 G42 X27.0;
G01 Z10.0;
X35.0 C0.5;
Z-25.0;
X38.0 C0.5;
Z-37.0;
N11 G40 X42.0;
G00 X100.0 Z250.0;
N2;
G00 G40 G97 G99 S800 M03 T0101 F0.08;
X42.0Z17.0;
G70P10Q11;
G00X100.0Z250.0M05;
M00;
N3;                                       加工椭圆曲线程序
G00 G40 G97 G99 S500 M03 T0101 F0.2;
X29.0 Z17.0;
#100=29.0;                                毛坯直径 27 mm
N20#100=#100-3;
#101=0.2;
```

```
G65P0100;
G00X29.0Z17.0;
IF [#100 GT 1] GOTO 20;
#100 = 0;
#101 = 0.08;
S800;
G00 X100.0;
G65 P0100;
G28 U0 W0 M05;
M00;
N4;                                         调用子程序切槽
G00 G40 G97 G99 S800 M03 T0202  F0.08;      主轴正转、换 2 号切槽刀,刀宽 4.5 mm
X37.0 Z10.0;                                循环起点
M98 P30200;                                 调用 3 次 100 号子程序
G00 X100.0 Z100.0;                          返回换刀点
M30;                                        程序结束
O0100;                                      椭圆子程序号
#1 = 25.0;
N30 #2 = 2 * 12.5 * SQRT[625 - #1 * #1]/25;
G01X[#2 + #100]Z#1F#101;
#1 = #1 - 0.5;
IF #1 GE 10 GOTO 30;
M99;
O0200;                                      切槽子程序号
W-5.0;
X30.0 F0.05;
X37.0 F0.2;
W-0.5;
X30.0 F0.05;
W0.5;
X37.0 F0.2;
M99;
O0023
N1;
G00 G40 G97 G99 S500 M03 T0101 F0.2;        主轴正转、换 1 号刀
X42.0 Z2.0;                                 外轮廓循环起点
G71 U2.0 R0.5;                              外轮廓粗加工循环
G71 P10 Q11 U0.4 W0.03;
N11 G00 G42 X0;
G01 Z0;
G03 X20.0 Z-10.0 R10.0;                     车半圆球 R10.0
Z-13.0;
```

```
X23.85 C1.5;
Z-33.0;
X30.0 C1.0;
Z-41.0;
X33.0 Z-56.0;
X37.0;
X38.0 Z-41.5;
N11 X42.0;
N2;
G00 G40 G97 G99 S800 M03 T0101 F0.08;       主轴正转、换 1 号刀
X42.0 Z2.0;
G70 P10 Q11;                                外轮廓精加工循环
G00 X100.0 Z100.0;                          回换刀点
M05;                                        主轴停止
M00;                                        无条件暂停
N3;
G00 G40 G97 G99 S350 M03 T0202  F0.15;      主轴正转、换 2 号刀
X31.0 Z-33.0;                               切槽循环起点
G01 X19.0;
X31.0 F0.3;
W2.0;
X21.0 W-1.5;                                切槽处倒角
X19.0;
W-0.5;
X31.0;
G00 X150.0 Z150.0;                          回换刀点
M05;                                        主轴停止
N4;                                         外螺纹加工程序
G00 G40 G97 G99 S400 M03 T0303;             主轴正转、换 3 号刀
X26.0 Z-8.0;                                螺纹循环起点
G92 X23.5 Z-29.0  F1.5;
/ X23.0;
/ X22.6;
/ X22.3;
X22.1;
X22.05;
X22.05;                                     螺纹加工结束
G00 X150.0 Z150.0;                          返回换刀点
M30;
```

例 2.2.14　使用车铣中心加工(后置刀架)加工如图 2.63 所示零件。外圆精加工余量 X 向 0.5 mm，Z 向 0.1 mm.，切槽刀刃宽 4 mm，螺纹加工用 G92 命令，X 向铣刀直径为 ϕ8 mm，Z

向铣刀直径为 $\phi6$ mm，工件程序原点如图所示（毛坯上 $\phi70$ mm 的外圆已粗车至尺寸，不需加工）。

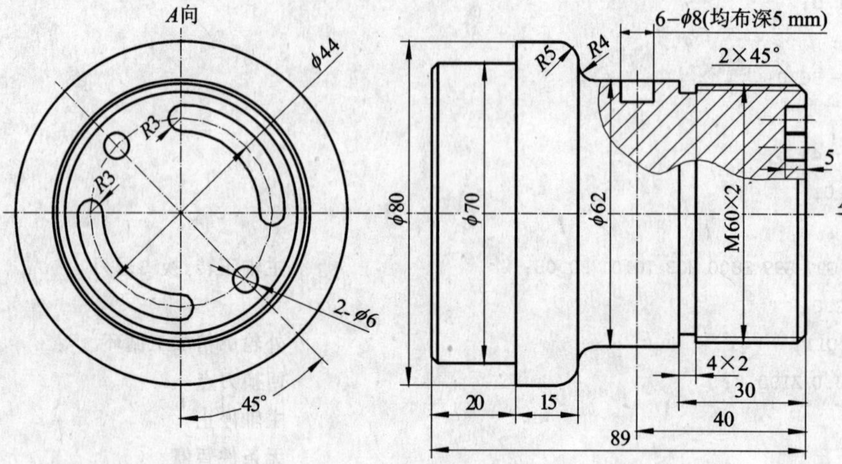

图 2.63　车铣中心训练件

例 2.2.14 程序如下。

内　容	说　明
O0025;	
M41;	
G50 S1500;	
N1;	工序(一):外圆粗切削
G0 G40 G97 G99 S500 T0202 M04 F0.15;	
X84.0 Z2.0;	
G71 U1.5 R0.5;	
G71 P10 Q11 U0.5 W0.1;	
N10 G0 G42 X0;	
G01 Z0;	
X60.0 K−2.0;	
Z−30.0;	
X62.0;	
Z−50.0;	
G02 X70.0 Z−54.0 R4.0;	
G03 X80.0 Z−59.0 R5.0;	
Z−69.0;	
N11 G01 G40 X82.0;	
G28 U0 W0 T0 M05;	
N2;	工序(二):外圆精车
G0 G40 G97 G99 S800 T0404 M04 F0.08;	
X84.0 Z2.0;	
G70 P10 Q11;	
G28 U0 W0 T0 M05;	
M00;	

```
N3;                                          工序(三):切槽
G0 G40 G97 G99 S200 T0606 M04 F0.05;
X64.0 Z-30.0;
G01 X56.0;
X62.0  F0.2;
G0 X100.0;
G28 U0 W0 T0 M05;
N4;                                          工序(四):车螺纹
G0 G40 G97 G99 S300 T0707 M04;
X62.0 Z5.0;
G92 X59.2 Z-28.0 F2.0;
X58.5;
X58.0;
X57.7;
X57.5;
X57.4;                                       进刀至尺寸 φ57.4,(60-1.3×2) mm=57.4 mm
G0 X100.0;
G28 U0 W0 T0 M05;
M00;
N5;                                          工序(五):铣径向孔
M54;                                         C 轴离合器合上
G28 H-30;                                    C 轴反向转动 30°,有利于 C 轴回零点
G50 C0;                                      设定 C 轴坐标系
G0 G40 G97 G98 S1000 T1111 M04 F10;          铣刀转速 1 000 rpm,进给量 10 mm/min
X64.0 Z-40.0;                                铣刀定位
M98 P61000;                                  调用子程序 O1000 六次,铣 φ8 mm 孔
G0 X100.0;
G28 U0 W0 C0 T0 M05;
M00;
N6;                                          工序(六):铣端面槽及孔
G50 C0;
G0 G40 G97 G98 S1000 T0909 M04 ;
X44.0 Z1.0;                                  铣刀定位
M98 P21001;                                  调用子程序 O1001 两次
G0 H-45.0;
G01 Z-5.0 F5;
Z1.0 F20;
G0 H180.0;
G01 Z-5.0 F5;
G01 Z1.0 F20;
G0 X100.0;
G28 U0 W0 C0 T0 M05;
```

M55；	C 轴离合器断开
M30；	程序结束

子程序	说 明
O1000；	
G01 X52.0 F5；	
G04 U1.0；	
X64.0 F20；	
G00 H60.0；	
M99	子程序调用结束
O1001；	
G00 Z－5.0 F5；	
G01 H90.0 F20；	
Z2.0 F20.0；	
H90.0；	
M99；	

例 2.2.15 使用车铣中心(后置刀架)加工如图 2.64 所示零件。外圆精加工余量 X 向 0.4 mm,Z 向 0.1 mm.,内孔精加工余量 X 向 0.4 mm,Z 向 0.1 mm.,切槽刀刃宽 4 mm,钻头直径为 $\phi18$ mm,螺纹加工用 G92 命令,X 向铣刀直径为 $\phi8$ mm,工件程序原点如图所示(毛坯上 $\phi50$ mm 的外圆已粗车至尺寸,不需加工)。

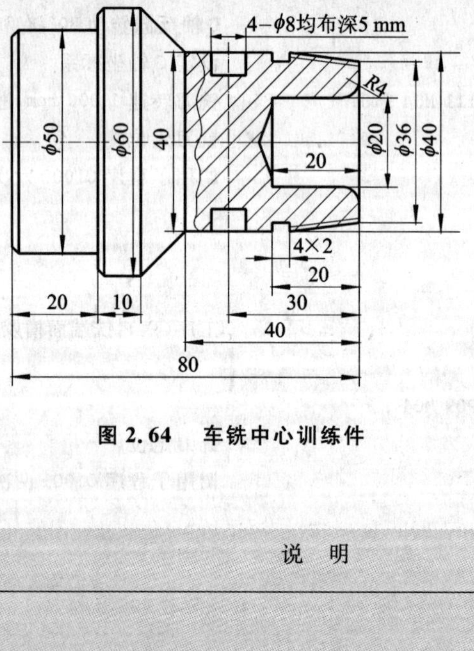

图 2.64 车铣中心训练件

例 2.2.15 程序如下。

内 容	说 明
O0025；	
M41；	
G50 S1500；	
N1；	工序(一):端面车削
G0 G40 G99 S400 T1010 M04 F0.1；	
X62.0 Z0；	

```
G96 S120;
G01 X0;
G0 G97 S500 Z50.0;
G28 U0 W0 T0 M05;
N2;                                          工序(二):打中心孔
G0 G40 G97 G99 S800 M03 T0101 F0.02;
X0 Z2.0;
G74 R0.2;                                    打中心孔时每次退刀量为 0.5 mm
G74 Z-5.0 Q2000;                             孔深 5 mm,每次钻削深度 2 mm
G28 U0 W0 T0 M05;
N3;                                          工序(三):钻孔(钻头直径 φ18 mm)
G0 G40 G97 G99 S250 M03 T0303 F0.2;
X0 Z2.0;
G74 R1.0;                                    钻孔时每次退刀量 1 mm
G74 Z-200000.0 Q3000;                        孔深 24 mm,每次钻孔深度 3 mm
G28 U0 W0 T0 M05;
N4;                                          工序(四):外圆粗加工
G0 G40 G97 G99 S400 M03 T0202 F0.25;
X64.0 Z2.0;
G71 U2.0 R0.5;
G71 P10 Q11 U0.4 W0.1;
N10 G0 G42 X16.0;
G01 Z0;
X36.0;
X40.0 Z-16.0;
Z-40.0;
X60.0 Z-50.0;
Z-60.0;
N11 G01 G40 X64.0;
G28 U0 W0 T0 M05;
N5;                                          工序(五):内径粗加工
G0 G40 G97 G99  S350 T0808 M03 F0.2;
X16.0 Z2.0;                                  刀具定位至内径粗加工循环点
G71 U1.5 R0.5;                               粗车每次切深 1.5 mm,退刀量 0.5 mm
G71 P12 Q13 U-0.4 W0.1;
N12 G00 G41 X28.0;                           刀尖 R 补偿方向切换为左刀补
G01 Z0;
G02 X20.0 Z-4.0 R4.0;
G01 Z-20.0;
X18.0;
N13 G01 G40 X16.0;
G28 U0 W0 T0 M05;
```

```
N6;                                          工序(六):外径精加工
G00 G40 G97 G99 S500 M03 T0404 F0.1;
X64.0 Z2.0;
G96 S150;
G70 P10 Q11;
G0 G97 X100.0 S500;
G28 U0 W0 T0 M05;
M00;
N7;                                          工序(七):内径精加工
G0 G40 G97 G99 S300 M03 T1212 F0.1;
X16.0 Z2.0;
G96 S120;
G70 P10 Q11;
G0 G97 Z50.0 S300;
G28 U0 W0 T0 M05;
M00;
N8;                                          工序(八):切槽加工
G0 G40 G97 S250 T0606 M03 F0.05;
X42.0 Z-20.0;
G01 X36.0;
G01 X42.0 F0.2;
G28 U0 W0 T0 M05;
N9;                                          工序(九):锥螺纹加工
G0 G40 G97 G99 S500 T0707 M04;
X42.0  Z6.0;                                 刀具定位至螺纹加工循环点
G92 X39.7 Z-18.0  R-3.0 F1.5;
X39.1;
X38.7;
X38.6;
X38.55;
G28 U0 W0 T0 M05;
M00;
N10;                                         工序(十):铣径向孔
M54;
G28 H-30.0;
G50 C0;                                      设定 C 轴坐标系
G0 G40 G97 G98 S700 M03 T1111;
Z-30.0;
X42.0;
M98 P40010;                                  调用 O0010 子程序 4 次
G28 U0 W0 H0 T0 M05;                         X 轴、Z 轴、C 轴自动回归原点
M55;                                         C 轴离合器脱开
```

```
M30;                                  程序结束
子程序
O0010;
G01 X30.0 F5;
G01 X42.0 F20;
G00 H90.0;
M99;                                  子程序调用结束
```

2.3　数控车床的操作

数控车床的操作与普通车床相比要复杂,数控车床的任意动作都是由控制系统控制的,通过操作按钮发出控制信息来实现,所以要熟练知道各操作按钮、开关的各功能是必要的,不过要达到熟练,需要长时间的练习,以达到自然流畅,没有任何多余动作,准确无误。本节以 FANUC 0i Mate－TB 系统的数控车床为例,介绍一下其基本操作方法。

2.3.1　操作面板

操作面板上的各种功能键严格分组,包括系统操作面板和机械操作面板,通过键与按钮的组合可执行基本操作,操作者能够直接控制机床的动作。

(1) 系统操作面板

操作面板是由 CRT 显示部分和 MDI 键盘构成,如图 2.65 所示。

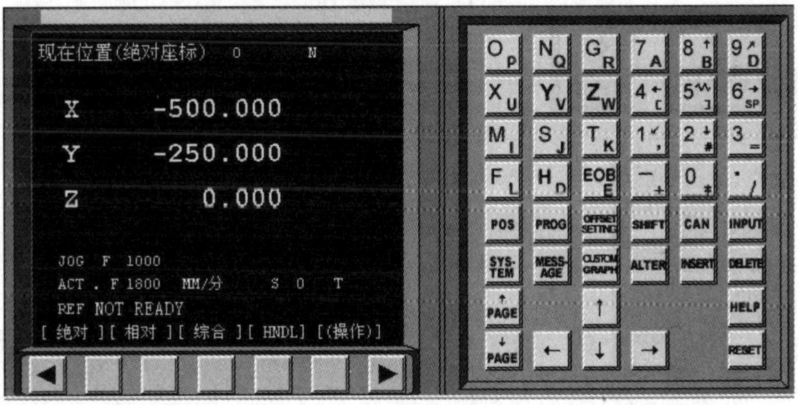

图 2.65　系统操作面板

MDI 键盘上各键功能说明如表 2.5 所列。

表 2.5　MDI 键盘功能说明

序号	符号	功能说明
1		地址和数字键:字母、数字和其他字符的输入

续表 2.5

序号	符号	功能说明
2	POS	位置键:用于当前数控车床位置的显示
3	PROG	程序键:用于程序的显示,在编辑方式下,编辑、显示存储器里的程序;在手动数据输入方式下,输入、显示手动输入数据;在车床自动运行方式下,显示程序指令值。
4	OFFSET SETING	偏置/设定键:用于显示刀具的偏置量和设定
5	SYS-TEM	系统键:显示系统画面(参数)
6	MESS-AGE	信息操作键:用于信息(报警号及内容)的显示
7	CUSTOM GRAPH	图形显示键:用于图形(模拟)的显示
8	↑ PAGE ↓ PAGE	翻页键:屏幕向前、后翻页
9	SHIFT	换档键:有些键上有两个字符,则用此键来选择字符
10	CAN	取消键:按这个键删除最后一个进入输入缓存区的字母或符号
11	ALTER	替换键:用于程序编辑
12	INSERT	插入键:用于程序的输入。按该键可在程序中插入新的程序内容或新的程序段,先输入新的程序内容,再按该键,则新的程序内容将被插入到光标所在点的后面;使用该键还可以建立新的程序,先输入新的程序号,再按该键,则在系统中建立新的程序。

续表 2.5

序号	符号	功能说明
13	INPUT	输入键:按此键可输入参数和刀具补偿值等,也可以在手动数据输入方式下输入命令数据,还可以用于输入/输出设备的输入开始。当按字母或者数字键后再按该键,数据就被输入到缓存区,并且显示在屏幕上。
14	DELETE	删除键:按该键可一个程序、清空程序、一个程序段,也可删除光标所在之处的程序内容,如要删除某一程序的内容,可先移动光标到达所需删除之处,再按该键,可达到删除程序内容的目的。
15	HELP	帮助键:此键可显示如何操作机床,如 MDI 的操作。
16	RESET	复位键:用于解除报警,使数控系统复位。当车床自动运行时,按此键,则车床所有运动都停。
17	↑ ← ↓ →	光标移动键:4 个光标移动键分别控制光标向上、下、左、右方向移动

(2) 机械操作面板

机械操作面板的结构如图 2.66 所示,其上各键盘的功能说明如表 2.6 所列,其上各按钮的功能说明如表 2.7 所列。

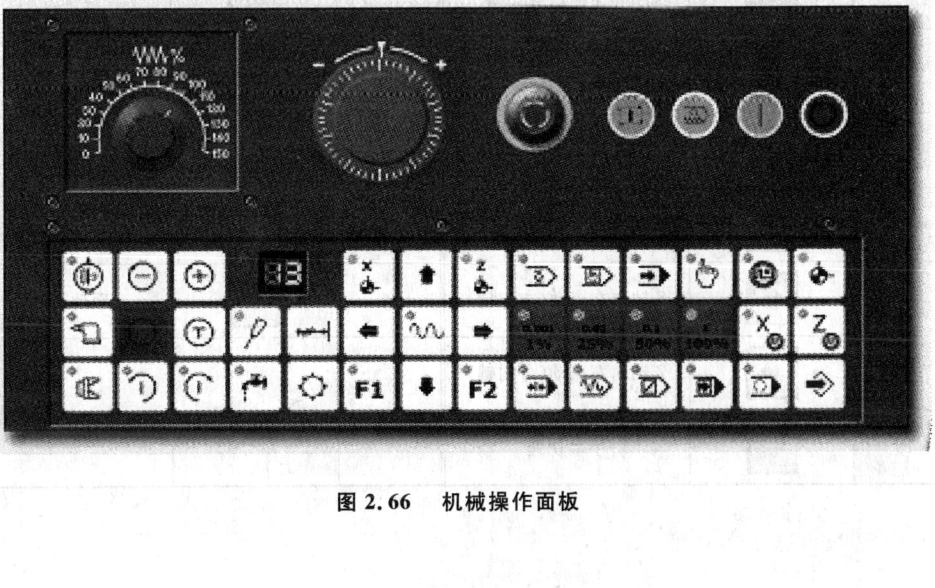

图 2.66　机械操作面板

表 2.6 机械操作面板中键盘的功能说明

序号	符号	名称	序号	符号	名称
1		编辑方式	20		机床锁定
2		手动输入方式(MDI)	21		空运行
3		存储程序自动方式	22		任选程序挑过
4		手动进给方式(JOG)	23		单程序段
5		手摇脉冲方式(手轮)	24		液压启动/停止
6		返回参考点方式	25		手动主轴降速
7		X 轴手摇脉冲进给	26		手动主轴升速
8		Z 轴手摇脉冲进给	27		尾座前进/后退
9		X 轴参考点指示	28		手动主轴停转
10		Z 轴参考点指示	29		手动主轴点动
11		手摇脉冲进给 0.001 mm G00 速度倍率 1%	30		卡盘夹紧/松开
12		手摇脉冲进给 0.01 mm G00 速度倍率 25%	31		手动主轴正转
13		手摇脉冲进给 0.1 mm G00 速度倍率 50%	32		手动主轴反转
14		手摇脉冲进给 1 mm G00 速度倍率 100%	33		手动润滑开关
15		X 轴向后点动(方向键)	34	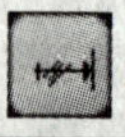	限位释放开关
16		X 轴向前点动(方向键)	35		手动冷却液开关
17		Z 轴向左点动(方向键)	36		手动选刀
18		Z 轴向右点动(方向键)			
19		手动快速			

表 2.7　操作面板按钮功能

序号	符号	名称	序号	符号	名称
1		循环启动	5		手轮
2		进给保持			
3		NC 上电			
	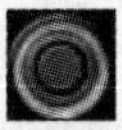	NC 断电	6		进给倍率开关
4	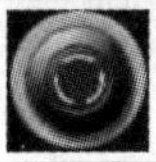	紧急停止			

2.3.2　输入、寻找和编辑程序

(1) 输入程序

将下列程序输入系统内存：

```
O0111；
G50　S1000；
N1；
G00　G40　G97　G99　S800　T0101　M03　F0.1；
X40.0　Z1.0；
G01　Z—20.0　F0.15；
G00　X50.0；
…
M30；
```

其具体步骤为：

① 模式开关选为编辑(EDIT)状态。

② 按 PRGRM 键出现 PROGRAM 画面。

③ 将程序保护开关置于无效(OFF)位置。

④ 在 NC 操作面板上依次输入下面内容：

```
O0111　EOB　INSRT
G50　S1000　EOB　INSRT
N1　EOB　INSRT
G00　G40　G97　G99　S1000　T0101　M03　F0.1　EOB　INSRT
X40.0　Z1.0　EOB　INSRT
G01　Z—20.0　F0.15　EOB　INSRT
G00　X50.0　EOB　INSRT
…
```

M30　EOB　INSRT

直至输完所有程序句。

注:"EOB"为 END OF BLOCK 的字首缩写,意为程序句结束。

⑤ 保护开关置于有效(ON),以保护所输入的程序;

⑥ 按 RESET 键,光标返回程序的起始位置。

(2) 寻找程序

其具体步骤为:

① 将模式选择开关选为编辑"EDIT";

② 按 PRGRM 键,出现 PROGRAM 的工作画面;

③ 输入想调出的程序的程序号(例:O0010);

④ 程序保护开关置于为无效(OFF)位置;

⑤ 按 CURSOR↓键,即可调出。

(3) 编辑程序

编辑程序应将模式选择开关选为编辑"EDIT",按"PRGRM"键,出现 PROGRAM 画面,程序保护开关置为无效(OFF)。

其具体步骤为:

① 返回当前程序起始语句的方法

按"RESET"键光标回到程序的最前端。

② 寻找局部程序序号,例:N3。

· 按 RESET 键,光标回到程序号所在的地方,例:O0001。

· 输入想调出的局部程序序号,例:N3。

· 按 CURSOR↓键,光标即移动 N3 所在的位置。

③ 字及其他地址的寻找,例:X50.0 或 F0.1

· 输入所需调出的字(X50.0)或命令符(F0.1)。

· 以当前光标位置为准,向前面程序寻找按 CURSOR↑键,向后面程序寻找,按 CURSOR↓键,光标出现在所搜寻的字或命令符第一次出现的位置。

注:找不到要寻找的字或命令时,屏幕上会出现 ALARM P/S 71 号警报。

(4) 字的修改

例 2.3.1 将 Z1.0 改为 Z1.5。

① 将光标移到 Z1.0 的位置;

② 输入改变后的字 Z1.5;

③ 程序保护开关置于无效(OFF)位置;

④ 按 ALTER 键,即已更替;

⑤ 程序保护回置为有效(ON)位置;

(5) 删除一个程序段

例 2.3.2 O0100 程序的删除。

G50　S1000;

N1;

G00　G40　G97　G99　S600　T0101　M03　F0.1;

① 将光标移至要删除的程序段的第一个字 G50 的位置；
② 按 EOB 键；
③ 程序保护开关置于无效(OFF)位置；
④ 按 DELET 键，即删除整个程序段；
⑤ 程序保护开关回置于为有效(ON)。

(6) 删除字

例 2.3.3　G00　G97　G99　X30.0　S1000　T0101　M03　F0.1；删除其中的字 X30.0。
① 将光标移至该行的 X30.0 位置；
② 程序保护开关置为无效(OFF)位置；
③ 按"DELET"键，即删除了 X30.0 字，光标将自动移到 S1000 的位置；
④ 程序保护回置于有效(ON)位置。

(7) 插入字

例 2.3.4　G00 G97 G99　S1000　T0101　M03　F0.1；
在上面语句中加入 G40，改为下面形式：
G00 G40 G97 G99 S1000　T0101 M03 F0.1；
① 移光标移动至要插入字的前一个字的位置(G00)；
② 输入要插入的字(G40)；
③ 程序保护回置为无效(OFF)位置；
④ 按 INSRT 键；
⑤ 程序保护开关回置于有效(ON)位置。

(8) 删除程序(例：O1234)

① 模式选择开关选择"EDIT"状态；
② 按 PRGAM 键；
③ 输入要删除发点程序号(例 O1234)；
④ 确认是不是要删除的程序；
⑤ 程序保护开关置于无效(OFF)位置；
⑥ 按 DELET 键，该程序即被删除。

(9) 删除全部程序

① 选择 EDIT 方式
② 按 PRGAM 键，显示程序画面
③ 键入地址"O"。
④ 键入"－9999"。
⑤ 按 DELET 键删除全部程序

2.3.3　刀具补偿

刀具补偿分为刀具的几何补偿和磨损补偿。

(1) 几何补偿

① 移动使 X、Z 轴回归参考点，确认回归指示灯亮；
② 式选择开关选择为手动进给；

③ 按 OFFST 键，CRT 出现 OFFSET/SETTING 画面；

④ 选择开关选择所需刀具或在 MDI 方式下调用所需刀具；

⑤ 动移动刀具使其靠近工件右端面，并平整端面，且不要移动 Z 轴；

⑥ 移动光标至与之相对应的刀具几何补偿号的 Z 轴，并输入 Z0，再按〔测量〕软键；

⑦ 移动刀具，车一刀工件外圆或内孔，见亮就可以，测量工件外圆直径值或孔径，移动光标至与之相对应的刀具几何补偿号的 X 轴，直接输入 X D(工件外径值或内径值)，再按〔测量〕软键，如图 2.67 所示。

图 2.67 几何补偿

⑧ 对其他所需用的刀具的补偿，与第一把刀具类似，但不要切削，只要轻轻地靠一下端面或工件外圆即可，其输入数据方法跟第一把刀一样；

⑨ 确认各刀具的刀尖圆弧半径尺，并输入给数据库中相对应的刀具补偿号；

⑩ 确认刀具的刀尖圆弧假想位置编号，如右偏外圆刀是 1、镗孔刀是 3，并输入给刀具数据库中相对应的刀具补偿号。

(2) 磨损补偿

① 按 OFFSET 键后，按〔摩耗〕软键，使 CRT 出现磨损补偿画面；

② 将光标移至所需进行磨损补偿的刀具补偿号位置。

如测量用 T0101 刀具加工的工件外圆直径为 ϕ45.03 mm，长度为 20.05 mm，而规定直径为 ϕ45 mm，长度为 20 mm。实测值直径比要求值大 0.03，长度大 0.05 mm，应进行磨损补偿：将光标移至 X 的位置，键入 −0.03 后按〔+输入〕软键；将光标移至 Z 的位置，键入 −0.05 后按〔+输入〕软键，X 值变为在以前值的基础上加以 −0.03 mm，Z 值变为在以前的基础上加以 −0.05 mm，如图 2.68所示。

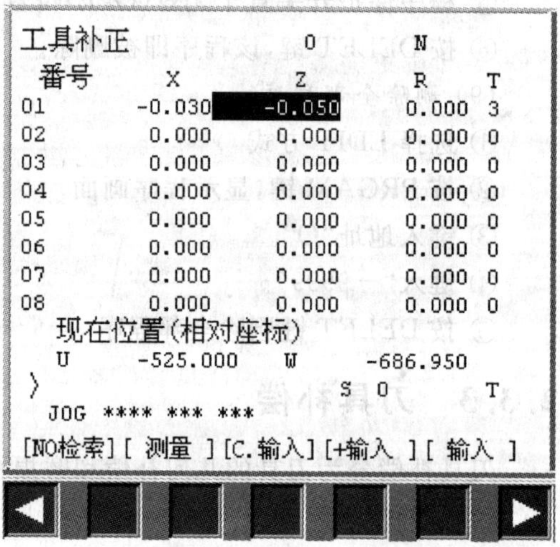

图 2.68 磨损补偿

第3章 加工中心编程与操作

3.1 加工中心的基本功能

数控机床是按照事先编制好的零件加工程序自动地对工件进行加工的高效自动化设备。在数控编程之前，编程人员首先应了解所用数控机床的规格、性能、数控系统所具备的功能及编程指令格式等。编制程序时，应先对图纸规定的技术要求，零件的几何形状，尺寸及工艺要求进行分析，确定加工方法和加工路线，再进行数学计算，获得刀位数据，然后按数控机床规定的代码和程序格式，将工件的尺寸、刀具运动中心轨迹、位移量、切削参数以及辅助功能（换刀、主轴正反转、冷却液开关等）编制成加工程序，并输入数控系统，由数控系统控制数控机床自动地进行加工。

3.1.1 数控编程的内容

一般来讲，程序编制包括以下几个方面的工作。

(1) 加工工艺分析

编程人员首先要根据零件图，对零件的材料、形状、尺寸、精度和热处理要求等，进行加工工艺分析。合理地选择加工方案，确定加工顺序、加工路线、装卡方式、刀具及切削参数等；同时还要考虑所用数控机床的指令功能，充分发挥机床的效能；加工路线要短，换刀次数要少。

(2) 数值计算

根据零件图的几何尺寸确定工艺路线及设定坐标系，计算零件粗、精加工运动的轨迹，得到刀位数据。对于形状比较简单的零件（如直线和圆弧组成的零件）的轮廓加工，要计算出几何元素的起点、终点、圆弧的圆心、两几何元素的交点或切点的坐标值，有的还要计算刀具中心的运动轨迹坐标值。对于形状比较复杂的零件（如非圆曲线、曲面组成的零件），需要用直线段或圆弧段逼近，根据加工精度的要求计算出节点坐标值，这种数值计算一般要用计算机来完成。

(3) 编写加工程序

加工路线、工艺参数及刀位数据确定后，编程人员就可以根据数控系统规定的功能指令代码及程序段的格式，逐段编写加工程序。如果编程人员与加工人员是分开的话，还应附上必要的加工示意图、刀具参数表、机床调整卡、工艺卡以及相关的文字说明。

(4) 制备控制介质

把编制好的程序记录到控制介质上，作为数控装置的输入信息。用人工或通信传输的方式送入数控系统。

(5) 程序校对和首件试切

编写的程序和制备好的控制介质，必须经过校验和试切后才能正式使用。校验的方法是直接将控制介质上的内容输入到数控系统中，让机床空运行，以检查机床的运动轨迹是否正确，或者通过数控系统提供的图形仿真功能，在 CRT 屏幕上，模拟刀具的运动轨迹。但这些方法只能检验运动是否正确，不能检验被加工零件的加工精度。因此，要进行零件的首件试切。当发现有加工误差时，分析误差产生的原因，找出问题所在，加以修正。

3.1.2 数控编程的方法

数控机床所使用的程序是按一定的格式并以代码的形式编制的，一般称为“加工程序”，目前零件的加工程序编制方法主要有以下三种：

①手工编程利用一般的计算工具，通过各种数学方法，人工进行刀具轨迹的运算，并进行指令编制。这种方式比较简单，很容易掌握，适应性较大。适用于二维零件和计算量不大的零件编程。对机床操作人员来讲必须掌握。

②自动编程自动编程的初期是利用微机或专用的编程器，在专用编程软件（例如 APT 系统）的支持下，以人机对话的方式来确定加工对象和加工条件，然后编程器自动进行运算并生成加工指令，这种自动编程方式，对于形状简单（轮廓由直线和圆弧组成）的零件，可以快速完成编程工作。目前在安装高版本数控系统的机床上，这种自动编程方式，已经完全集成在机床的内部（例如西门子 810 系统、海德汉 430 系统等）。但是如果零件的轮廓是曲线样条或是三维曲面组成，这种自动编程是无法生成加工程序的，解决的办法是利用 CAD/CAM 软件来进行数控编程。

③CAD/CAM 利用 CAD/CAM 系统进行零件的设计、分析及加工编程。这种方法适用于制造业中的 CAD/CAM 集成系统。目前正被广泛应用，该方式适应面广、效率高，程序质量好，适用于各类柔性制造系统（FMS）和计算机集成制造系统（CIMS），但投资大，掌握起来需要一定时间。

本书主要介绍手工编程和 CAD/CAM 自动编程。

3.1.3 编程的基本概念

1. 程序代码

为了满足设计、制造、维修和普及的需要，在输入代码、坐标系统、加工指令、辅助功能及程序格式等方面，国际上已形成了两种通用的标准，即国际标准化组织（ISO）标准和美国电子工程协会（EIA）标准。这些标准是数控加工编程的基本原则。

在数控加工编程中常用的标准主要有：

- 数控纸带的规格
- 数控机床坐标轴和运动方向
- 数控编程的编码字符
- 数控编程的程序段格式
- 数控编程的功能代码

我国根据 ISO 标准制定了《数字控制机床用的七单位编码字符》（JB 3050—82）、《数字控制坐标和运动方向的命名》（JB 3051－82）、《数字控制机床穿孔带程序段格式中的准备功能 G 和辅助功能 M 代码》（JB 3208—83）。但是由于各个数控机床生产厂家所用的标准尚未完全统一，其所用的代码、指令及其含义不完全相同，因此，在数控编程时必须按所用数控机床编程手册中的规定进行。目前，数控系统中常用的代码有 ISO 代码和 EIA 代码。

由于目前穿孔纸带的使用已经很少了，这里就不介绍数控纸带的规格了。

2. 坐标轴和运动方向

规定数控机床坐标轴和运动方向，是为了准确地描述机床运动，简化程序的编制，并使所编程序具有互换性。国际标准化组织目前已经统一了标准坐标系，我国也颁布了相应的标准(JB 3051－82)，对数控机床的坐标和运动方向作了明文规定。

(1) 运动方向命名原则

机床在加工零件时是刀具移向工件，还是工件移向刀具，为了根据图样确定机床的加工过程，特规定：永远假定刀具相对于静止的工件坐标而运动。

(2) 坐标系的规定

为了确定机床的运动方向、移动的距离，要在机床上建立一个坐标系，这个坐标系就是标准坐标系。在编制程序时，以该坐标系来规定运动的方向和距离。

数控机床上的坐标系是采用右手笛卡儿坐标系。在图 3.1 中，大拇指的方向为 X 轴的正方向，食指为 Y 轴的正方向，中指为 Z 轴正方向。

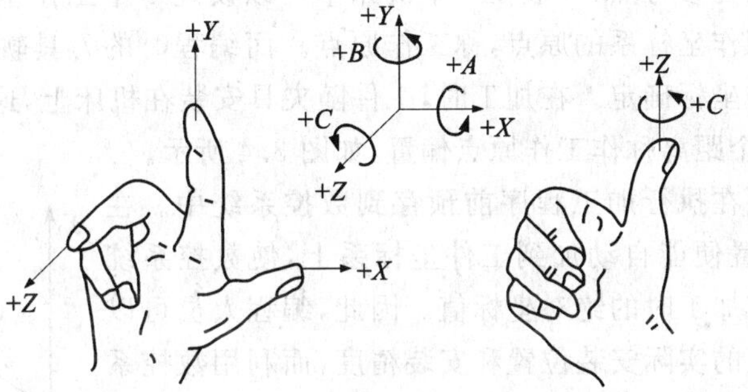

图 3.1　右手笛卡儿坐标系

下面介绍几种常用的坐标系。

(1) 机床坐标系

机床坐标系是机床上固有的坐标系，机床坐标系的方位是参考机床上的一些基准来确定。机床上有一些固定的基准线，如主轴中心线，固定的基准面，如工作台面、主轴端面、工作台侧面、导轨面等，不同的机床有不同的坐标系。

在标准中，规定平行于机床主轴(传递切削力)的刀具运动坐标轴为 Z 轴，取刀具远离工件的方向为正方向($+Z$)。如果机床有多个主轴时，则选一个垂直于工件装夹面的主轴为 Z 轴。

X 轴为水平方向，且垂直于 Z 轴并平行于工件的装夹面。对于工件作旋转运动的机床(车床、磨床)，取平行于横向滑座的方向(工件径向)为刀具运动的 X 轴坐标，同样，取刀具远离工件的方向为 X 的正方向；对于刀具作旋转运动的机床(如铣床、镗床)，当 Z 轴为水平时，沿刀具主轴后端向工件方向看，向右的方向为 X 的正方向；如 Z 轴是垂直的，则从主轴向立柱看时，对于单立柱机床，X 轴的正方向指向右边；对于双立柱机床，当从主轴向左侧立柱看时，X 轴向的正方向指向右边。上述正方向都是刀具相对工件运动而言。

在确定了 X、Z 轴的正方向后，可按右手直角笛卡尔坐标系确定 Y 轴的正方向，即在 Z－X 平面内，从 $+Z$ 转到 $+X$ 时，右螺旋应沿 $+Y$ 方向前进。常见机床的坐标方向如图 3.2 和

3.3 所示，图中表示的方向为实际运动部件的移动方向。

机床原点(机械原点)是机床坐标系的原点，它的位置通常是在各坐标轴的最大极限处。

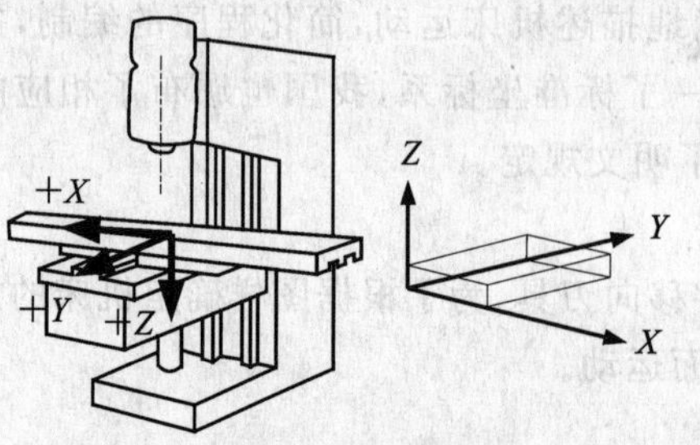

图 3.2 立式数控铣床坐标系

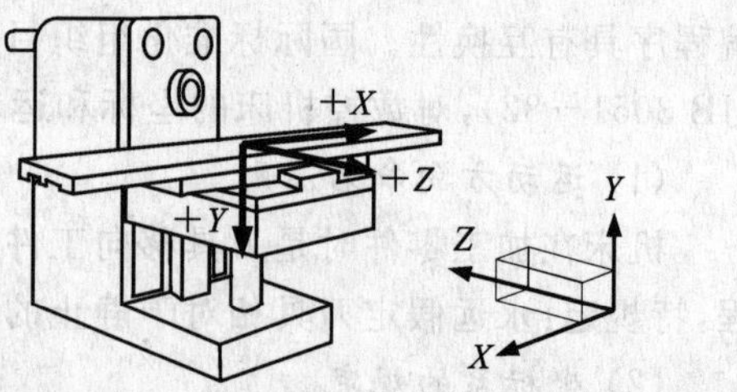

图 3.3 卧式数控铣床坐标系

(2) 工作坐标系

工作坐标系是编程人员在编程和加工时使用的坐标系，是程序的参考坐标系，工作坐标系的位置以机床坐标系为参考点，一般在一个机床中可以设定 6 个工作坐标系。编程人员以工件图样上的某点为工作坐标系的原点，称工作原点。而编程时的刀具轨迹坐标点是按工件轮廓在工作坐标系中的坐标确定。在加工时，工件随夹具安装在机床上，这时测量工作原点与机床原点间的距离，这个距离称作工作原点偏置，如图 3.4 所示。

这个偏置值必须在执行加工程序前预存到数控系统中。在加工时，工件原点偏置便能自动加到工件坐标系上，使数控系统可按机床坐标系确定加工时的绝对坐标值。因此，编程人员可以不考虑工件在机床上的实际安装位置和安装精度，而利用数控系统的原点偏置功能，通过工作原点偏置值，补偿工件在工作台上的位置误差。现在绝大多数数控机床都有了这种功能，使用起来很方便。

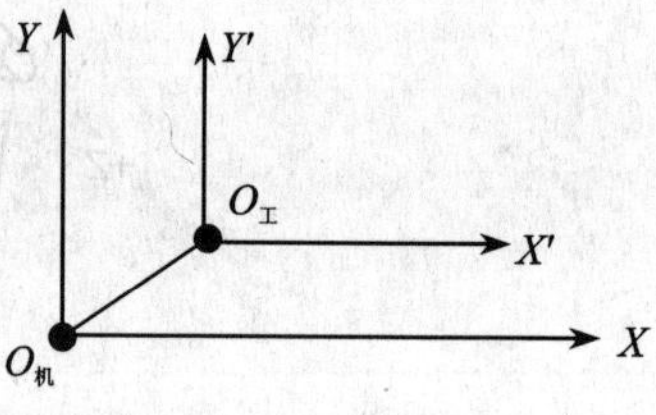

图 3.4 工件坐标系与机床坐标系

(3) 附加运动坐标

一般我们称 X、Y、Z 为主坐标或第一坐标系，如有平行于第一坐标系的第二组和第三组坐标系，则分别指定为 U、V、W 和 P、Q、R。所谓第一坐标系是指靠近主轴的直线运动，稍远的为第二坐标系，更远的为第三坐标系。

3. 程序结构

为运行机床而送到 CNC 的一组指令称为程序。按照指定的指令，刀具沿着直线或圆弧移动，主轴电机按照指令旋转或停止。在程序中，以刀具实际移动的顺序来指定指令。一组单步的顺序指令称为程序段。一个程序段从识别程序段的顺序号开始，到程序段结束代码结束。在本书中，用;或回车符来表示程序段结束代码(在 ISO 代码中为 LF，而在 EIA 代码中为 CR)。

加工程序是由若干程序段组成；而程序段是由一个或若干个指令字组成，指令字代表某一信息单元；每个指令字由地址符和数字组成，它代表机床的一个位置或一个动作；每个程序段结束处应有“EOB”或“CR”表示该程序段结束转入下一个程序段。地址符由字母组成，每一个字母、数字和符号都称为字符。

程序结构举例如表 3.1 所列，表 3.2 所列为程序范例中所出现字母的解释。

表 3.1　程序范例

程序内容	程序说明
O0004	程序号
N1G90G54G00X0Y0S1000M03；	第一程序段
N2Z100.0；	第二程序段
N3G41 D01X20.0Y10.0；	⋮
N4Z2.0；	
N5G01Z－10.0F100；	
N6Y50.0F200；	
N7X50.0；	
N8Y20.0；	
N9X10.0；	
N10G00Z100.0；	
N11G40X0Y0M05；	
N12M30；	程序结束

表 3.2　常用地址符的含义

地址	功能	含　义	地址	功能	含　义
A	坐标字	绕 X 轴旋转	N	顺序号	程序段顺序号
B	坐标字	绕 Y 轴旋转	O	程序号	程序号、子程序号的指定
C	坐标字	绕 Z 轴旋转	P	—	暂停时间或 程序中某功能的开始使用的顺序号
D	补偿号	刀具半径补偿指令	Q	—	固定循环终止段号或固定循环中的定距
E	—	第二进给功能	R	坐标字	固定循环中定距离或圆弧半径的指定
F	进给速度	进给速度的指令	S	主轴功能	主轴转速的指令
G	准备功能	指令动作方式	T	刀具功能	刀具编号的指令
H	补偿号	补偿号的指定	U	坐标字	与 X 轴平行的附加轴的增量坐标值
I	坐标字	圆弧中心 X 轴向坐标	V	坐标字	与 Y 轴平行的附加轴的增量坐标值
J	坐标字	圆弧中心 Y 轴向坐标	W	坐标字	与 Z 轴平行的附加轴的增量坐标值
K	坐标字	圆弧中心 Z 轴向坐标	X	坐标字	X 轴的绝对坐标值或暂停时间
L	重复次数	固定循环及子程序的重复次数	Y	坐标字	Y 轴的绝对坐标
M	辅助功能	机床开/关指令	Z	坐标字	Z 轴的绝对坐标

程序段格式是指令字在程序段中排列的顺序，不同数控系统有不同的程序段格式。格式不符合规定，数控装置就会报警，不执行。常见程序段格式如表 3.3 所列，各参数功能介绍如下。

表 3.3 常见程序段的格式

1	2	3	4	5	6	7	8	9	10	11
N_	G_	X_ U_ Q_	Y_ V_ P_	Z_ W_ R_	I_J_K_ R_	F_	S_	T_	M_	LF
顺序号	准备功能	坐标字				进给功能	主轴功能	刀具功能	辅助功能	结束符号

① 程序段序号(简称顺序号):通常用 4 位数字表示,即“0000”~“9999”,在数字前还冠有标识符号“N”,如 N0001 等。

② 准备功能(简称 G 功能):它由表示准备功能地址符“G”和两位数字所组成。

③ 坐标字:由坐标地址符及数字组成,且按一定的顺序进行排列,各组数字必须具有作为地址代码的字母(如 X、Y 等)开头。各坐标轴的地址符一般按下列顺序排列:X、Y、Z、U、V、W、Q、R、A、B、C、D、E。其格式和含义举例如下,

X50.
X50.0 } 都表示沿 X 轴移动 50 mm
X50000

④ 进给功能 F:由进给地址符 F 及数字组成,数字表示所选定的进给速度,一般为四位数字码,单位一般为 mm/min 或 mm/r。

⑤ 主轴转速功能 S:由主轴地址符 S 及数字组成,数字表示主轴转速,单位为 r/min。

⑥ 刀具功能 T:由地址符 T 和数字组成,用以指定刀具的号码。

⑦ 辅助功能(简称 M 功能):由辅助操作地址符“M”和两位数字组成。M 功能的代码已标准化。

⑧ 程序段结束符号:列在程序段的最后一个有用的字符之后,表示程序段结束。

需要说明的是,数控机床的指令格式在国际上有很多格式标准规定,它们之间并不完全一致。随着数控机床的发展,数控系统不断改进和创新,其功能更加强大并且使用方便。但在不同的数控系统之间,程序格式上存在一定的差异,因此,在具体掌握某一数控机床时要仔细了解其数控系统的编程格式。

3.1.4 FANUC 数控系统常用编程指令

1. 编程指令综述

(1) 可编程功能

通过编程并运行这些程序使数控机床能够实现的功能,我们称之为可编程功能。一般可编程功能分为两类:一类用来实现刀具轨迹控制,即各进给轴的运动,如直线/圆弧插补、进给控制、坐标系原点偏置及变换、尺寸单位设定、刀具偏置及补偿等,这一类功能被称为准备功能,以字母 G 以及两位数字组成,也被称为 G 代码。另一类功能被称为辅助功能,用来完成程序的执行控制、主轴控制、刀具控制、辅助设备控制等功能。在这些辅助功能中,T 用于选刀,

S用于控制主轴转速。其他功能由以字母 M 与两位数字组成的 M 代码来实现。

(2) 准备功能

FANUC OMD的准备功能如表 3.4 所列。

表 3.4 FANUC OMD 的准备功能表

G代码	分 组	功 能
◤ G00	01	定位(快速移动)
◤ G01		直线插补(进给速度)
G02		顺时针圆弧插补
G03		逆时针圆弧插补
G04	00	暂停,精确停止
G09		精确停止
◤ G17	02	选择 *XY* 平面
G18		选择 *ZX* 平面
G19		选择 *YZ* 平面
G27	00	返回并检查参考点
G28		返回参考点
G29		从参考点返回
G30		返回第二参考点
◤ G40	07	取消刀具半径补偿
G41		左侧刀具半径补偿
G42		右侧刀具半径补偿
G43	08	刀具长度补偿+
G44		刀具长度补偿−
◤ G49		取消刀具长度补偿
G52	00	设置局部坐标系
G53		选择机床坐标系
◤ G54	14	选用 1 号工件坐标系
G55		选用 2 号工件坐标系
G56		选用 3 号工件坐标系
G57		选用 4 号工件坐标系
G58		选用 5 号工件坐标系
G59		选用 6 号工件坐标系
G60	00	单一方向定位
G61	15	精确停止方式
◤ G64		切削方式
G65	00	宏程序调用

续表 3.4

G代码	分组	功能
G66	12	模态宏程序调用
◤ G67		模态宏程序调用取消
G73	09	深孔钻削固定循环
G74		反螺纹攻丝固定循环
G76		精镗固定循环
◤ G80		取消固定循环
G81		钻削固定循环
G82		钻削固定循环
G83		深孔钻削固定循环
G84		攻丝固定循环
G85		镗削固定循环
G86		镗削固定循环
G87		反镗固定循环
G88		镗削固定循环
G89		镗削固定循环
◤ G90	03	绝对值指令方式
◤ G91		增量值指令方式
G92	00	工件零点设定
◤ G98	10	固定循环返回初始点
G99		固定循环返回 R 点

从上表可知G代码被分为了不同的组，这是由于大多数的G代码是模态的，所谓模态G代码，是指这些G代码不只在当前的程序段中起作用，而且在以后的程序段中一直起作用，直到程序中出现另一个同组的G代码为止，同组的模态G代码控制同一个目标但起不同的作用，它们之间是不相容的。00组的G代码是非模态的，这些G代码只在它们所在的程序段中起作用。标有◤的G代码是数控系统启动后默认的初始状态。对于G01和G00、G90和G91这两组指令，数控系统启动后默认的初始状态由系统参数决定。

同一程序段中可以有几个G代码出现，但当两个或两个以上的同组G代码出现时，最后出现的一个(同组的)G代码有效。在固定循环模态下，任何一个01组的G代码都将使固定循环模态自动取消，成为G80模态。

(3) 辅助功能

机床用S代码来对主轴转速进行编程，用T代码来进行选刀编程，其他可编程辅助功能由M代码来实现，一般地，一个程序段中，M代码最多可以有一个(0i系统最多可有三个)。M代码列表如表3.5所列。

表 3.5 常用的 M 代码

M 代码	功 能
M00	程序暂停
M01	条件程序暂停
M02	程序结束
M03	主轴正转
M04	主轴反转
M05	主轴停止
M06	刀具交换
M08	冷却开
M09	冷却关
M18	主轴定向解除
M19	主轴定向
M29	刚性攻丝
M30	程序结束并返回程序头
M98	调用子程序
M99	子程序结束返回/重复执行

2. 插补功能

(1) 快速定位(G00)

其格式:G00 IP_;

IP_在本书中代表任意多个(最多 5 个)进给轴地址的组合,当然,每个地址后面都会有一个数字作为赋给该地址的值,一般机床有三个进给轴(个别机床有 4～5 个进给轴)即 X、Y、Z,所以 IP_可以代表如 X12.0 Y119.0 Z－37.0 或 X287.3 Z73.5 A45.0 等内容。

G00 这条指令所作的就是使刀具以快速的速率移动到 IP_指定的位置,被指定的各轴之间的运动是互不相关的,也就是说刀具移动的轨迹不一定是一条直线。G00 指令下,快速倍率为 100%时,各轴运动的速度是机床的最快移动速度,目前的机床通常大于 15m/min,该速度不受当前 F 值的控制。当各运动轴到达运动终点并发出位置到达信号后,CNC 认为该程序段已经结束,并转向执行下一程序段。

注:可以用系统参数(例如 0i 系统 No.1401 的第 1 位 LRP)选择 G00 指令的移动轨迹。

快速定位有如下两种方式。

① 非直线插补定位:刀具分别以每轴的快速移动速度定位。刀具轨迹一般不是直线。

② 直线插补定位:刀具轨迹与直线插补(G01)相同。刀具以不超过每轴的快速移动速度,在最短的时间内定位。

这两种插补方式的区别如图 3.5 所示。

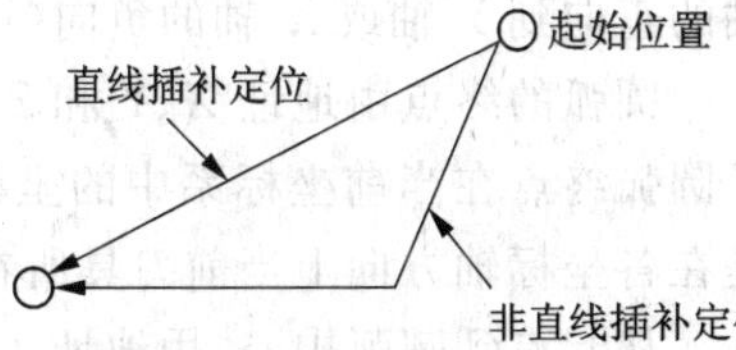

图 3.5 G00 指令移动方式

(2) 直线插补(G01)

其格式:G01 IP_F_;

G01 指令使当前的插补模态成为直线插补模态,刀具从当前位置移动到 IP 指定的位置,其轨迹是一条直线,F_

指定了刀具沿直线运动的速度，单位为 mm/min(*X*、*Y*、*Z* 轴)。第一次出现 G01 指令时，必须指定 F 值，否则机床报警。

假设当前刀具所在点为 X－50.0，Y－75.0，则下面的程序段将使刀具走出如图 3.6 所示轨迹。

N1 G01 X150.0 Y25.0 F100 ;

N2 X50.0 Y75.0;

可以看到，程序段 N2 并没有指令 G01，但由于 G01 指令为模态指令，所以 N1 程序段中所指令的 G01 在 N2 程序段中继续有效，同样地，指令 F100 在 N2 段也继续有效，即刀具沿两段直线的运动速度都是 100 mm/min。

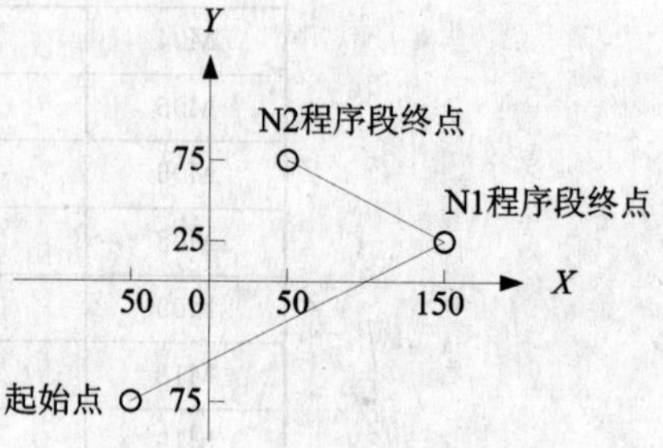

图 3.6 G01 指令移动轨迹

(3) 圆弧插补(G02/G03)

下面所列的指令可以使刀具沿圆弧轨迹运动：

在 *X*-*Y* 平面，G17 { G02 / G03 } X_ Y_{(I_ J_)/ R_ } F_ ;

在 *X*-*Z* 平面，G18 { G02 / G03 } X_ Z_ { (I_ K_) / R_ } F_ ;

在 *Y*-*Z* 平面，G19 { G02 / G03 } Y_ Z_ { (J_ K_) / R_ } F_ ;

上述指令中字母的解释如表 3.6 所列。

表 3.6 G02/G03 指令解释

序 号	数据内容		指 令	含 义
1	平面选择		G17	指定 *X*—*Y* 平面上的圆弧插补
			G18	指定 *X*—*Z* 平面上的圆弧插补
			G19	指定 *Y*—*Z* 平面上的圆弧插补
2	圆弧方向		G02	顺时针方向的圆弧插补
			G03	逆时针方向的圆弧插补
3	终点位置	G90 模态	*X*、*Y*、*Z* 中的两轴指令	当前工件坐标系中终点位置的坐标值
		G91 模态	*X*、*Y*、*Z* 中的两轴指令	从起点到终点的距离(有方向的)
4	起点到圆心的距离		I、J、K 中的两轴指令	从起点到圆心的距离(有方向的)
5	圆弧半径		R	圆弧半径
	进给率		F	沿圆弧运动的速度

在这里的圆弧方向，对于 *X*-*Y* 平面来说，是由 *Z* 轴的正向往 *Z* 轴的负向看 *X*-*Y* 平面所看到的圆弧方向，同样，对于 *X*-*Z* 平面或 *Y*-*Z* 平面来说，观测的方向则应该是从 *Y* 轴或 *X* 轴的正向到 *Y* 轴或 *X* 轴的负向(适用于如图 3.7 所示的右手坐标系)。

圆弧的终点由地址 *X*、*Y* 和 *Z* 来确定。在 G90 模态，即绝对值模态下，地址 *X*、*Y*、*Z* 给出了圆弧终点在当前坐标系中的坐标值；在 G91 模态，即增量值模态下，地址 *X*、*Y*、*Z* 给出的则是在各坐标轴方向上当前刀具所在点到终点的距离。

从起点到圆弧中心，用地址 *I*、*J* 和 *K* 分别指示 X_P、Y_P 或 Z_P 轴向的圆弧中心位置。*I*、*J*、*K* 后的数值是从起点向圆弧中心方向的矢量分量，并且，不管指定 G90 还是指定 G91，*I*、*J* 和

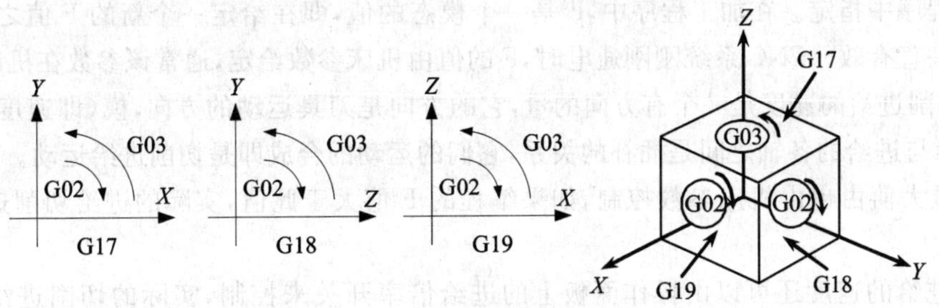

图 3.7　圆弧方向

K 的值总是增量值，如图 3.8 所示。

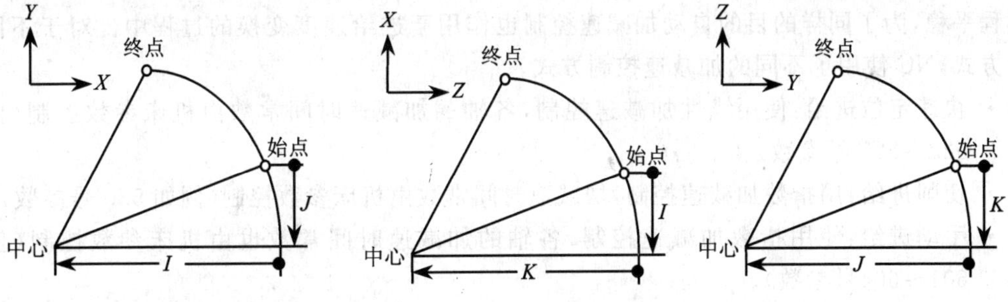

图 3.8　*I*、*J*、*K* 值的定义

I、*J* 和 *K* 必须根据方向指定其符号（正或负）。

I0、J0 和 K0 可以省略。当 X_P、Y_P或 Z_P省略（终点与起点相同），并且中心用 I、J 和 K 指定时，移动轨迹为 360°的圆弧（整圆）。例如：G02 I_；指令一个整圆。

如果在起点和终点之间的半径差在终点超过了系统参数中的允许值时，则机床报警。

对一段圆弧进行编程，除了用给定终点位置和圆心位置的方法外，还可以用给定半径和终点位置的方法对一段圆弧进行编程，用地址 *R* 来指定半径值，替代给定圆心位置的地址。在这种情况下，如果圆弧小于 180°，半径 *R* 为正值；如果圆弧大于 180°，半径 *R* 用负值指定。如果 X_P、Y_P或 Z_P全都省略，即终点和起点位于相同位置，并且指定 *R* 时，程序编制出的圆弧为 0°。编程一个整圆一般使用给定圆心的方法，如果必须要用 *R* 来表示，整圆必须打断为 4 个部分，每个部分小于 180°。

例如：G02R_；（刀具不移动）

3. 进给功能

为切削工件，刀具以指定速度移动称为进给。指定进给速度的功能称为进给功能。

（1）进给速度

数控机床的进给一般分为两类：快速定位进给及切削进给。

快速定位在指令 G00、手动快速移动以及固定循环时的快速进给和点位之间的运动时出现。快速定位进给的速度是由机床参数给定的，所以，快速移动速度不需要编程指定。用机床操作面板上的开关，可以对快速移动速度施加倍率，倍率值为：F0，25％，50％，100％。其中 F0 是由机床参数设定的每个轴的固定速度。

切削进给出现在 G01、G02/03 以及固定循环中的加工进给的情况下，切削进给的速度由地址F在程序中指定。在加工程序中,F是一个模态的值,即在给定一个新的F值之前,原来编程的F值一直有效。CNC系统刚刚通电时,F的值由机床参数给定,通常该参数在机床出厂时被设为0。切削进给的速度是一个有方向的量,它的方向是刀具运动的方向,模(即速度的大小)为F的值。参与进给的各轴之间是插补的关系,它们的运动的合成即是切削进给运动。

F的最大值由也由机床参数控制,如果编程的F值大于此值,实际的进给切削速度将限制为最大值。

切削进给的速度还可以由操作面板上的进给倍率开关来控制,实际的切削进给速度应该为F的给定值与倍率开关给定倍率的乘积。

(2) 自动加减速控制

自动加减速控制作用于各轴运动的启动和停止的过程中,以减小冲击并使得启动和停止的过程平稳,为了同样的目的自动加减速控制也作用于进给速度变换的过程中。对于不同的进给方式,NC使用了不同的加减速控制方式。

· 快速定位进给:使用线性加减速控制,各轴的加减速时间常数由机床参数控制(例如522~525号参数)。

· 切削进给:用指数加减速控制,加减速时间常数由机床参数控制(例如530号参数)。

· 手动进给:使用指数加减速控制,各轴的加减速时间常数也由机床参数控制(例如601~604号参数)。

(3) 切削方式(G64)

为了有一个好的切削条件,希望刀具在加工工件时要保持线速度的恒定,但是自动加减速控制只作用于每一段切削进给过程的开始和结束,那么在两个程序段之间的衔接处如何使刀具保持恒定的线速度呢?在切削方式G64模态下,两个切削进给程序段之间的过渡是这样的:在前一个运动接近指令位置并开始减速时,后一个运动开始加速,这样就可以在两个插补程序段之间保持恒定的线速度。可以看出在G64模态下,切削进给时,NC并不检查每个程序段执行时各轴的位置到达信号,并且在两个切削进给程序段的衔接处使刀具走出一个小小的圆角。

(4) 精确停止(G09)及精确停止方式(G61)

如果在一个切削进给的程序段中有G09指令给出,则刀具接近指令位置时会减速,NC检测到位置到达信号后才会继续执行下一程序段。这样,在两个程序段之间的衔接处刀具将走出一个非常尖锐的角,所以需要加工非常尖锐的角时可以使用这条指令。使用G61可以实现同样的功能,G61与G09的区别就是G09是一条非模态的指令,而G61是模态的指令,即G09只能在它所在的程序段中起作用,不影响模态的变化,而G61可以在它以后的程序段中一直起作用,直到程序中出现G64或G63为止。

(5) 暂停(G04)

作用:在两个程序段之间产生一段时间的暂停。

格式:G04 P_;或 G04 X_;

地址P或X给定暂停的时间,以秒为单位,范围是0.001 s~9999.999 s。如果没有P或X,G04在程序中的作用与G09相同。

4. 参考点

参考点是机床上的一个固定的点,它的位置由各轴的参考点开关和撞块位置以及各轴伺服电机的零点位置来确定。用参考点返回功能刀具可以非常容易地移动到该位置。参考点可用作刀具自动交换的位置。用机床参数可在机床坐标系中设定 4 个参考点。

(1) 自动返回参考点(G28)

格式:G28　IP_;

该指令使主轴以快速定位进给速度经由 IP 指定的中间点返回机床参考点,中间点的指定既可以是绝对值方式的也可以是增量值方式的,这取决于当前的模态。一般地,该指令用于整个加工程序结束后使工件移出加工区,以便卸下加工完毕的零件和装夹待加工的零件。

注意:为了安全起见,在执行该命令以前应该取消刀具半径补偿和长度补偿。

G28 指令中的坐标值将被 NC 作为中间点存储,另一方面,如果一个轴没有被包含在 G28 指令中,NC 存储的该轴的中间点坐标值将使用以前的 G28 指令中所给定的值。例如:

N1　X20.0　Y54.0;

N2　G28　X－40.0　Y－25.0;　　　中间点坐标值(－40.0,－25.0)

N3　G28　Z31.0;　　　　　　　　中间点坐标值(－40.0,－25.0,31.0)

该中间点的坐标值主要由 G29 指令使用。

(2) 从参考点自动返回(G29)

格式:G29　IP_;

该命令使主轴以快速定位进给速度从参考点经由中间点运动到指令位置,中间点的位置由以前的 G28 或 G30 指令确定。一般来说,该指令用在 G28 或 G30 之后,被指令轴位于参考点或第二参考点的时候。

在增量值方式模态下,指令值为中间点到终点(指令位置)的距离。

(3) 参考点返回检查(G27)

格式:G27　IP_;

该命令使主轴以快速定位进给速度运动到 IP 指令的位置,然后检查该点是否为参考点,如果是,则发出该轴参考点返回的完成信号(点亮该轴的参考点到达指示灯);如果不是,则发出一个报警,并中断程序运行。

在刀具偏置的模态下,刀具偏置对 G27 指令同样有效,所以一般来说执行 G27 指令以前应该取消刀具偏置(半径偏置和长度偏置)。如果机床闭锁开关置上位时,NC 不执行 G27 指令。

(4) 返回第二参考点(G30)

格式:G30　IP_;

该指令的使用和执行都和 G28 非常相似,唯一不同的就是 G28 使指令轴返回机床参考点,而 G30 使指令轴返回第二参考点。可以使用 G29 指令使指令轴从第二参考点自动返回。

第二参考点也是机床上的固定点,它和机床参考点之间的距离由参数给定,第二参考点指令一般在机床中主要用于刀具交换即换刀点:G91G00G30Z0;

注意:与 G28 一样,为了安全起见,在执行该命令以前应该取消刀具半径补偿和长度补偿。

5. 坐标系

通常编程人员开始编程时,并不知道被加工零件在机床上的位置,他所编制的零件程序通常是以工件上的某个点作为零件程序的坐标系原点来编写加工程序，当被加工零件夹压在机床工作台上以后，再将 NC 所使用的坐标系的原点偏移到与编程使用的原点重合的位置进行加工。所以坐标系原点偏移功能对于数控机床来说是非常重要的。

用编程指令可以使用机床坐标系、工件坐标系、局部坐标系三种坐标系：

(1) 选用机床坐标系(G53)

格式：(G90)G53 IP_；

该指令使刀具以快速进给速度运动到机床坐标系中 IP_指定的坐标值位置，一般地，该指令在 G90 模态下执行。G53 指令是一条非模态的指令，也就是说它只在当前程序段中起作用。

机床坐标系零点与机床参考点之间的距离由参数设定，无特殊说明，各轴参考点与机床坐标系零点重合。

(2) 使用预置的工件坐标系(G54～G59)

在机床中，可以预置六个工件坐标系，通过在数控系统面板上的操作，设置每一个工件坐标系原点相对于机床坐标系原点的偏移量，然后使用 G54～G59 指令来选用它们，G54～G59 都是模态指令，分别对应 1＃～6＃预置工件坐标系。使用预置工作坐标系的举例如表 3.7 所列。

预置 1＃工件坐标系偏移量：X－150.000，Y－210.000，Z－90.000。

预置 4＃工件坐标系偏移量：X－430.000，Y－330.000，Z－120.000。

表 3.7 程序范例

程序段内容	终点在机床坐标系中的坐标值	注 释
N1 G90 G54 G00 X50. Y50.；	X－100，Y－160	选择 1＃坐标系，快速定位
N2 Z－70.；	Z－160	
N3 G01 Z－72.5 F100；	Z－160.5	直线插补，F 值为 100
N4 X37.4；	X－112.6	(直线插补)
N5 G00 Z0；	Z－90	快速定位
N6 X0 Y0；	X－150，Y－210	
N7 G53 X0 Y0 Z0；	X0，Y0，Z0	选择使用机床坐标系
N8 G57 X50. Y50.；	X－380，Y－280	选择 4＃坐标系
N9 Z－70.；	Z－190	
N10 G01 Z－72.5；	Z－192.5	直线插补，F 值为 100 (模态值)
N11 X37.4；	X392.6	
N12 G00 Z0；	Z－120	
N13 G00 X0 Y0；	X－430，Y－330	

从以上举例可以看出，G54～G59 指令的作用就是将 NC 所使用的坐标系的原点移到机床坐标系中的预置点，预置方法请参考后面章节的操作部分。

在机床的数控编程中，插补指令和其他与坐标值有关的指令中的 IP_，除非有特指外，都是指在当前坐标系中(指令被执行时所使用的坐标系)的坐标位置。绝大多数情况下，当前坐标系是 G54～G59 中的一个(G54 为上电时的初始模态)，直接使用机床坐标系的情况不多。

(3) 可编程工件坐标系(G92)

格式:(G90)G92　IP_；

该指令建立一个新的工件坐标系，使得在这个工件坐标系中，当前刀具所在点的坐标值为 IP_指令的值。G92 指令是一条非模态指令，但由该指令建立的工件坐标系却是模态的。实际上，该指令也是给出了一个偏移量，这个偏移量是间接给出的，它是新工件坐标系原点在原来的工件坐标系中的坐标值，从 G92 的功能可以看出，这个偏移量也就是刀具在原工件坐标系中的坐标值与 IP_指令值之差。如果多次使用 G92 指令，则每次使用 G92 指令给出的偏移量将会叠加。对于每一个预置的工件坐标系(G54～G59)，这个叠加的偏移量都是有效的。使用可编程工件坐标系的举例如表 3.8 所列。

预置 1＃工件坐标系偏移量:X－150.000，Y－210.000，Z－90.000。

预置 4＃工件坐标系偏移量:X－430.000，Y－330.000，Z－120.000。

表 3.8　程序范例

程序段内容	终点在机床坐标系中的坐标值	注　释
N1 G90 G54 G00 X0 Y0 Z0；	X－150、Y－210、Z－90	选择 1＃坐标系，快速定位到坐标系原点
N2 G92 X70. Y100. Z50.；	X－150、Y－210、Z－90	刀具不运动，建立新坐标系，新坐标系中当前点坐标值为 X70、Y100、Z50
N3 G00 X0 Y0 Z0；	X－220、Y－310、Z－140	快速定位到新坐标系原点
N4 G57 X0 Y0 Z0；	X－500、Y－430、Z－170	选择 4＃坐标系，快速定位到 坐标系原点(已被偏移)
N5 X70. Y100. Z50.；	X－430、Y－330、Z－120	快速定位到原坐标系原点

(4) 局部坐标系(G52)

G52 可以建立一个局部坐标系，局部坐标系相当于 G54～G59 坐标系的子坐标系。

格式:G52 IP_；

该指令中，IP_给出了一个相对于当前 G54～G59 坐标系的偏移量，也就是说，IP_给定了局部坐标系原点在当前 G54～G59 坐标系中的位置坐标，即使该 G52 指令执行前已经由一个 G52 指令建立了一个局部坐标系。取消局部坐标系的方法也非常简单，使用“G52 IP0；”即可。

6. 平面的选择

这一组指令用于选择进行圆弧插补以及刀具半径补偿所在的平面。其使用方法如图 3.9 所示。

G17——选择 *XY* 平面；

G18——选择 *ZX* 平面；

G19——选择 *YZ* 平面。

关于平面选择的相关指令可以参考圆弧插补及刀具补偿等指令的相关内容。

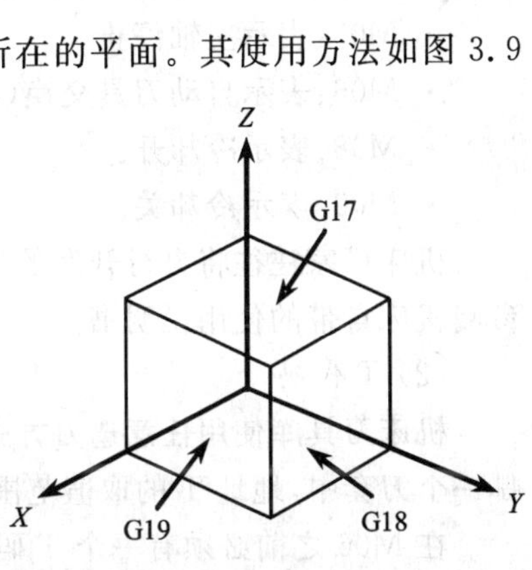

图 3.9　平面选择指令

7. 坐标值和尺寸单位

有两种指令刀具运动的方法：绝对值指令(G90)和增量值指令(G91)。

绝对值指令:绝对值指令是刀具移动到“距坐标系零点

某一距离”的点，即刀具移动到坐标值的位置。

增量值指令：指令刀具从前一个位置移动到下一个位置的位移量。

在绝对值指令模态下，指定的是运动终点在当前坐标系中的坐标值；而在增量值指令模态下，指定的则是各轴运动的距离。G90 和 G91 这对指令被用来选择使用绝对值模态或增量值模态。G90 表示绝对值指令，G91 表示增量值指令。

如图 3.10 所示的实例，可以更好地理解绝对值方式和增量值方式的编程。

8. 辅助功能

(1) M 代码

在机床中，M 代码分为两类：一类由 NC 直接执行，用来控制程序的执行；另一类由 PMC 来执行，控制主轴、ATC 装置、冷却系统。

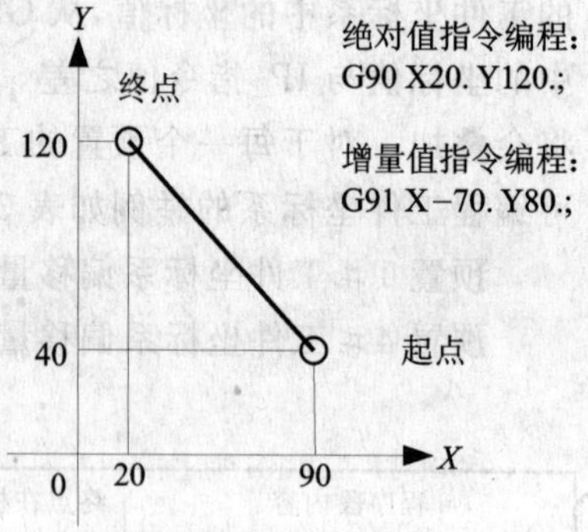

图 3.10 绝对值方式和增量值方式的编程

① 程序控制用 M 代码。

用于程序控制的 M 代码有 M00、M01、M02、M30、M98、M99，其功能分别讲解如下。

- M00：表示程序暂停。NC 执行到 M00 时，中断程序的执行，按循环启动按钮可以继续执行程序。
- M01：表示条件程序暂停。NC 执行到 M01 时，若 M01 有效开关置为上位，则 M01 与 M00 指令有同样效果，如果 M01 有效开关置下位，则 M01 指令不起任何作用。
- M02：表示程序结束。遇到 M02 指令时，NC 认为该程序已经结束，停止程序的运行并发出一个复位信号。
- M30：表示程序结束，并返回程序头。在程序中，M30 除了起到与 M02 同样的作用外，还使程序返回程序头。
- M98：表示调用子程序。
- M99：表示子程序结束，返回主程序。

② 其他 M 代码。

- M03：表示主轴正转。使用该指令使主轴以当前指定的主轴转速逆时针(CCW)旋转。
- M04：表示主轴反转。使用该指令使主轴以当前指定的主轴转速顺时针(CW)旋转。
- M05：表示主轴停止。
- M06：表示自动刀具交换(参阅机床操作说明书)。
- M08：表示冷却开。
- M09：表示冷却关。

机床厂家往往将自行开发的机床功能设置为 M 代码(例如机床开/关门)，这些 M 代码请参阅机床自带的使用说明书。

(2) T 代码

机床刀具库使用任意选刀方式，即由两位的 T 代码 T×× 指定刀具号而不必管这把刀在哪一个刀套中，地址 T 的取值范围可以是 1～99 之间的任意整数。

在 M06 之前必须有一个 T 码，如果 T 指令和 M06 出现在同一程序段中，则 T 码也要写在 M06 之前。

警告：刀具表一定要设定正确，如果与实际不符，将会严重损坏机床，并造成不可预计的后果。

(3) 主轴转速指令(S 代码)

一般机床主轴转速范围是 20 r/min～6 000 r/min(转/每分)。主轴的转速指令由 S 代码给出，S 代码是模态的，即转速值给定后始终有效，直到另一个 S 代码改变模态值。主轴的旋转指令则由 M03 或 M04 实现。

9. FANUC 系统的程序结构

(1) 程序结构

早期的 NC 加工程序，是以纸带为介质存储的，为了保持与以前系统的兼容性，我们所用的 NC 系统也可以使用纸带作为存储的介质，所以一个完整的程序还应包括由纸带输入输出程序所必须的一些信息，这样，一个完整的程序应由下列几部分构成：纸带程序起始符、前导、程序起始符、程序正文、注释、程序结束符和纸带程序结束符。

① 纸带程序起始符(Tape Start)

该部分在纸带上用来标识一个程序的开始，符号是“%”。在机床操作面板上直接输入程序时，该符号由 NC 自动产生。

② 前导(Leader Section)

第一个换行(LF)(ISO 代码的情况下)或回车(CR)(EIA 代码的情况下)前的内容被称为前导部分。该部分与程序执行无关。

③ 程序起始符(Program Start)

该符号标识程序正文部分的开始，ISO 代码为 LF，EIA 代码为 CR。在机床操作面板上直接输入程序时，该符号由 NC 自动产生。

④ 程序正文(Program Section)

位于程序起始符和程序结束符之间的部分为程序正文部分，在机床操作面板上直接输入程序时，输入和编辑的就是这一部分。程序正文的结构请参考下一节的内容。

⑤ 注释(Comment Section)

在任何地方，一对圆括号之间的内容为注释部分，NC 对这部分内容只显示，在执行时不予理会。

⑥ 程序结束符(Program End)

用来标识程序正文的结束，所用符号如表 3.9 所列。

表 3.9　程序结束符

ISO 代码	EIA 代码	含　义
M02LF	M02CR	程序结束
M30LF	M30CR	程序结束，返回程序头
M99LF	M99CR	子程序结束

ISO 代码的 LF 和 EIA 代码的 CR，在操作面板的屏幕上均显示为“;”。

⑦ 纸带程序结束符(Tape End)

用来标识纸带程序的结束，符号为“%”。在机床操作面板上直接输入程序时，该符号由 NC 自动产生。

(2) 程序正文结构

① 地址和词。

在加工程序正文中，一个英文字母被称为一个地址，一个地址后面跟着一个数字就组成了一个词。每个地址有不同的意义，它们后面所跟的数字也因此具有不同的格式和取值范围，如表 3.10 所列。

表 3.10　地址符的取值范围

功　能	地　址	取值范围	含　义
程序号	O	1～9 999	程序号
顺序号	N	1～9 999	顺序号
准备功能	G	00～99	指定数控功能
尺寸定义	X、Y、Z	±99 999.999 mm	坐标位置值
	R		圆弧半径，圆角半径
	I、J、K	±9 999.999 9 mm	圆心坐标位置值
进给速率	F	1～100 000 mm/min	进给速率
主轴转速	S	1～32 000 r/min	主轴转速值
选刀	T	0～99	刀具号
辅助功能	M	0～99	辅助功能 M 代码号
刀具偏置号	H、D	1～200	指定刀具偏置号
暂停时间	P、X	0～99 999.999 s	暂停时间(ms)
指定子程序号	P	1～999 9	调用子程序用
重复次数	P、L	1～999	调用子程序用
参数	P、Q	P 为 0～99 999.999 Q 为±99 999.999 mm	固定循环参数

② 程序段结构。

一个加工程序由许多程序段构成，程序段是构成加工程序的基本单位。程序段由一个或更多的词构成并以程序段结束符(EOB，ISO 代码为 LF，EIA 代码为 CR，屏幕显示为"；")作为结尾。另外，一个程序段的开头可以有一个可选的顺序号 N×××× 用来标识该程序段，一般来说，顺序号有两个作用：一是运行程序时便于监控程序的运行情况，因为在任何时候，程序号和顺序号总是显示在 CRT 的右上角；二是在分段跳转时，必须使用顺序号来标识调用或跳转位置。必须注意，程序段执行的顺序只和它们在程序存储器中所处的位置有关，而与它们的顺序号无关，也就是说，如果顺序号为 N20 的程序段出现在顺序号为 N10 的程序段前面，也一样先执行顺序号为 N20 的程序段。如果某一程序段的第一个字符为"/"，则表示该程序段为条件程序段，即可选跳段开关在上位时，不执行该程序段，而可选跳段开关在下位时，该程序段才能被执行。

③ 主程序和子程序。

加工程序分为主程序和子程序，一般地，NC 执行主程序的指令，但当执行到一条子程序调用指令时，NC 转向执行子程序，在子程序中执行到返回指令时，再回到主程序。

当加工程序需要多次运行一段同样的轨迹时，可以将这段轨迹编成子程序存储在机床的程序存储器中，每次在程序中需要执行这段轨迹时便可以调用该子程序。

当一个主程序调用一个子程序时，该子程序可以调用另一个子程序，这样的情况，我们称之为子程序的两重嵌套。一般机床可以允许最多达四重的子程序嵌套。在调用子程序指令中，可以指令重复执行所调用的子程序，可以指令重复最多达 999 次。

一个子程序应该具有如下格式：

O××××;　　子程序号

…………;
…………;
…………;　　子程序内容
…………;

M99;　　返回主程序

在程序的开始，应该有一个由地址 O 指定的子程序号，在程序的结尾，返回主程序的指令 M99 是必不可少的。M99 可以不必出现在一个单独的程序段中，作为子程序的结尾，这样的程序段也是可以的：

G90 G00 X0 Y100. M99;

在主程序中，调用子程序的程序段应包含如下内容：

M98 P×××××××;

在这里，地址 P 后面所跟的数字中，后面的四位用于指定被调用的子程序的程序号，前面的三位用于指定调用的重复次数。

M98 P51002;调用 1002 号子程序，重复 5 次。

M98 P1002;调用 1002 号子程序，重复 1 次。

M98 P50004;调用 4 号子程序，重复 5 次。

子程序调用指令可以和运动指令出现在同一程序段中：

G90 G00 X－75.0 Y50.0 Z53.0 M98 P40035;

该程序段指令 X、Y、Z 三轴以快速定位进给速度运动到指令位置，然后调用执行 4 次 35 号子程序。

包含子程序调用的主程序，程序执行顺序如下例：

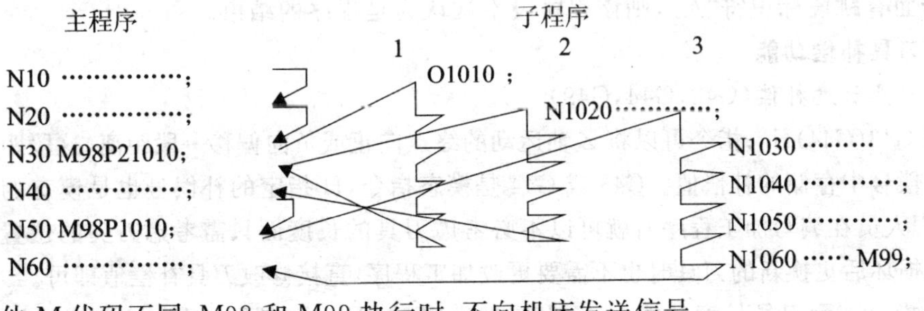

和其他 M 代码不同，M98 和 M99 执行时，不向机床发送信号。

当 NC 找不到地址 P 指定的程序号时，发出 PS 报警。

子程序调用指令 M98 不能在 MDI 方式下执行，如果需要单独执行一个子程序，可以在程序编辑方式下编辑如下程序，并在自动运行方式下执行。

× ×××;

M98 P××××;

M02(或 M30);

在 M99 返回主程序指令中，可以用地址 P 来指定一个顺序号，当这样的一个 M99 指令在子程序中被执行时，返回主程序后并不是执行紧接着调用子程序的程序段后的那个程序段，而是转向执行具有地址 P 指定的顺序号的那个程序段。如下例：

```
主程序                              子程序
N10 …………;                      O1010;
N20 …………;                      N1020 …………;
N30 M98P1010;                     N1030 …………;
N40 …………;                      N1040 …………;
N50 …………;                      N1050 …………;
N60 …………;                      N1060 …………;
N70 …………;                      N1070 M99 P60;
```

这种主一子程序的执行方式只有在程序存储器中的程序能够使用，DNC 方式下不能使用。

如果 M99 指令出现在主程序中，执行到 M99 指令时，将返回程序头，重复执行该程序。这种情况下，如果 M99 指令中出现地址 P，则执行该指令时，跳转到顺序号为地址 P 指定的顺序号的程序段。大部分情况下，我们将该功能与可选跳段功能联合使用。如下例：

```
N10…………;
N20…………;
N30…………;              可选跳开关置于上位时
/N40 M99 P20;
N50…………;              可选跳开关置于下位时
N60…………;
N70 M02;
```

当可选跳段开关置于下位时，跳段标识符不起作用，M99P20 被执行，跳转到 N20 程序段，重复执行 N20 及 N30(如果 M99 指令中没有 P20，则跳转到程序头，即 N10 程序段)，当可选跳段开关置于上位时，跳段标识符起作用，该程序段被跳过，N30 程序段执行完毕后执行 N50 程序段，直到 N70M02；结束程序的执行。值得注意的一点是如果包含 M02、M30 或 M99 的程序段前面有跳段标识符“/ ”，则该程序段不被认为是程序的结束。

10. 刀具补偿功能

(1) 刀具长度补偿(G43，G44，G49)

使用 G43(G44)H_；指令可以将 Z 轴运动的终点向正或负向偏移一段距离，这段距离等于 H 指令的补偿号中存储的补偿值。G43 或 G44 是模态指令，H 指定的补偿号也是模态的使用这条指令，编程人员在编写加工程序时就可以不必考虑刀具的长度而只需考虑刀尖的位置即可。刀具磨损或损坏后更换新的刀具时也不需要更改加工程序，直接修改刀具补偿值即可。

G43 指令表示刀具长度补偿为＋，也就是说 Z 轴到达的实际位置为指令值与补偿值相加的位置；G44 指令表示刀具长度补偿为－，也就是说 Z 轴到达的实际位置为指令值减去补偿值的位置。H 的取值范围为 00～200。H00 意味着取消刀具长度补偿值。取消刀具长度补偿的另一种方法是使用指令 G49。NC 执行到 G49 指令或 H00 时，立即取消刀具长度补偿，并使 Z 轴运动到不加补偿值的指令位置。

由于补偿值的取值范围是－999.999～999.999 mm 或－99.9999～99.9999 英寸。补偿值正负号的改变，使用 G43 指令就可完成全部工作，因而在实际工作中，绝大多数情况下，都是使用 G43 指令。

(2) 刀具半径补偿

当使用加工中心进行内、外轮廓的铣削时,刀具中心的轨迹应该是这样的:能够使刀具中心在编程轨迹的法线方向上距编程轨迹的距离始终等于刀具的半径(如图 3.11 所示)。在机床上,这样的功能可以由 G41 或 G42 指令来实现。

格式:G41(G42) D_;

① 补偿向量。

补偿向量是一个二维的向量,由它来确定进行刀具半径补偿时,实际位置和编程位置之间的偏移距离和方向。补偿向量的模即实际位置和补偿位置之间的距离始终等于指定补偿号中存储的补偿值,补偿向量的方向始终为编程轨迹的法线方向(如图 3.12 所示)。该编程向量由 NC 系统根据编程轨迹和补偿值计算得出,并由此控制刀具(*X*、*Y* 轴)的运动完成补偿过程。

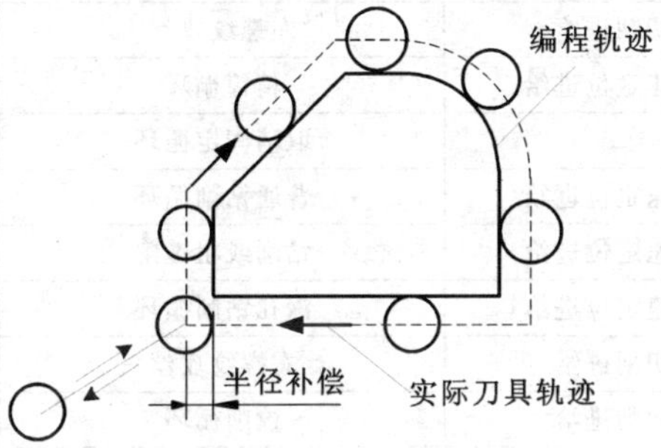

图 3.11　刀具的半径补偿

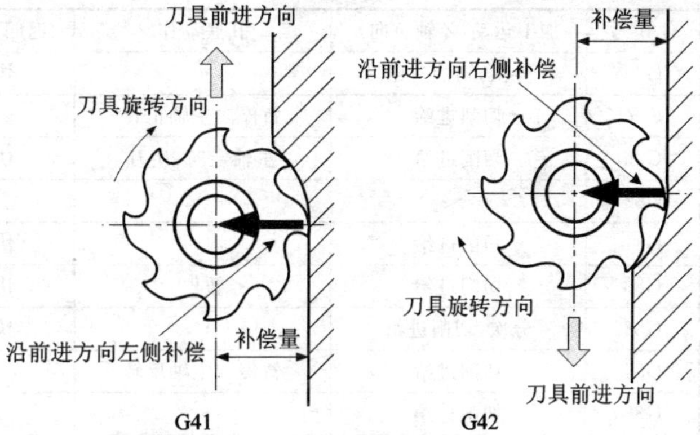

图 3.12　刀具的补偿方向

② 补偿值。

在 G41 或 G42 指令中,地址 D 指定了一个补偿号,每个补偿号对应一个补偿值。补偿号的取值范围为 0～200,这些补偿号由长度补偿和半径补偿共用。和长度补偿一样,D00 意味着取消半径补偿。补偿值的取值范围和长度补偿相同。

③ 平面选择。

刀具半径补偿只能在被 G17、G18 或 G19 选择的平面上进行,在刀具半径补偿的模态下,不能改变平面的选择,否则出现 P/S 报警。

④ G40、G41 和 G42。

G40 用于取消刀具半径补偿模态,G41 为左向刀具半径补偿,G42 为右向刀具半径补偿。在这里所说的左和右是指沿刀具运动方向而言的。G41 和 G42 的区别请参考图 3.13。

图 3.13　G41 和 G42 的区别

⑤ 使用刀具半径补偿的注意事项。

在指令了刀具半径补偿模态及非零的补偿值后，第一个在补偿平面中产生运动的程序段为刀具半径补偿开始的程序段，在该程序段中，不允许出现圆弧插补指令，否则NC会给出P/S报警。在刀具半径补偿开始的程序段中，补偿值从零均匀变化到给定的值，同样的情况出现在刀具半径补偿被取消的程序段中，即补偿值从给定值均匀变化到零，所以在这两个程序段中，刀具不应该接触到工件，否则就会出现过切现象。

11. 固定循环指令

(1) 孔加工固定循环(G73、G74、G76、G80～G89)

应用孔加工固定循环功能，使得其他方法需要几个程序段完成的功能在一个程序段内完成。

表3.11列出所有的孔加工固定循环。

表3.11　固定循环指令

G代码	加工运动(*Z*轴负向)	孔底动作	返回运动(*Z*轴正向)	应用
G73	分次，切削进给	—	快速定位进给	高速深孔钻削
G74	切削进给	暂停－主轴正转	切削进给	左螺纹攻丝
G76	切削进给	主轴定向，让刀	快速定位进给	精镗循环
G80	—	—	—	取消固定循环
G81	切削进给	—	快速定位进给	普通钻削循环
G82	切削进给	暂停	快速定位进给	钻削或粗镗削
G83	分次，切削进给	—	快速定位进给	深孔钻削循环
G84	切削进给	暂停－主轴反转	切削进给	右螺纹攻丝
G85	切削进给	—	切削进给	镗削循环
G86	切削进给	主轴停	快速定位进给	镗削循环
G87	切削进给	主轴正转	快速定位进给	反镗削循环
G88	切削进给	暂停－主轴停	手动	镗削循环
G89	切削进给	暂停	切削进给	镗削循环

一般地，一个孔加工固定循环可分为以下6步操作，如图3.14所示。

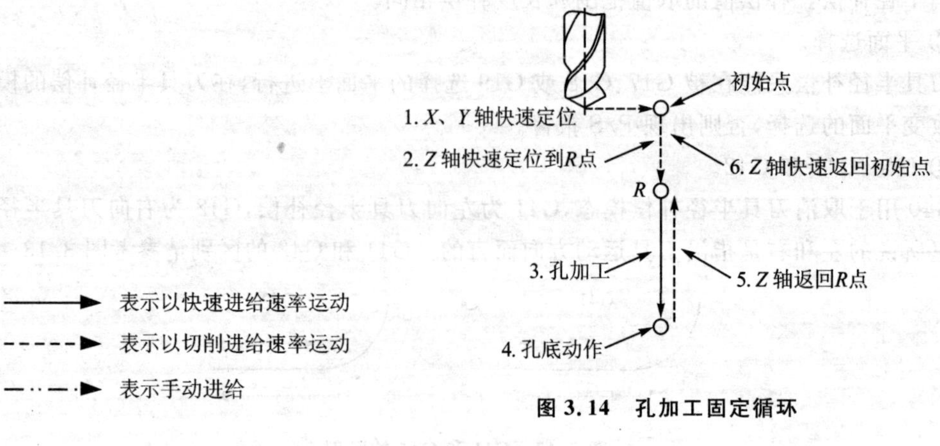

图3.14　孔加工固定循环

对孔加工固定循环指令的执行有影响的指令主要有G90/G91及G98/G99指令。

图 3.15示意了 G90/G91 对孔加工固定循环指令的影响。

G98/G99 决定固定循环在孔加工完成后返回 R 点还是起始点，G98 模态下，孔加工完成后 Z 轴返回起始点；在 G99 模态下则返回 R 点。

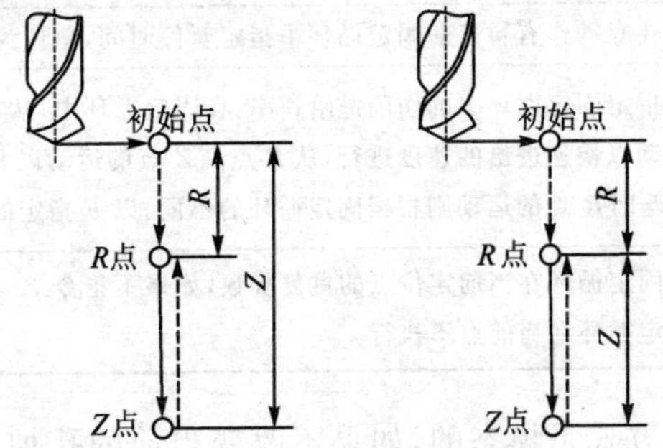

图 3.15　G90/G91 对孔加工固定循环指令的影响

一般地，如果被加工的孔在一个平整的平面上，可以使用 G99 指令，因为 G99 模态下返回 R 点进行下一个孔的定位，而一般编程中 R 点非常靠近工件表面，这样可以缩短零件加工时间，但如果工件表面有高于被加工孔的凸台或筋时，使用 G99 时非常有可能使刀具和工件发生碰撞，这时，就应该使用 G98，使 Z 轴返回初始点后再进行下一个孔的定位，这样就比较安全，如图 3.16 所示。

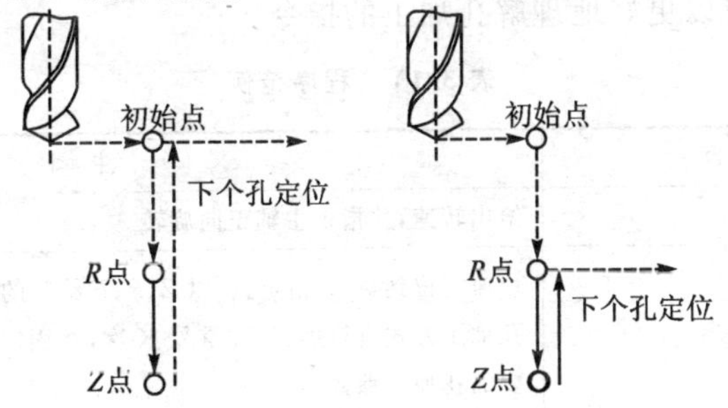

图 3.16　G98/G99 对孔加工固定循环指令的影响

在 G73/G74/G76/G81～G89 后面，给出孔加工参数，格式如下：

G×× 　X_　Y_　Z_　R_　Q_　P_　F_　K_；

表 3.12 说明了各地址指定的加工参数的含义。

表 3.12　固定循环指令的参数

孔加工方式 G	注　释
被加工孔位置参数 X、Y	以增量值方式或绝对值方式指定被加工孔的位置，刀具向被加工孔运动的轨迹和速度与 G00 的相同
孔加工参数 Z	在绝对值方式下指定沿 Z 轴方向孔底的位置，增量值方式下指定从 R 点到孔底的距离
孔加工参数 R	在绝对值方式下指定沿 Z 轴方向 R 点的位置，增量值方式下指定从初始点到 R 点的距离

续表 3.12

孔加工方式 G	注　释
孔加工参数 Q	用于指定深孔钻循环 G73 和 G83 中的每次进刀量，精镗循环 G76 和反镗循环 G87 中的偏移量（无论 G90 或 G91 模态，总是增量值指令）
孔加工参数 P	用于孔底动作有暂停的固定循环中指定暂停时间，单位为秒
孔加工参数 F	用于指定固定循环中的切削进给速率，在固定循环中，从初始点到 R 点及从 R 点到初始点的运动以快速进给的速度进行，从 R 点到 Z 点的运动以 F 指定的切削进给速度进行，而从 Z 点返回 R 点的运动则根据固定循环的不同，以 F 指定的速率或快速进给速率进行
重复次数 K	指定固定循环在当前定位点的重复次数，如果不指令 K，NC 认为 $K=1$，如果指令 $K=0$，则固定循环在当前点不执行

由 G××指定的孔加工方式是模态的，如果不改变当前的孔加工方式模态或取消固定循环的话，孔加工模态会一直保持下去。使用 G80 或 01 组的 G 指令可以取消固定循环。孔加工参数也是模态的，在被改变或固定循环被取消之前也会一直保持，即使孔加工模态被改变。可以在指令一个固定循环时或执行固定循环中的任何时候指定或改变任何一个孔加工参数。

重复次数 K 不是一个模态的值，它只在需要重复的时候给出。进给速率 F 则是一个模态的值，即使固定循环取消后它仍然会保持。

如果正在执行固定循环的过程中 NC 系统被复位，则孔加工模态、孔加工参数及重复次数 K 均被取消。

表 3.13 所举例子可以更好地理解孔加工的指令。

表 3.13　程序范例

序号	程序内容	注　释
1	S_M03；	给出转速，并指令主轴正向旋转
2	G81X_Y_Z_R_F_K_；	快速定位到 X、Y 指定点，以 Z、R、F 给定的孔加工参数，使用 G81 给定的孔加工方式进行加工，并重复 K 次，在固定循环执行的开始，Z、R、F 是必要的孔加工参数。
3	Y_；	X 轴不动，Y 轴快速定位到指令点进行孔的加工，孔加工参数及孔加工方式保持 2 中的模态值。2 中的 K 值在此不起作用
4	G82X_P_K_；	孔加工方式被改变，孔加工参数 Z、R、F 保持模态值，给定孔加工参数 P 的值，并指定重复 K 次
5	G80X_Y_；	固定循环被取消，除 F 以外的所有孔加工参数被取消
6	G85X_Y_Z_R_P_；	由于执行 5 时固定循环已被取消，所以必要的孔加工参数除 F 之外必须重新给定，即使这些参数和原值相比没有变化
7	X_Z_；	X 轴定位到指令点进行孔的加工，孔加工参数 Z 在此程序段中被改变
8	G89X_Y_；	定位到 X、Y 指令点进行孔加工，孔加工方式被改变为 G98。R、P 由 6 指定，Z 由 7 指定
9	G01X_Y_；	固定循环模态被取消，除 F 外所有的孔加工参数都被取消

当加工在同一条直线上的等分孔时，可以在 G91 模态下使用 K 参数，K 的最大取值为 9999。例如，

G91 G81 X_ Y_ Z_ R_ F_ K5；

该程序段中，X、Y 给定了第一个被加工孔和当前刀具所在点的距离，各被加工孔的位置如图 3.17 所示。

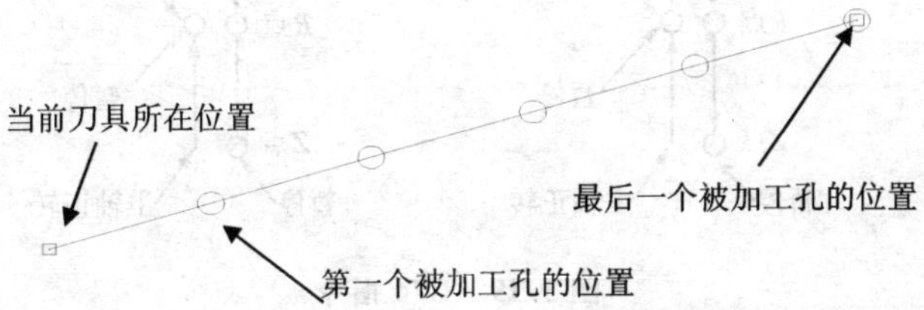

图 3.17　钻孔位置

(2) G73（高速深孔钻削循环）

如图 3.18 所示，在高速深孔钻削循环中，从 R 点到 Z 点的进给是分段完成的，每段切削进给完成后 Z 轴向上抬起一段距离，然后再进行下一段的切削进给，Z 轴每次向上抬起的距离为 d，由机床参数给定，每次进给的深度由孔加工参数 Q 给定。该固定循环主要用于径深比小的孔（如 $\phi5$，深 70）的加工，每段切削进给完毕后 Z 轴抬起的动作起到了断屑的作用。

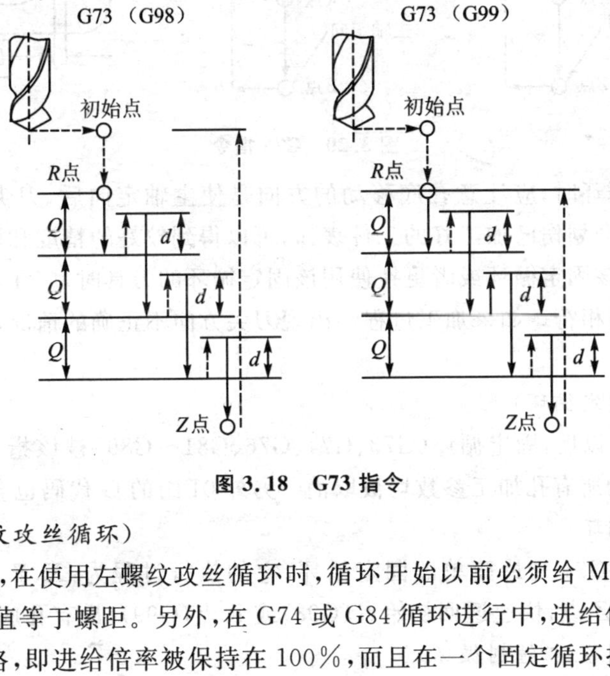

图 3.18　G73 指令

(3) G74（左螺纹攻丝循环）

如图 3.19 所示，在使用左螺纹攻丝循环时，循环开始以前必须给 M04 指令使主轴反转，并且使 F 与 S 的比值等于螺距。另外，在 G74 或 G84 循环进行中，进给倍率开关和进给保持开关的作用将被忽略，即进给倍率被保持在 100%，而且在一个固定循环执行完毕之前不能中途停止。

(4) G76（精镗循环）

如图 3.20 所示，X、Y 轴定位后，Z 轴快速运动到 R 点，再以 F 给定的速度进给到 Z 点，然后主轴定向并向给定的方向移动一段距离，再快速返回初始点或 R 点，返回后，主轴再以原来

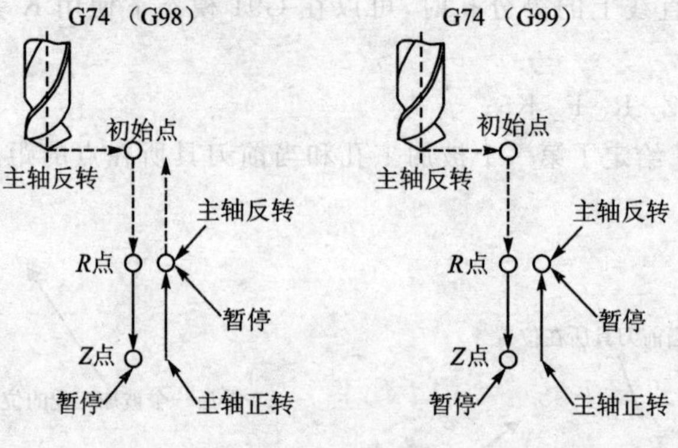

图 3.19 G74 指令

的转速和方向旋转。在这里，孔底的移动距离由孔加工参数 Q 给定，Q 始终应为正值，移动的方向由机床参数给定。

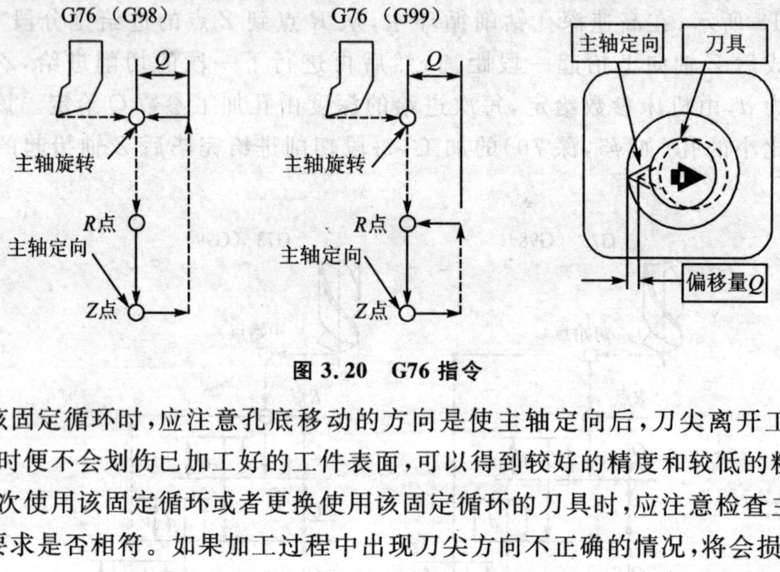

图 3.20 G76 指令

在使用该固定循环时，应注意孔底移动的方向是使主轴定向后，刀尖离开工件表面的方向，这样退刀时便不会划伤已加工好的工件表面，可以得到较好的精度和较低的粗糙度。

注意：每次使用该固定循环或者更换使用该固定循环的刀具时，应注意检查主轴定向后刀尖的方向与要求是否相符。如果加工过程中出现刀尖方向不正确的情况，将会损坏工件、刀具甚至机床！

(5) G80（取消固定循环）

G80 指令被执行以后，固定循环（G73、G74、G76、G81～G89）被该指令取消，R 点和 Z 点的参数以及除 F 外的所有孔加工参数均被取消。另外 01 组的 G 代码也会起到同样的作用。

(6) G81（钻削循环）

如图 3.21 所示，G81 是最简单的固定循环，它的执行过程为：X、Y 定位，Z 轴快进到 R 点，以 F 速度进给到 Z 点，快速返回初始点（G98）或 R 点（G99），没有孔底动作。

(7) G82（钻削循环，粗镗削循环）

如图 3.22 所示，G82 固定循环在孔底有一个暂停的动作，除此之外和 G81 完全相同。孔底的暂停可以提高孔深的精度。

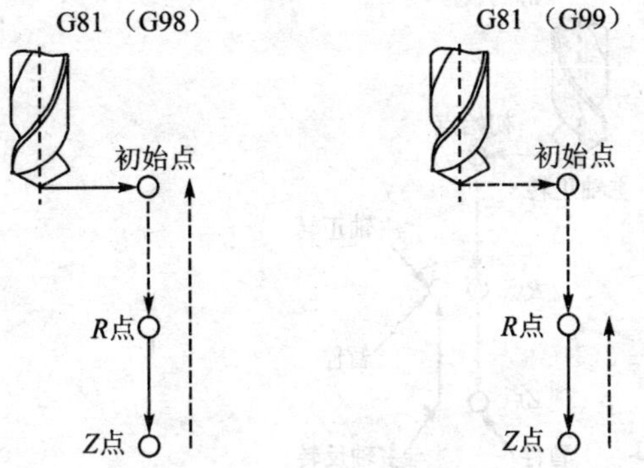

图 3.21　G81 指令

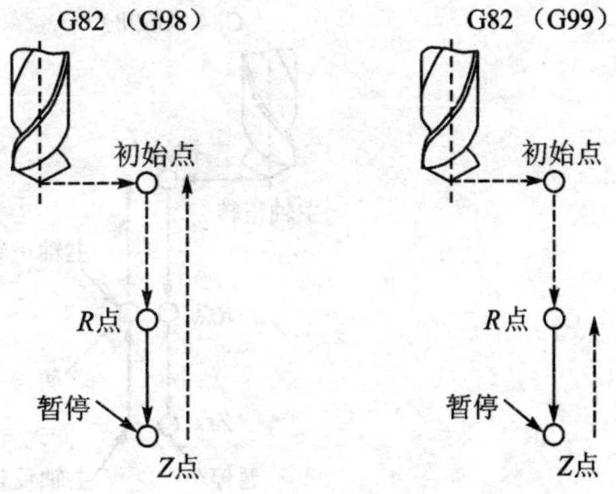

图 3.22　G82 指令

(8) G83(深孔钻削循环)

如图 3.23 所示，和 G73 指令相似，G83 指令下从 R 点到 Z 点的进给也分段完成，和 G73 指令不同的是，每段进给完成后，Z 轴返回的是 R 点，然后以快速进给速率运动到距离下一段进给起点上方 d 的位置开始下一段进给运动。

每段进给的距离由孔加工参数 Q 给定，Q 始终为正值，d 的值由机床参数给定。

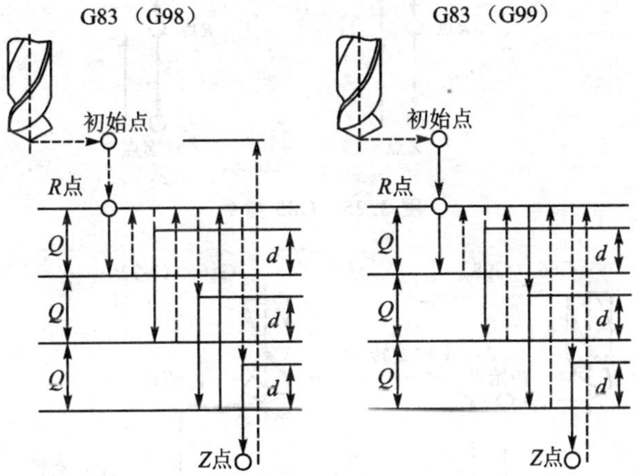

图 3.23　G83 指令

(9) G84(攻丝循环)

如图 3.24 所示，G84 固定循环除主轴旋转的方向完全相反外，其他与左螺纹攻丝循环 G74 完全一样，注意在循环开始以前指令主轴正转。

(10) G85(镗削循环)

如图 3.25 所示，该固定循环非常简单，执行过程如下：X、Y 定位，Z 轴快速到 R 点，以 F 给定的速度进给到 Z 点，以 F 给定速度返回 R 点，如果在 G98 模态下，返回 R 点后再快速返回初始点。

(11) G86(镗削循环)

如图 3.26 所示，该固定循环的执行过程和 G81 相似，不同之处是 G86 中刀具进给到孔底时使主轴停止，快速返回到 R 点或初始点时再使主轴以原方向、原转速旋转。

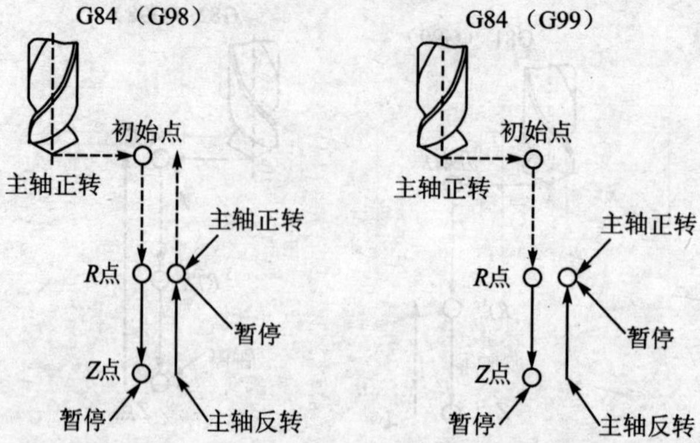

图 3.24 G84 指令

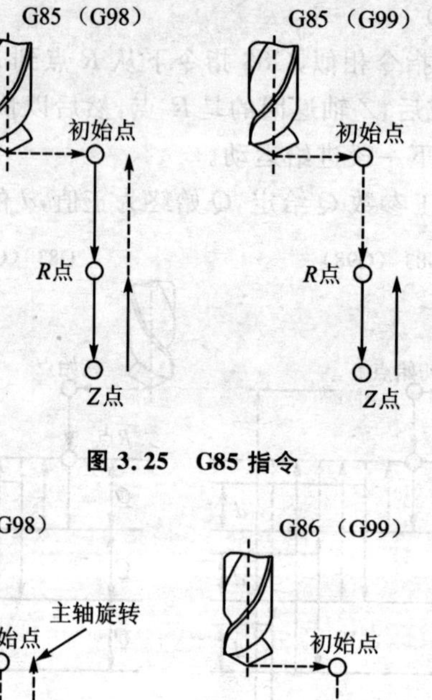

图 3.25 G85 指令

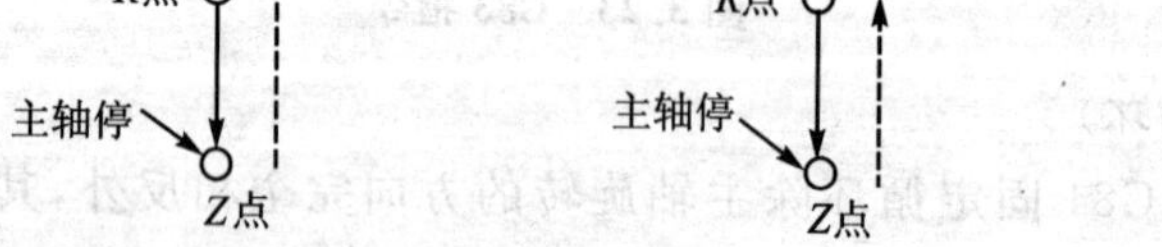

图 3.26 G86 指令

(12) G87(反镗削循环)

如图 3.27 所示,G87 循环中,X、Y 轴定位后,主轴定向,X、Y 轴向指定方向移动由加工参数 Q 给定的距离,以快速进给速度运动到孔底(R 点),X、Y 轴恢复原来的位置,主轴以给定的速度和方向旋转,Z 轴以 F 给定的速度进给到 Z 点,然后主轴再次定向,X、Y 轴向指定方向移动 Q 指定的距离,以快速进给速度返回初始点,X、Y 轴恢复定位位置,主轴开始旋转。

该固定循环用于图 3.27 所示的孔的加工。该指令不能使用 G99,注意事项同 G76。

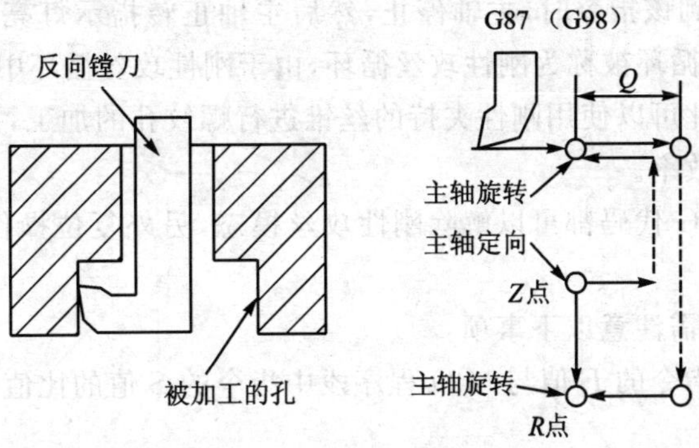

图 3.27 G87 指令

(13) G88(镗削循环)

如图 3.28 所示，固定循环 G88 是带有手动返回功能的用于镗削的固定循环。

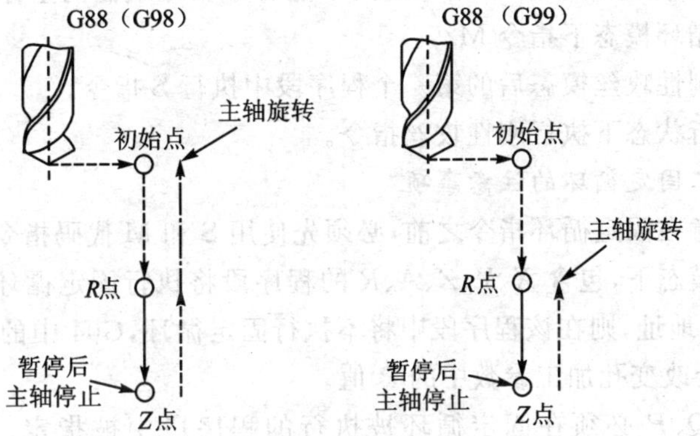

图 3.28 G88 指令

(14) G89(镗削循环)

如图 3.29 所示，该固定循环在 G85 的基础上增加了孔底的暂停。

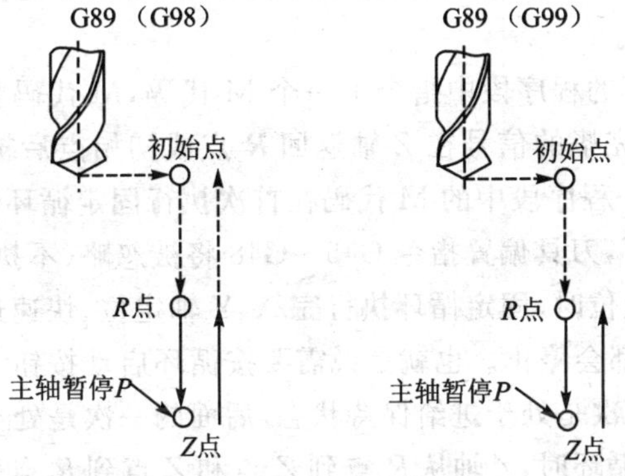

图 3.29 G89 指令

(15) 刚性攻丝方式

若攻丝循环 G84 或反攻丝循环 G74 的前一程序段指令为 M29S××××，则机床进入刚性攻丝模态。NC执行到该指令时，主轴停止，然后主轴正转指示灯亮，表示进入刚性攻丝模态，其后的G74或G84循环被称为刚性攻丝循环，由于刚性攻丝循环中，主轴转速和Z轴的进给严格成比例同步，因此可以使用刚性夹持的丝锥进行螺纹孔的加工，并且还可以提高螺纹孔的加工速度，提高加工效率。

使用G80和01组G代码都可以解除刚性攻丝模态，另外复位操作也可以解除刚性攻丝模态。

使用刚性攻丝循环需注意以下事项：

① G74或G84中指令的F值与M29程序段中指令的S值的比值(F/S)即为螺纹孔的螺距值。

② S××××必须小于0617号参数指定的值，否则执行固定循环指令时出现编程报警。

③ F值必须小于切削进给的上限值4 000 mm/min即机床参数规定值，否则出现编程报警。

④ 在M29指令和固定循环的G指令之间不能有S指令或任何坐标运动指令。

⑤ 不能在攻丝循环模态下指令M29。

⑥ 不能在取消刚性攻丝模态后的第一个程序段中执行S指令。

⑦ 不要在试运行状态下执行刚性攻丝指令。

(16) 使用孔加工固定循环的注意事项

① 编程时需注意在固定循环指令之前，必须先使用S和M代码指令主轴旋转。

② 在固定循环模态下，包含X、Y、Z、A、R的程序段将执行固定循环，如果一个程序段不包含上列的任何一个地址，则在该程序段中将不执行固定循环，G04中的地址X除外。另外，G04中的地址P不会改变孔加工参数中的P值。

③ 孔加工参数Q、P必须在固定循环被执行的程序段中被指定，否则指令的Q、P值无效。

④ 在执行含有主轴控制的固定循环(如G74、G76、G84等)过程中，刀具开始切削进给时，主轴有可能还没有达到指令转速。这种情况下，需要在孔加工操作之间加入G04暂停指令。

⑤ 由于01组的G代码也起到取消固定循环的作用，所以不能将固定循环指令和01组的G代码写在同一程序段中。

⑥ 如果执行固定循环的程序段中指令了一个M代码，M代码将在固定循环执行定位时被同时执行，M指令执行完毕的信号在Z轴返回R点或初始点后被发出。使用K参数指令重复执行固定循环时，同一程序段中的M代码在首次执行固定循环时被执行。

⑦ 在固定循环模态下，刀具偏置指令G45～G48将被忽略(不执行)。

⑧ 单程序段开关置上位时，固定循环执行完X、Y轴定位、快速进给到R点及从孔底返回(到R点或到初始点)后，都会停止。也就是说需要按循环启动按钮3次才能完成一个孔的加工。3次停止中，前面的两次是处于进给保持状态，后面的一次是处于停止状态。

⑨ 执行G74和G84循环时，Z轴从R点到Z点和Z点到R点两步操作之间如果按进给保持按钮的话，进给保持指示灯立即会亮，但机床的动作却不会立即停止，直到Z轴返回R点后才进入进给保持状态。另外G74和G84循环中，进给倍率开关无效，进给倍率被固定在100%。

3.2　加工中心的编程实例

例 3.2.1　图 3.30 所示零件编程举例。

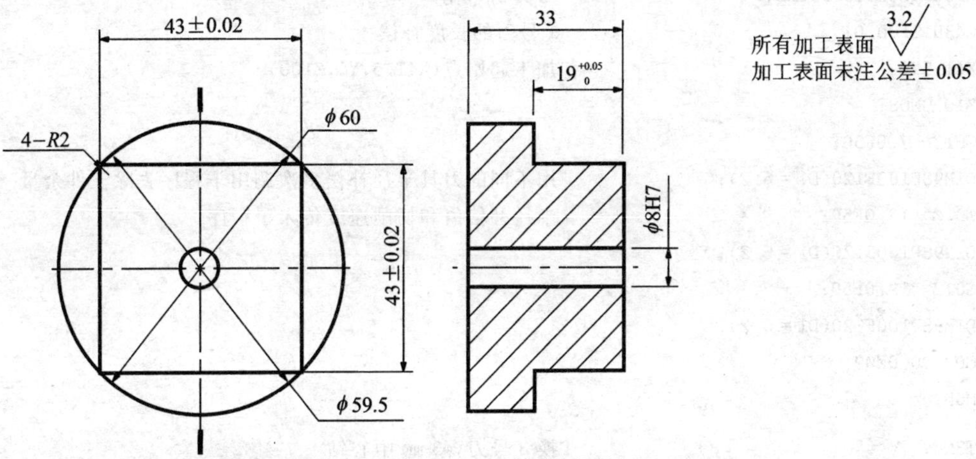

技术要求：零件毛坯为φ60mm的棒料，长度为35mm，材料为铝材。

图 3.30　加工中心训练件(四方台)

本例加工采用的刀具参数如表 3.14 所列。

表 1.14　加工中心训练所用的刀具参数表

刀具号码	刀具名称	刀具材料	刀具直径/mm	零件材料为铝材			零件材料为 45# 钢			备注
				转速/(r·min⁻¹)	径向进给量/(mm·min⁻¹)	轴向进给量/(mm·min⁻¹)	转速/(r·min⁻¹)	径向进给量/(mm·min⁻¹)	轴向进给量/(mm·min⁻¹)	
T_1	端铣刀	高速钢	φ12	600	120	50	500	60	35	粗铣
T_2	端铣刀	高速钢	φ8	1 100	130	80	800	90	50	精铣
T3	中心钻	高速钢	φ3	1 500		80	1100		60	钻中心孔
T4	钻头	高速钢	φ7.8	800		60	500		40	钻孔
T5	铰刀	高速钢	φ8	200		50	140		35	精铰 φ8 的孔

选择零件中心为编程原点，水平向右的方向为 X 的正向，垂直纸面向上的方向为 Z 的正向，工件的上表面定为 $Z0$。需要加工的部分为带 $R2$ 圆弧的 43×43 的四方台面，深度为 $19^{+0.05}_{0}$ mm，φ8H7 的通孔和 φ59.5 的工艺台阶。

零件的工艺安排如下：

① 用虎钳和 V 型铁装夹零件，切 10 mm 的工艺台，然后卡工艺台，铣平零件上表面后，将零件中心和零件上表面设为 G54 的原点。

② 加工路线是：粗铣 43×43 的四方台面→钻中心孔→钻 φ7.8 孔→铰 φ8H7 孔→精铣 43×43的四方台面→精铣 φ59.5 的工艺台阶。

本例的手工编程内容如下。

内　容	说　明
O0001;	主程序
T1M6;	换1号刀,ϕ12 mm的端铣刀
G90G54G0X0Y0S600M3;	刀具初始化
G43H1Z100.0;	1号刀的长度补偿
X41.5Y0;	加工起始点(X41.5,Y0,Z100)
Z10.0M08;	
G01Z-7.0F50;	
D1M98P100F120(D1=6.2);	用不同的刀具半径补偿多次调用子程序去除工件余量
G01Z-13.0F50;	半径补偿值和切削速度传入子程序
D1M98P100F120(D1=6.2);	
G01Z-19.0F50;	
D1M98P100F120(D1=6.2);	
G0Z100.0M09;	
M05;	
T3M6;	换3号刀,ϕ3 mm中心钻
G90G54G0X0Y0S1500M3;	
G43H3Z100.0;	
X0Y0;	
Z10.0M08;	
G01Z-5.0F80;	钻中心孔
G0Z100.0M09;	
M5;	
T4M6;	换4号刀,ϕ7.8 mm钻头
G90G54G0X0Y0S800M3;	
G43H4Z100.0;	
Z5.0M08;	
G99G73Z-36.0R5.Q2.0F60;	G73指令的钻孔循环
G80;	
G0Z100.0M09;	
M05;	
T5M6;	换5号刀,ϕ8 mm铰刀
G90G54G0X0Y0S200M3;	
G43H5Z100.0;	
Z5.0M08;	
G1Z-33.0F50;	铰孔
G0Z100.0M09;	
M05;	
T2M6;	换2号刀,ϕ8 mm端铣刀
G90G54G0X0Y0S1100M3;	
G43H2Z100.0;	

X41.5Y0;	加工起始点(X41.5,Y0,Z100)
Z10.0M08;	
G01Z-7.0;	
D2M98P100F130(D2=4);	用合适的刀具半径补偿,通过调用子程序完成精加工
G01Z-13.0F50;	
D2M98P100F130(D2=4);	
G01Z-19.0F50;	
D2M98P100F130(D2=4);	
G01Z-23.0F50;	
D2M98P200F130(D2=4);	铣削工艺台阶
G0Z100.0M09;	
M05;	
M30;	程序结束
O100;	O100 子程序
X41.5Y0;	(铣削带 $R2$ 圆弧的 43×43 的四方台面)
G1G41Y20.0;	刀具半径补偿有效,补偿值由主程序传入
G3X21.5Y0R20.0;	圆弧切入
G1Y-19.5;	加工轨迹的描述
G2X19.5Y-21.5R2.0;	
G01X-19.5;	
G2X-21.5Y-19.5R2.0;	
G01Y19.5;	
G02X-19.5Y21.5R2.0;	
G01X19.5;	
G02X21.5Y19.5R2.0;	
G01Y0;	
G03X41.5Y-20.0R20.0;	圆弧切出
G01G40Y0;	刀具半径补偿取消
M99;	返回主程序
O200;	O200 子程序(铣削 ϕ59.5 的工艺台阶)
X41.5Y0;	
G1G41Y11.75;	刀具半径补偿有效,补偿值由主程序传入
G3X29.75Y0R11.75;	圆弧切入
G2I-29.75J0;	加工工艺台阶的轨迹描述
G03X41.5Y-11.75R11.75;	圆弧切出
G01G40Y0;	刀具半径补偿取消
M99;	返回主程序
T1M6;	铣工件上表面的程序,单独使用
G90G54G0X0Y0S600M3;	
G43H1Z100.0;	

```
X45.0Y0;                      起始点(X45.0,Y0,Z100.0)
Z5.0M08;
G01Z0.F80;                    铣削深度,可根据实际情况,调整 Z 值
G01X35.0F120;
G02I-35.0J0;
G01X25.0;
G02I-25.0J0;
G01X15.0;
G02I-15.0J0;
G01X5.0;
G02I-5.0J0;
G0Z100.0M09;
M05;
G91G28Z0;
M30;                          程序结束
```

例 3.2.2 图 3.31 所示训练件编程举例。

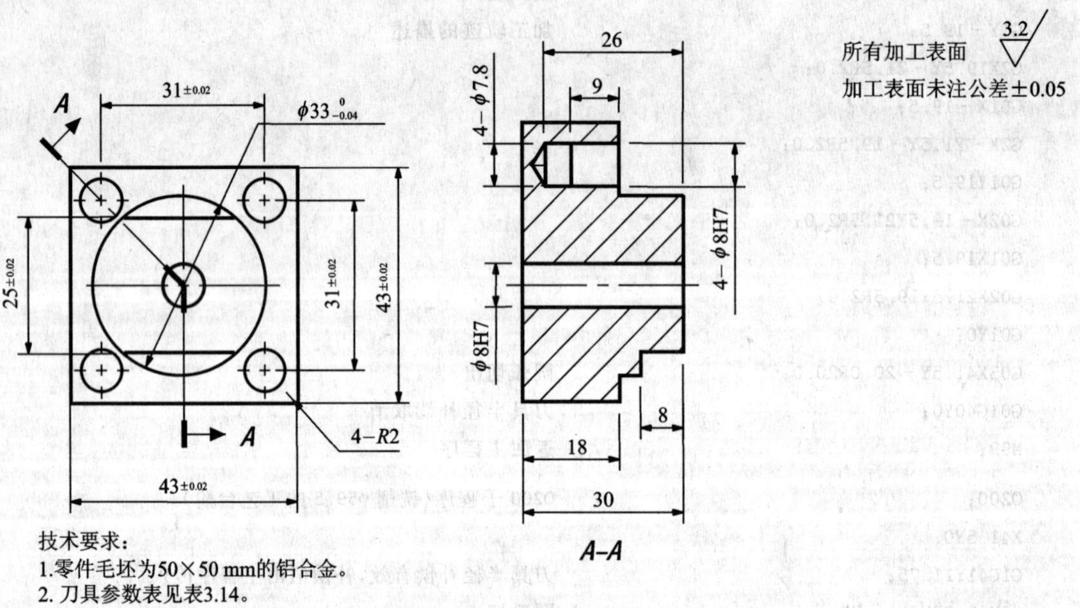

图 3.31 加工中心训练件

本例零件的工艺安排如下:

① 用虎钳和垫铁装夹零件,切 10 mm 的工艺台,然后卡工艺台,铣平零件上表面后,将零件中心和零件上表面设为 G54 的原点。

② 加工路线是:钻中心孔→钻 ϕ7.8 的孔→粗铣 ϕ33 的圆台→粗铣 25 的台阶→精铣 25 的台阶→精铣 ϕ33 的圆台→铰 ϕ8H7 孔。

本例的手工编程内容如下。

内　容	说　明
O0001；	主程序
T3M6；	主轴直接回到换刀参考点，换 3 号刀，ϕ3 mm 的中心钻
G90G54G0X0Y0S1500M3；	刀具初始化，选择用户坐标系为 G54
G43H3Z100.0M08；	3 号刀的长度补偿
G99G81X15.5Y15.5Z－5.0R5.0F80；	G81 钻孔循环指令钻中心孔（第 1 点 X15.5，Y15.5）
Y－15.5；	（第 2 点 X15.5，Y－15.5）
X－15.5；	（第 3 点 X－15.5，Y－15.5）
Y15.5；	（第 4 点 X－15.5，Y15.5）
G80M09；	
M05；	
T4M6；	换 4 号刀，ϕ7.8 mm 钻头
G90G54G0X0Y0S800M3；	
G43H4Z100.0M08；	
G99G73X15.5Y15.5Z－29.0Q2.0R5.0F60；	G73 钻孔循环指令钻孔（第 1 点 X15.5，Y15.5）
Y－15.5；	（第 2 点 X15.5，Y－15.5）
X－15.5；；	（第 3 点 X－15.5，Y－15.5）
Y15.5；	（第 4 点 X－15.5，Y15.5）
G80M09；	
M05；	
T1M6；	换 1 号刀，ϕ12 mm 平铣刀
G90G54G0X0Y0S600M3；	刀具初始化
G43H1Z100.0；	1 号刀的长度补偿
X41.5Y0；	加工起始点（X41.5、Y0、Z100.）
Z5.0M08；	
G01Z－5.5F50；	
D1M98P100F120(D1＝14)；	用不同的刀具半径补偿值重复调用子程序去除的余量
D2M98P100F120(D2＝6.2)；	
G01Z－11.0F50；	半径补偿值和切削速度传入子程序
D1M98P100F120(D1＝14)；	
D2M98P100F120(D2＝6.2)；	
G01Z－8.0F50；	
D2M98P200F120(D2＝6.2)；	
G0Z100.0M09；	
M05；	
T2M6；	换 2 号刀，ϕ8 mm 端铣刀
G90G54G0X0Y0S1100M3；	
G43H2Z100.0；	
X41.5Y0；	加工起始点（X41.5，Y0，Z100）
Z5.0M08；	
G01Z－8.0F90；	
D3M98P200F130(D3＝4)；	用合适的刀具半径补偿，通过调用子程序完成精加工

D3M98P200F130(D3 = 4);	重复铣削一次,减小刀具弹性变形的影响
G01Z - 11.0F90;	
D4M98P100F130(D4 = 3.99);	用合适的刀具半径补偿,通过调用子程序完成精加工
D4M98P100F130(D4 = 3.99);	重复铣削一次,减小刀具弹性变形的影响
G0Z100.0M09;	
M05;	
T5M6;	换 5 号刀,ϕ8 mm 铰刀
G90G54G0X0Y0S200M3;	刀具初始化
G43H5Z100.0;	
G98G81X15.5Y15.5R10.0Z - 21.0F50;	G81 循环指令铰孔
Y - 15.5;	
X - 15.5;	
Y15.5;	
G80M09;	
M05;	
G91G28Z0;	
M30;	程序结束

子程序	说　明
O100;	O100 子程序(铣削 ϕ33 的圆台)
X41.5Y0;	起始点
G01G41Y25.0;	刀具半径补偿有效,补偿值由主程序传入
G03X16.5Y0R25.0;	圆弧切入
G02I - 16.5J0;	加工轨迹的描述,铣削整圆
G03X36.5Y - 20.0R20.0;	圆弧切出
G01G40Y0	刀具半径补偿取消;
M99;	返回主程序
O200;	O200 子程序(铣削 25 ± 0.02 的台阶)
X41.5Y0;	起始点
G01G41Y - 12.5;	刀具半径补偿有效,补偿值由主程序传入
X - 20.0;	直线切入
Y12.5;	加工轨迹的描述,铣削整圆
X41.5;	直线切出
G01G40Y0;	刀具半径补偿取消
M99;	返回主程序
T1M6;	铣工件上表面的程序,单独使用
G90G54G0X0Y0S600M3;	
G43H1Z100.0;	起始点(X45.0,Y0,Z100.0)
	铣削深度,可根据实际情况,调整 Z 值
X45.0Y0;	
Z5.0 M08;	
G01Z0.F80;	

```
G01X35.0F130;
G02I-35.0J0;
G01X25.0;
G02I-25.0J0;
G01X15.0;
G02I-15.0J0;
G01X5.0;
G02I-5.0J0;
G0Z100.0M09;
M05;
M30;                                  程序结束
```

例 3.2.3　图 3.32 所示训练件编程举例。

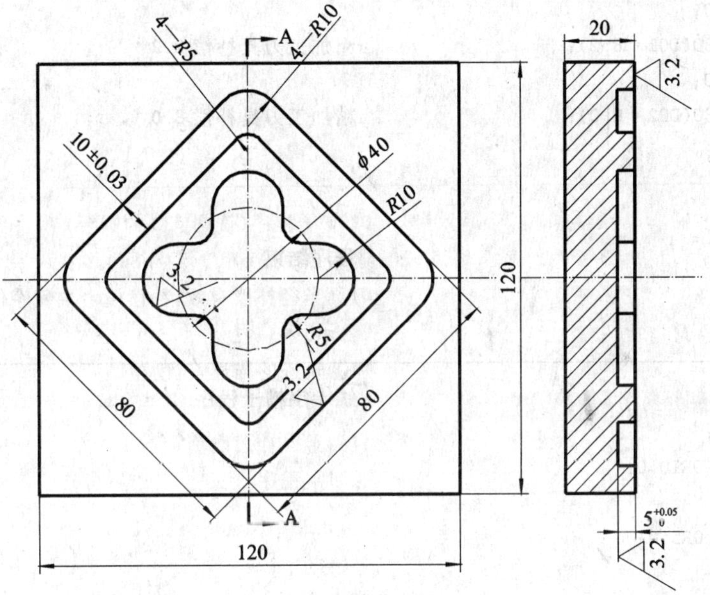

技术要求：

1. 零件毛坯为 120×120 mm 的方料，长度为 30 mm，材料为铝材。
2. 刀具参数见表 3.15。

图 3.32　加工中心训练件

表 3.15　加工中心训练所用的刀具参数表

刀具号码	刀具名称	刀具材料	刀具直径/mm	零件材料为铝材			零件材料为45#钢			备注
				转速/(r·min⁻¹)	径向进给量/(mm·min⁻¹)	轴向进给量/(mm·min⁻¹)	转速/(r·min⁻¹)	径向进给量/(mm·min⁻¹)	轴向进给量/(mm·min⁻¹)	
T1	端铣刀	高速钢	φ16	500	80	50	400	50	30	粗铣
T2	端铣刀	高速钢	φ8	1100	120	50	900	90	60	精铣

零件的工艺安排如下：

① 用虎钳和垫铁装夹零件，切 10 mm 的工艺台，然后卡工艺台，铣平零件上表面后，将零件中心和零件上表面设为 G54 的原点。

② 加工路线是：用 $\phi16$ 的铣刀粗铣十字槽→精铣十字槽→用 $\phi8$ 的铣刀粗铣四边槽→精铣四边槽。本例程序如下。

内　容	说　明
主程序	
O1001	铣十字槽程序
T1M6;	$\phi16$ 的端铣刀
G54G90G00X0Y0S500M03;	
G43H01Z100.0M08;	
Z5.0;	
G01Z-5.0F50;	
D01M98P100F80(D01=8.2);	粗加工刀具补偿 8.2
G01Z-5.0F50;	
D02M98P100F80(D02=8.0);	精加工刀具补偿 8.0
G0Z100.0M09;	
M05;	
G91G28Z0;	
M30;	程序结束

子程序	说　明
O0100;	铣十字槽子程序
G41G01X30.0;	
G03X20.0Y10.0R10.0;	
G01X15.0;	
G02X10.0Y15.0R5.0;	
G01Y20.0;	
G03X-10.0Y15.0R10.0;	
G01Y15.0;	
G02X-15.0Y10.0R5.0;	
G01X-20.0;	
G03X-20.0Y-10R10.0;	
G01X-15.0;	
G02X-10.0Y-15.0R5.0;	
G01Y-20.0;	
G03X10.0Y-20.0R10.0;	
G01Y-15.0;	
G02X15.0Y-10.0R5.0;	
G01X20.0;	
G02X30.0Y0R10.0;	
Z5.0;	

G40X0Y0;	
M99;	返回主程序

主程序	说　明
O1002;	
T2M6;	铣四边槽程序
G54G90G00X0Y0S1100M3;	ϕ8 的端铣刀
G43H02Z100.0;	
Z5.0M08;	
D03M98P200F80(D01 = 4.2);	粗铣四边槽外圈刀具补偿 4.2
D04M98P200F80(D02 = 4.0);	精铣四边槽外圈刀具补偿 4.0
D03M98P300F80(D01 = 4.2);	粗铣四边槽内圈刀具补偿 4.2
D04M98P300F80(D02 = 4.0);	精铣四边槽内圈刀具补偿 4.0
G0Z100.0M09;	
M05;	程序结束
M30;	铣四边槽外圈子程序

子程序	说　明
O0200;	
G41G01X - 28.28Y - 28.29;	
Z - 5.0F50;	
X - 56.57Y0,R10.0F120;	
X0Y - 56.57,R10.0;	
X56.57Y0,R10.0;	
X0Y56.57,R10.0;	
X - 28.28Y28.29;	
Z5.0;	
G40X0Y0;	
M05;	返回主程序
M99;	铣四边槽内圈子程序
O0300;	
G41G01X - 21.21Y21.21;	
Z - 5.0F50;	
X0Y42.43,R5.0F120;	
X42.43Y0,R5.0;	
X0Y - 42.43,R5.0;	
X - 42.43Y0,R5.0;	
X - 21.21Y21.21;	
Z5.0;	
G40X0Y0;	
M05;	
M99;	返回主程序

例 3.2.4 图 3.33 所示训练件编程举例。

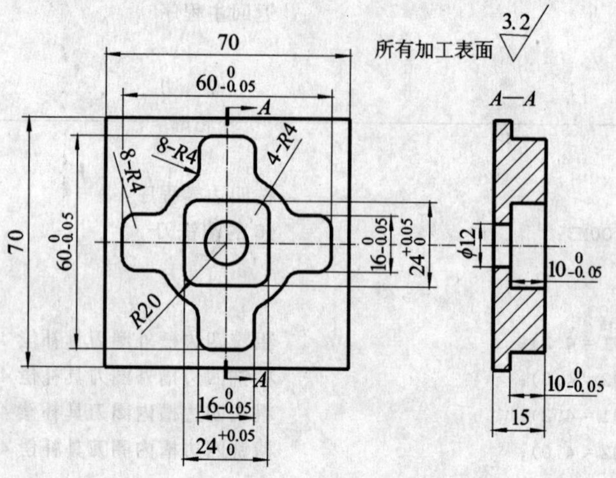

技术要求：

1. 零件毛坯为 70×70 mm 的方料，长度为 25 mm，材料为铝材。
2. 刀具参数如表 3.16 所列。

图 3.33　加工中心训练件

表 3.16　加工中心训练所用的刀具参数表

刀具号码	刀具名称	刀具材料	刀具直径/mm	零件材料为铝材			零件材料为 45# 钢			备　注
				转速/(r·min^{-1})	径向进给量/(mm·min^{-1})	轴向进给量/(mm·min^{-1})	转速/(r·min^{-1})	径向进给量/(mm·min^{-1})	轴向进给量/(mm·min^{-1})	
T1	端铣刀	高速钢	$\phi16$	500	80	50	400	50	30	粗铣
T2	端铣刀	高速钢	$\phi8$	1100	120	50	800	80	50	精铣

零件的工艺安排如下：

① 用虎钳和垫铁装夹零件，切 10 mm 的工艺台，然后卡工艺台，铣平零件上表面后，将零件中心和零件上表面设为 G54 的原点。

② 加工路线是：钻 1 个 $\phi12$ 的孔→粗铣粗铣外轮廓→精铣粗铣外轮廓→粗铣粗铣内轮廓→精铣铣内轮廓。

本例手工编程如下。

内　容	说　明
主程序	
O0001;	
T3M6;	换 $\phi12$ 的钻头，钻 1 个 $\phi12$ 的孔
G90G54G0X0Y0S800M03;	
G43H4Z100.0M08;	
G99G73X0.Y0.Z-30.0Q2.0R5.0F60;	G73 钻孔，深度 Z-30.0
G80M09;	
M05;	
T1M06;	换 $\phi16$ 的铣刀

```
G90G54G0X0Y0S500M03;G43H01Z100.0M08;
X60.0Y0;
Z2.0;
G01Z-10.0F50;
D01M98P100F80(D01=19.0);                 粗铣外轮廓
D02M98P100F80(D02=8.2);
G0Z100.0;
M05;
T2M06;                                   换φ8的铣刀
G90G54G0X0Y0S1100M03;
G43H02Z100.0M08;
X60.0Y0;
Z2.0;
G01Z-10.0F50;
D03M98P200F120(D03=4.2);                 粗铣外轮廓
D04M98P200F120(D04=4.0);                 精铣外轮廓
G0Z20.0;
X0Y0;
G01Z-10.0F50;
D04M98P300F120(D03=4.2);                 粗铣内轮廓
D05M98P300F120(D04=4.0);                 精铣内轮廓
G0Z100.0;
M05;
M09;
G91G28Z0;
M30;
```

子程序	说明
O100;	φ16的铣刀粗铣外轮廓子程序
G01G41Y30.0;	
G03X30.0Y0R30.0;	圆弧切入
G01Y-8.0;	
X8.0Y-30.0;	
X-8.0;	
X-30.0Y-8.0;	
Y8.0;	
X-8.0Y30.0;	
X8.0;	
X30.0Y8.0;	
Y0;	
G03X60.0Y-30.0R30.0;	圆弧切出
G40Y0;	
M99;	

```
O200;                              ϕ8的铣刀铣外轮廓子程序
G01G41Y30.0;
G03X30.0Y0R30.0;                   圆弧切入
G01Y-4.0;
G02X26.0Y-8.0R4.0;
G01X20.7846;
G03X17.3205Y-10.0R4.0;
G02X10.0Y-17.3205R20.0;
G03X8.0Y-20.7846R4.0;
G01Y-26.0;
G02X4.0Y-30.0R4.0;
G01X-4.0;
G02X-8.0Y-26.0R4.0;
G01Y-20.7846;
G03X-10.0Y-17.3205R4.0;
G02X-17.3205Y-10.0R20.0;
G03X-20.7846Y-8.0R4.0;
G01X-26.0;
G02X-30.0Y-4.0R4.0;
G01Y4.0;
G02X-26.0Y8.0R4.0;
G01X-20.7846;
G03X-17.3205Y10.0R4.0;
G02X-10.0Y17.3205R20.0;
G03X-8.0Y20.7846R4.0;
G01Y26.0;
G02X-4.0Y30.0R4.0;
G01X4.0;
G02X8.0Y26.0R4.0;
G01Y20.7846;
G03X10.0Y17.3205R4.0;
G02X17.3205Y10.0R20.0;
G03X20.7846Y8.0R4.0;
G01X26.0;
G02X30.0Y4.0R4.0;
G01Y0;
G03X60.0Y-30.0R30.0;               圆弧切出
G40Y0;
M99;

O300;                              铣内轮廓子程序
G01G41X-4.0Y8.0;
```

G03X-12.0Y0R8.0;	圆弧切入
G01Y-8.0;	
G03X-8.0Y-12.0R4.0;	
G01X8.0;	
G03X12.0Y-8.0R4.0;	
G01Y8.0;	
G03X8.0Y12.0R4.0;	
G01X-8.0;	
G03X-12.0Y8.0R4.0;	
G01Y0;	
G03X-4.0Y-8.0R8.0;	圆弧切出
G40Y0;	
M99;	

例 3.2.5　图 3.34 所示训练件的编程。

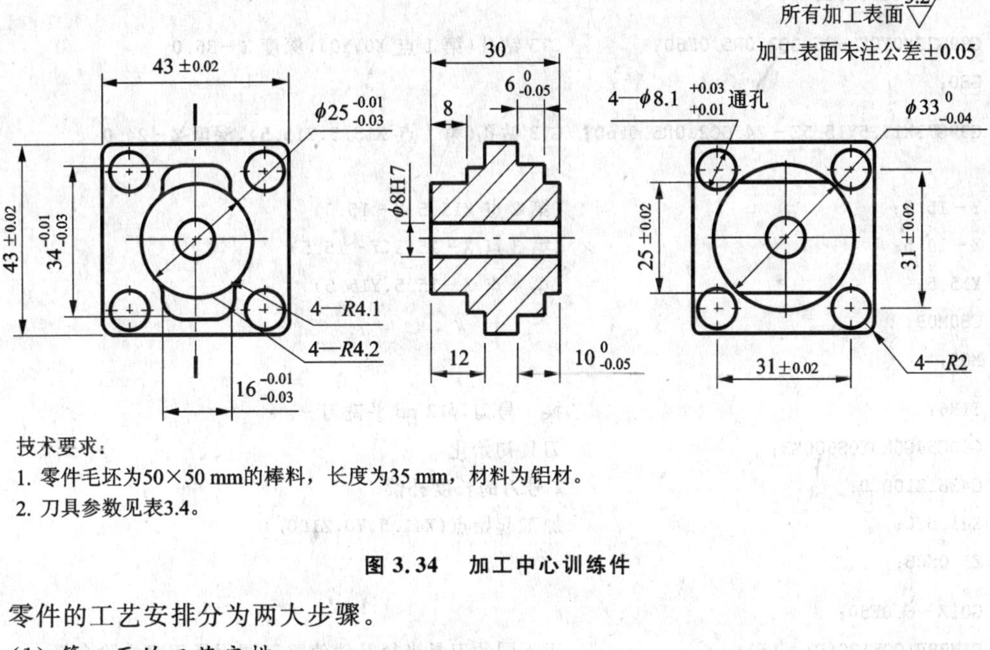

技术要求：
1. 零件毛坯为50×50 mm的棒料，长度为35 mm，材料为铝材。
2. 刀具参数见表3.4。

图 3.34　加工中心训练件

零件的工艺安排分为两大步骤。

(1) 第一面的工艺安排

①用虎钳和垫铁装夹零件，铣平零件上表面后，将零件中心和零件上表面设为 G54 的原点。

②加工路线是：钻 5 个中心孔→钻 1 个 φ7.8 的孔→钻四周的 4 个 φ7.8 的孔→粗铣 φ33 的圆台→粗铣 25 的台阶→精铣 25 的台阶→精铣 φ33 的圆台→精铣一个 φ59.5 的工艺台阶→铰 1 个 φ8 的孔。

第一面工艺安排对应手工编程如下。

内容	说明
O0001;	主程序
T3M6;	换 3 号刀,φ3 mm 的中心钻
G90G54G0X0Y0S1500M3;	刀具初始化,选择用户坐标系为 G54
G43H3Z100.0M08;	3 号刀的长度补偿
G99G81X0Y0Z-5.0R5.0F80;	G81 钻孔循环指令钻中心孔(第 1 点 X0,Y0)
X15.5Y15.5;	(第 2 点 X15.5,Y15.5)
Y-15.5;	(第 3 点 X15.5,Y-15.5)
X-15.5;	(第 4 点 X-15.5,Y-15.5)
Y15.5;	(第 5 点 X-15.5,Y15.5)
G80M09;	
M05;	
T4M6;	换 4 号刀,φ7.8 mm 钻头
G90G54G0X0Y0S800M3;	
G43H4Z100.0M08;	
G99G73X0Y0Z-36.0Q2.0R5.0F60;	G73 钻孔(第 1 点 X0,Y0),深度 Z-36.0
G80;	
G99G73X15.5Y15.5Z-24.0Q2.0R5.0F60;	G73 钻孔(第 1 点 X15.5,Y15.5),深度 Z-24.0
Y-15.5;	(第 2 点 X15.5,Y-15.5)
X-15.5;	(第 3 点 X-15.5,Y-15.5)
Y15.5;	(第 4 点 X-15.5,Y15.5)
G80M09;	
M05;	
T1M6;	换 1 号刀,φ12 mm 平铣刀
G90G54G0X0Y0S600M3;	刀具初始化
G43H1Z100.0;	1 号刀的长度补偿
X41.5Y0;	加工起始点(X41.5,Y0,Z100.)
Z5.0M08;	
G01Z-6.0F50;	
D1M98P100F120(D1=16);	用不同的刀具半径补偿值重复调用子程序去除余量
D2M98P100F120(D2=6.2);	半径补偿值和切削速度传入子程序
G01Z-12.0F50;	分层铣削圆台
D1M98P100F120(D1=16);	
D2M98P100F120(D2=6.2);	
G01Z-8.0F50;	铣削 25 的台阶
D2M98P200F120(D2=6.2);	
G0Z100.0M09;	
M05;	

T2M6;	换 2 号刀,ϕ8 mm 端铣刀
G90G54G0X0Y0S1100M3;	
G43H2Z100.0;	
X41.5Y0;	加工起始点(X41.5,Y0,Z100)
Z5.0M08;	
G01Z-4.0F80;	用合适的刀具半径补偿,通过调用子程序完成精加工
D3M98P100F130(D3=3.99);	重复铣削一次,减小刀具弹性变形的影响
G01Z-8.0F80;	
D4M98P200F130(D4=4.);	用合适的刀具半径补偿,通过调用子程序完成精加工
D3M98P100F130(D3=3.99);	因为公差不同,其刀具半径补偿也不同
G01Z-12.0F80;	
D3M98P100F130(D3=3.99);	
D3M98P100F130(D3=3.99);	重复铣削一次,减小刀具弹性变形的影响
G01Z-16.0F80;	
D4M98P300F130(D4=4);	
G0Z100.0M09;	
M05;	
T5M6;	换 5 号刀,ϕ8 mm 铰刀
G90G54G0X0Y0S200M3;	刀具初始化
G43H5Z100.0M08;	
G99G81X0Y0Z-36.0R5.0F50;	G81 循环指令铰孔
G80;	
G0Z100.0M09;	
M05;	
G91G28Z0;	
M30;	程序结束

子程序	说　明
O100;	O100 子程序(铣削 ϕ33 的圆台)
X41.5Y0;	起始点
G01G41Y25.0;	刀具半径补偿有效,补偿值由主程序传入
G03X16.5Y0R25.0;	圆弧切入
G2I-16.5J0;	加工轨迹的描述,铣削整圆
G03X41.5Y-25.0R25.0;	圆弧切出
G01G40Y0;	刀具半径补偿取消
M99;	返回主程序
O200;	O200 子程序(铣削 25±0.02 的台阶)
X41.5Y0;	起始点
G01G41Y-12.5;	刀具半径补偿有效,补偿值由主程序传入
X-20.0;	直线切入
Y12.5;	加工轨迹的描述

X41.5;	直线切出
G01G40Y0;	刀具半径补偿取消
M99;	返回主程序
O300;	O300 子程序(铣削 ϕ59.5 的工艺台阶)
X41.5Y0;	起始点
G1G41Y11.75;	刀具半径补偿有效,补偿值由主程序传入
G3X29.75Y0R11.75;	圆弧切入
G2I-29.75J0;	加工工艺台阶的轨迹描述
G03X41.5Y-11.75R11.75;	圆弧切出
G01G40Y0;	刀具半径补偿取消
M99;	返回主程序
T1M6;	铣工件上表面的程序,单独使用
G90G54G0X0Y0S600M3;	
G43H1Z100.0;	
X45.0Y0;	
Z5.0 M08;	起始点(X45.0,Y0,Z100.0)
G01Z0.F80;	
G01X35.0F130;	铣削深度,可根据实际情况,调整 Z 值
G02I-35.0J0;	
G01X25.0;	
G02I-25.0J0;	
G01X15.0;	
G02I-15.0J0;	
G01X5.0;	
G02I-5.0J0;	
G0Z100.0M09;	
M05;	
M30;	程序结束

(2) 第二面的工艺安排

①用虎钳装夹 25 的台阶,用百分表找正 ϕ59.5 的工艺台阶,然后粗铣零件上表面,测量零件的长度,根据零件长度,精铣零件上表面后,将零件中心和零件上表面设为 G54 的原点。

②加工路线是:粗铣 16×34 的台阶→粗铣 43×43 的台阶→粗铣 ϕ25 的圆台→精铣 ϕ25 的圆台→精铣 16×34 的台阶→精铣 43×43 的台阶→精铣 4 个 ϕ8.1 的孔。

第二面工艺安排对应的程序如下。

内 容	说 明
O0001;	主程序
T1M6;	换 1 号刀,ϕ12 mm 平铣刀
G90G54G0X0Y0S600M3;	刀具初始化
G43H1Z100.0;	1 号刀的长度补偿

```
X41.5Y0;                          加工起始点(X41.5,Y0,Z100.)
Z5.0M08;
G01Z-5.0F50;
D1M98P100F120(D1=16);             用不同的刀具半径补偿值重复调用子程序去除工件的余量
D2M98P100F120(D2=6.2);            半径补偿值和切削速度传入子程序
G01Z-10.0F50;                     Z向分层铣削
D1M98P100F120(D1=16);             XY方向多次铣削
D2M98P100F120(D2=6.2);
G01Z-14.0F50;
D2M98P400F120(D2=6.2);
G01Z-18.5F50;
D2M98P400F120(D2=6.2);
G01Z-4.0F50;
D2M98P200F120(D2=6.2);
G0Z100.0M09;
M05;
T2M6;                             换2号刀,ϕ8 mm端铣刀
G90G54G0X0Y0S1100M3;
G43H2Z100.0;
X41.5Y0;                          加工起始点(X41.5,Y0,Z100)
Z5.0M08;
G01Z-4.0F80;
D3M98P200F130(D3=3.99)            精铣圆台
G01Z-10.0F80;
D4M98P300F80(D4=4.06);            半精铣16×34的方台
D3M98P300F130(D3=3.99);           精铣16×34的方台
D3M98P300F130(D3=3.99);           重复铣削一次,减小刀具弹性变形的影响
G01Z-14.0F80;
D3M98P400F130(D3=3.99);           精铣43×43的方台
G01Z-18.5F50;
D3M98P400F130(D3=3.99);
D3M98P400F130(D3=3.99);
G0Z100.0;
G0X15.5Y15.5;                     精铣第1个ϕ8.1的孔(孔中心坐标X15.5,Y15.5)
Z5.0;
G01Z-19.0F50;
D3M98P500F130(D3=3.99);
D3M98P500F130(D3=3.99);           重复铣削一次,减小刀具弹性变形的影响
G0Z100.0;
```

G0X-15.5Y15.5;	精铣第2个 ϕ8.1的孔(孔中心坐标X-15.5,Y15.5)
Z5.0;	
G01Z-19.0F50;	
D3M98P500F130(D3=3.99);	
D3M98P500F130(D3=3.99);	重复铣削一次,减小刀具弹性变形的影响
G0Z100.0;	
G0X-15.5Y-15.5;	精铣第3个 ϕ8.1的孔(孔中心坐标X-15.5,Y-15.5)
Z5.0;	
G01Z-19.0F50;	
D3M98P500F130(D3=3.99);	
D3M98P500F130(D3=3.99);	重复铣削一次,减小刀具弹性变形的影响
G0Z100.0;	
G0X15.5Y-15.5;	精铣第4个 ϕ8.1的孔(孔中心坐标X15.5,Y-15.5)
Z5.0;	
G01Z-19.0F50;	
D3M98P500F130(D3=3.99);	
D3M98P500F130(D3=3.99);	重复铣削一次,减小刀具弹性变形的影响
G0Z100.0M09;	
M05;	
G91G28Z0;	
M30;	程序结束

子程序	说　明
O100;	O100子程序(粗铣削16×34的方台)
X41.5Y0;	起始点
G01G41Y26.5;	刀具半径补偿有效,补偿值由主程序传入
G03X14.5Y0.R26.5;	圆弧切入
G01X8.0Y-17.0;	加工轨迹的描述
X-8.0;	
X-14.5Y0;	(由于原始形状对刀具补偿值有限制,最大不超过4.1,为了去
X-8.0Y17.0;	除余量,这里构造一个六边形的加工轨迹,以去除零件余量)
X8.0;	
X14.5Y0;	
G03X41.5Y-26.5R26.5;	圆弧切出
G01G40Y0;	刀具半径补偿取消
M99;	返回主程序
O200;	O200子程序(铣削 ϕ25的圆台)
X41.5Y0;	
G01G41Y29.0;	
G03X12.5Y0.R29.0;	

G2I－12.5J0;	
G03X41.5Y－29.0R29.0;	
G01G40Y0;	
M99;	
O300;	O300 子程序(铣削 16×34 的方台)
X41.5Y0.;	起始点
G01G41Y29.0;	刀具半径补偿有效,补偿值由主程序传入
G03X12.5Y0R29.0;	圆弧切入
G2X9.111Y－8.558R12.5;	加工轨迹的描述
G3X8.Y－11.364I2.989J－2.807;	(练习 I 和 J 指令)
G1Y－12.8;	
G2X3.8Y－17.R4.2;	
G1X－3.8;	
G2X－8.Y－12.8R4.2;	
G1Y－11.364;	
G3X－9.111Y－8.558I－4.1;	
G2X－12.5Y0.R12.5;	
X－9.111Y8.558R12.5;	
G3X－8.Y11.364I－2.989J2.807;	
G1Y12.8;	
G2X－3.8Y17.R4.2;	
G1X3.8;	
G2X8.Y12.8R4.2;	
G1Y11.364;	
G3X9.111Y8.558I4.1;	
G2X12.5Y0.R12.5;	
G03X41.5Y－29.R29.;	圆弧切出
G01G40Y0;	刀具半径补偿取消
M99;	返回主程序
O400;	O400 子程序(铣削 43×43 的方台)
X41.5Y0;	起始点
G1G41Y20.0;	刀具半径补偿有效,补偿值由主程序传入
G3X21.5Y0R20.0;	圆弧切入
G1Y－19.5;	加工轨迹的描述
G2X19.5Y－21.5R2.0;	
G01X－19.5;	
G2X－21.5Y－19.5R2.0;	
G01Y19.5;	
G02X－19.5Y21.5R2.0;	
G01X19.5;	
G02X21.5Y19.5R2.0;	
G01Y0;	
G03X41.5Y－20.0R20.0;	圆弧切出
G01G40Y0;	刀具半径补偿取消

M99;	返回主程序
O500;	O500 子程序(铣削 ϕ8 的孔)
G91;	使用 G91 指令相对坐标系的方式
G01G41X4.05;	直线切入,刀具半径补偿有效,补偿值由主程序传入
G03I-4.05J0;	铣削整圆
G01G40X-4.05;	直线切出,刀具半径补偿取消
G90;	恢复绝对坐标系的方式
M99;	返回主程序
T1M6;	铣工件上表面的程序,单独使用
G90G54G0X0Y0S600M3;	
G43H1Z100.0;	
X45.0Y0;	起始点(X45.0,Y0,Z100.0)
Z5.0 M08;	
G01Z0F80;	
G01X35.0F130;	铣削深度,可根据实际情况,调整 Z 值
G02I-35.0J0;	
G01X25.0;	
G02I-25.0J0;	
G01X15.0;	
G02I-15.0J0;	
G01X5.0;	
G02I-5.0J0;	
G0Z100.0M09;	
M05;	
G91G28Z0;	
M30;	程序结束

例 3.2.6 图 3.35 所示训练件的编程。

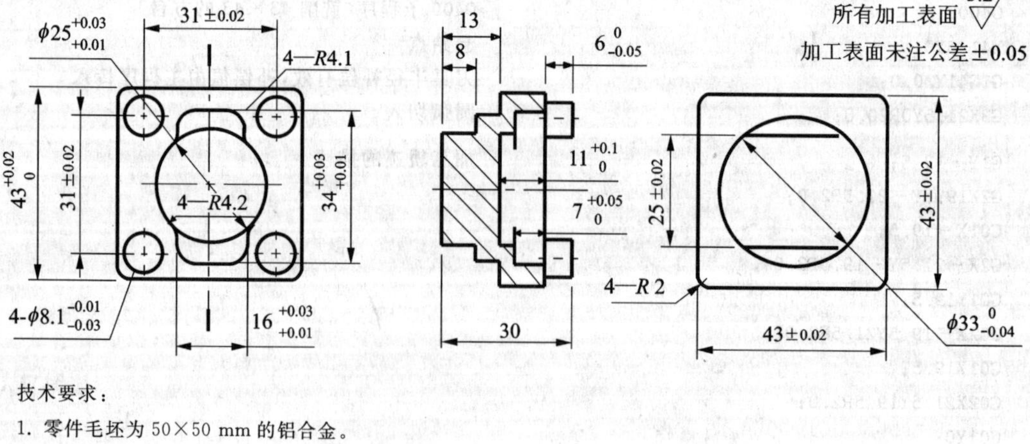

技术要求:

1. 零件毛坯为 50×50 mm 的铝合金。
2. 刀具参数表见表 3.14。

图 3.35 加工中心训练件

零件的工艺安排分为两大步骤。

(1) 第一面的工艺安排

①用虎钳和垫铁装夹零件，铣工艺台，调头卡工艺台，铣平零件上表面后，将零件中心和零件上表面设为 G54 的原点。

②加工路线是：粗铣 ϕ33 的圆台→粗铣 25 的台阶→精铣 25 的台阶→精铣 ϕ33 的圆台→精铣一个 ϕ59.5 的工艺台阶。

第一面工艺安排对应程序如下。

内　容	说　明
O0001;	主程序
T1M6;	换 1 号刀，ϕ12 mm 平铣刀
G90G54G0X0Y0S600M3;	刀具初始化
G43H1Z100.0;	1 号刀的长度补偿
X41.5Y0;	加工起始点(X41.5,Y0,Z100)
Z5.0M08;	
G01Z-6.5F50;	
D1M98P100F120(D1=16);	用不同的刀具半径补偿值重复调用子程序去除工件的余量
D2M98P100F120(D2=6.2);	半径补偿值和切削速度传入子程序
G01Z-13.0F50;	分层铣削
D1M98P100F120(D1=16);	
D2M98P100F120(D2=6.2);	
G01Z-8.0F50;	
D2M98P200F120(D2=6.2);	铣削 25 的台阶
G0Z100.0M09;	
M05;	
T2M6;	换 2 号刀，ϕ8 mm 端铣刀
G90G54G0X0Y0S1100M3;	
G43H2Z100.0;	
X41.5Y0;	加工起始点(X41.5,Y0,Z100)
Z5.0M08;	
G01Z-5.0F80;	
D3M98P100F130(D3=3.99);	用合适的刀具半径补偿，通过调用子程序完成精加工
G01Z-9.0F80;	
D3M98P100F130(D3=3.99);	用合适的刀具半径补偿，通过调用子程序完成精加工
G01Z-13.0F80;	因为公差不同，其刀具半径补偿也不同
D3M98P100F130(D3=3.99);	
D3M98P100F130(D3=3.99);	重复铣削一次，减小刀具弹性变形的影响
G01Z-8.0F80;	
D4M98P200F130(D4=4.);	
D4M98P200F130(D4=4.);	重复铣削一次，减小刀具弹性变形的影响
G01Z-17.0F80;	
D4M98P300F130(D4=4.);	铣削 ϕ59.5 的工艺台阶
G0Z100.0M09;	
M05;	
M30;	程序结束

子程序	说　明
O100;	O100 子程序(铣削 ϕ33 的圆台)
X41.5Y0;	起始点
G01G41Y25.0;	刀具半径补偿有效,补偿值由主程序传入
G03X16.5Y0.R25.0;	圆弧切入
G2I-16.5J0;	加工轨迹的描述,铣削整圆
G03X41.5Y-25.0R25.0;	圆弧切出
G01G40Y0;	刀具半径补偿取消
M99;	返回主程序
O200;	O200 子程序(铣削 25±0.02 的台阶)
X41.5Y0;	起始点
G01G41Y-12.5;	刀具半径补偿有效,补偿值由主程序传入,直线切入
X-20.0;	加工轨迹的描述
Y12.5;	
X41.5;	
G01G40Y0;	刀具半径补偿取消
M99;	返回主程序
O300;	O300 子程序(铣削 ϕ59.5 的工艺台阶)
X41.5Y0;	起始点
G1G41Y11.75;	刀具半径补偿有效,补偿值由主程序传入
G3X29.75Y0R11.75;	圆弧切入
G2I-29.75J0;	加工工艺台阶的轨迹描述
G03X41.5Y-11.75R11.75;	圆弧切出
G01G40Y0;	刀具半径补偿取消
M99;	返回主程序
T1M6;	铣工件上表面的程序,单独使用
G90G54G0X0Y0S600M3;	
G43H1Z100.0;	
X45.0Y0;	起始点(X45.0,Y0,Z100.0)
Z5.0 M08;	
G01Z0.F80;	铣削深度,可根据实际情况,调整 Z 值
G01X35.0F130;	
G02I-35.0J0;	
G01X25.0;	
G02I-25.0J0;	
G01X15.0;	
G02I-15.0J0;	
G01X5.0;	
G02I-5.0J0;	
G0Z100.0M09;	
M05;	
M30;	程序结束

(2) 第二面的工艺安排

①用虎钳装夹 25 的台阶，用百分表找正 ϕ59.5 的工艺台阶，然后粗铣零件上表面，测量零件的长度，根据零件长度，精铣零件上表面后，将零件中心和零件上表面设为 G54 的原点。

②加工路线是：粗铣四个 ϕ8 的圆柱→粗铣 43×43 的台阶→粗铣 ϕ25 的凹槽→精铣四个 ϕ8 的圆柱→半精铣 16×34 的凹槽→精铣 16×34 的凹槽→精铣 ϕ25 的凹槽→精铣 43×43 的台阶。

第二面工艺安排对应程序如下。

内　容	说　明
O0001;	主程序
T1M6;	换 1 号刀，ϕ12 mm 平铣刀
G90G54G0X0Y0S600M3;	刀具初始化
G43H1Z100.0;	1 号刀的长度补偿
X42.0Y4.0;	切削轨迹为两个十字线，去处余量
Z5.0M08;	
G01Z-5.98F50;	
G01X-37.0F120;	
Y-4.0;	
X37.0;	
G0Z100.0;	
X-4.0Y42.0;	
Z5.0;	
G01Z-5.98F50;	
G01Y-37.0F120;	
X4.0;	
Y37.0;	
G0Z100.0;	回到加工起始点(X41.5,Y0,Z100)
X41.5Y0;	
Z5.0;	
G01Z-12.F50;	
D1M98P400F120(D1=6.2);	铣削 43×43 的四方
G01Z-17.3F50;	
D1M98P400F120(D1=6.2);	半径补偿值和切削速度传入子程序
G0Z100.0;	
X0Y0;	回到加工起始点(X0,Y0,Z100)
Z5.0;	
G01Z-5.98F50;	
D1M98P100F120(D1=6.2);	半精铣四个 ϕ8.1 圆柱
G01Z-12.0F50;	
D2M98P200F120(D2=10);	粗铣 ϕ25 的圆槽
D1M98P200F120(D1=6.2);	
G01Z-17.03F50;	分层铣削
D2M98P200F120(D2=10);	
D1M98P200F120(D1=6.2);	

```
G0Z100.0M09;
M05;
T2M6;                              换 2 号刀,φ8 mm 端铣刀
G90G54G0X0Y0S1300M3;
G43H2Z100.0;
X0Y0;                              加工起始点(X0,Y0,Z100)
Z5.0M08;
G01Z-5.98F80;
D3M98P100F130(D3=3.99);            精铣四个 φ8.1 圆柱
D3M98P100F130(D3=3.99);            重复铣削一次,减小刀具弹性变形的影响
G01Z-9.5F80;
D4M98P300F130(D4=4.05);            半精铣 16×34 的凹槽
D3M98P300F130(D3=3.99);            精铣 16×34 的凹槽
G01Z-13.0F80;                      分层铣削
D4M98P300F130(D4=4.05);
D3M98P300F130(D3=3.99);
D3M98P300F130(D3=3.99);            重复铣削一次,减小刀具弹性变形的影响
G01Z-17.03F80;
D3M98P200F130(D3=3.99);            精铣 φ25 的圆槽
G0Z100.0;
X41.5Y0;                           回到加工起始点(X41.5、Y0、Z100)
Z5.0;
G01Z-12.F80;
D5M98P400F130(D5=4.0);             铣削 43×43 的四方
G01Z-17.3F50;
D5M98P400F130(D5=4.0);
D5M98P400F130(D5=4.0);
G0Z100.M09;
M05;
M30;                               程序结束
```

子程序 说明

```
O100;                              子程序,铣削四个 φ8.1 圆柱
X0Y0;
G01G41X11.45;
Y15.5;
G02I4.05;                          第 1 圆柱
G01Y30.0;
X-11.45;
Y15.5;
G02I-4.05;                         第 2 圆柱
G01Y-15.45;
G02I-4.05;                         第 3 圆柱
G01Y-30.0;
X11.45;
Y-15.5;
```

G02I4.05;	第 4 圆柱
G01Y0;	
G01G40X0;	
M99;	
O200;	铣削 ϕ25 的凹槽
G01G41X12.5;	
G03I－12.5;	
G01G40X0;	
M99;	
O300;	铣削 16×34 的凹槽
X0Y0;	
G01G41X12.5;	直线切入
G3X9.132Y8.536R12.5;	加工轨迹的描述
G2X8.Y11.404I3.068J2.868;	
G1Y12.9;	
G3X3.9Y17.I－4.1J0.;	
G1X－3.9;	
G3X－8.Y12.9I0.J－4.1;	
G1Y11.404;	
G2X－9.132Y8.536I－4.2J0.;	
G3X－12.5Y0.R12.5;	
X－9.132Y－8.536R12.5;	
G2X－8.Y－11.404I－3.068J－2.868;	
G1Y－12.9;	
G3X－3.9Y－17.I4.1J0;.	
G1X3.9;	
G3X8.Y－12.9I0.J4.1;	
G1Y－11.404;	
G2X9.132Y－8.536I4.2J0.;	
G3X12.5Y0.R12.5;	直线切出
G01G40X0;	
M99;	
O400;	铣削 43×43 的四方
X41.5Y0;	
G1G41Y20.0;	
G3X21.5Y0R20.0;	圆弧切入
G1Y－19.5;	加工轨迹的描述
G2X19.5Y－21.5R2.0;	
G01X－19.5;	
G2X－21.5Y－19.5R2.0;	
G01Y19.5;	
G02X－19.5Y21.5R2.0;	
G01X19.5;	
G02X21.5Y19.5R2.0;	

```
G01Y0;
G03X41.5Y-20.0R20.0;                    圆弧切出
G01G40Y0;
M99;
T1M6;                                   铣工件上表面的程序,单独使用
G90G54G0X0Y0S600M3;
G43H1Z100.0;
X45.0Y0;                                起始点(X45.0,Y0,Z100.0)
Z5.0 M08;
G01Z0.F80;                              铣削深度,可根据实际情况,调整 Z 值
G01X35.0F130;
G02I-35.0J0;
G01X25.0;
G02I-25.0J0;
G01X15.0;
G02I-15.0J0;
G01X5.0;
G02I-5.0J0;
G0Z100.M09;
M05;
G91G28Z0;
M30;                                    程序结束
```

例 3.2.7 图 3.36 所示训练件的编程。

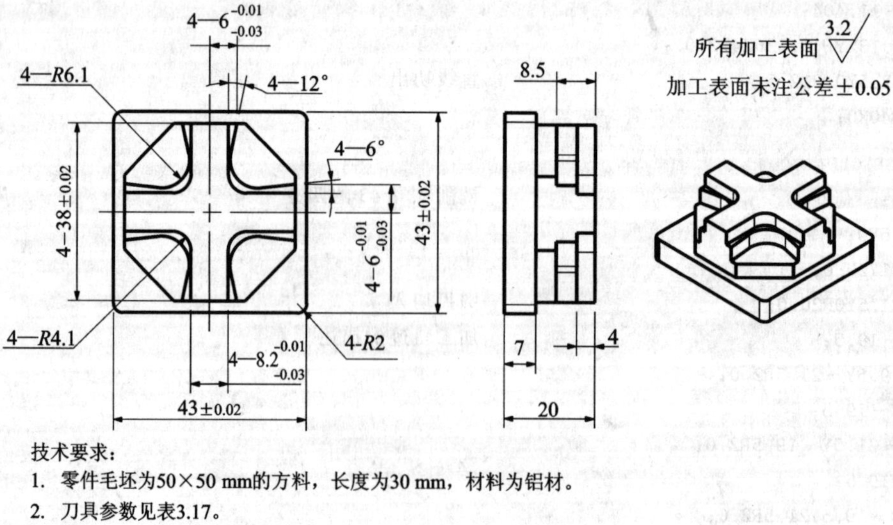

技术要求：

1. 零件毛坯为50×50 mm的方料，长度为30 mm，材料为铝材。
2. 刀具参数见表3.17。

图 3.36 加工中心训练零件

表 3.17　加工中心训练所用的刀具参数表

刀具号码	刀具名称	刀具材料	刀具直径/mm	零件材料为铝材			零件材料为 45# 钢			备注
				转速/$(r \cdot min^{-1})$	径向进给量/$(mm \cdot min^{-1})$	轴向进给量/$(mm \cdot min^{-1})$	转速/$(r \cdot min^{-1})$	径向进给量/$(mm \cdot min^{-1})$	轴向进给量/$(mm \cdot min^{-1})$	
T1	端铣刀	高速钢	ϕ12	600	120	50	400	60	35	粗铣
T2	端铣刀	高速钢	ϕ8	1100	130	80	800	90	50	精铣

零件的工艺安排分为两大步骤。

(1) 第一面的工艺安排

①用虎钳和垫铁装夹零件，铣工艺台，调头卡工艺台，铣平零件上表面后，将零件中心和零件上表面设为 G54 的原点。

②加工路线是：粗铣 4－38 的八方→粗铣 43×43 的四方→半粗铣带角度的台阶→精铣十字台阶→精铣带角度的台阶→精铣 4－38 的八方→精铣 43×43 的四方。

第一面工艺安排对应的手工编程如下。

内容	说明
O0001;	主程序
T1M6 ;	换 1 号刀，ϕ12 mm 平铣刀
G90G54G0X0Y0S600M3;	刀具初始化
G43H1Z100.0;	1 号刀的长度补偿
X41.5Y0;	加工起始点(X41.5,Y0,Z100.)
Z5.0M08;	
G1Z-6.5F50;	
D1M98P200F120(D1=6.2);	粗铣 4-38 的八方
G1Z-13.0F50;	分层铣削
D1M98P200F120(D1=6.2);	
G1Z-20.0F50;	
D1M98P100F120(D1=6.2);	粗铣 43×43 的四方
G0Z100.0M09;	
M05;	
G91G28Z0;	
T2M6;	换 2 号刀，ϕ8 mm 端铣刀
G90G54G0X0Y0S800M3;	
G43H2Z100.0;	
X41.5Y0;	加工起始点(X41.5,Y0,Z100.)
Z5.0M8;	
G01Z-4.0F80;	
D2M98P300F90(D2=4.06);	半粗铣带角度的台阶
G01Z-8.5F80;	分层铣削

D2M98P300F90(D2 = 4.06)；	
S1100M3；	调高转速
G01Z - 4.0F80；	
D3M98P400F130(D3 = 3.992)；	精铣十字台阶
D3M98P400F130(D3 = 3.992)；	重复铣削一次，减小刀具弹性变形的影响
G01Z - 8.5F80；	
D3M98P300F130(D3 = 3.992)；	精铣带角度的台阶
D3M98P300F130(D3 = 3.992)；	重复铣削一次，减小刀具弹性变形的影响
G01Z - 13.0F80；	
D4M98P200F130(D4 = 4)；	精铣 4 - 38 的八方
D4M98P200F130(D4 = 4)；	重复铣削一次，减小刀具弹性变形的影响
G01Z - 16.0F80；	
D4M98P100F130(D4 = 4)；	精铣 43 × 43 的四方
G01Z - 20.0F80	分层铣削
D4M98P100F130(D4 = 4)；	
D4M98P100F130(D4 = 4)；	重复铣削一次，减小刀具弹性变形的影响
G0Z100.0M9；	
M05；	
M30；	程序结束

子程序	说　明
O100；	O100 子程序（铣削 43 × 43 的四方）
X41.5Y0；	起始点
G1G41Y20.0；	刀具半径补偿有效，补偿值由主程序传入
G03X21.5Y0R20.0；	圆弧切入
G01Y - 19.5；	加工轨迹的描述
G02X19.5Y - 21.5R2.0；	
G01X - 19.5；	
G02X - 21.5Y - 19.5R2.0；	
G01Y19.5；	
G02X - 19.5Y21.5R2.0；	
G01X19.5；	
G02X21.5Y19.5R2.0；	
G01Y0；	
G03X41.5Y - 20.0R20.0；	圆弧切出
G01G40Y0；	刀具半径补偿取消
M99；	返回主程序
O0200；	O200 子程序（铣削 4 - 38 的八方）
X41.5Y0；	起始点
G1G41Y22.5；	刀具半径补偿有效，补偿值由主程序传入
G03X19.0Y0R22.5；	圆弧切入
G01Y - 7.87；	加工轨迹的描述

X7.87Y-19.0;	
X-7.87;	
X-19.Y-7.87;	
Y7.87;	
X-7.87Y19.;	
X7.87;	
X19.Y7.87;	
Y0;	
G03X41.5Y-22.5R22.5;	圆弧切出
G01G40Y0;	刀具半径补偿取消
M99;	返回主程序
O0300;	O300 子程序(铣带角度的台阶)
X41.5Y0;	起始点
G1G41Y-6.0;	刀具半径补偿有效,补偿值由主程序传入,直线切入
X19.0;	加工轨迹的描述
X11.226Y-5.183;	
G3X4.622Y-12.518I-.638J-6.067;	
G1X6.0Y-19.0;	
X-6.0;	
X-4.622Y-12.518;	
G3X-11.226Y-5.183I-5.967J1.268;	
G1X-19.0Y-6.0;	
Y6.0;	
X-11.226Y5.183;	
G3X-4.622Y12.518I.638J6.067;	
G1X-6.0Y19.0;	
X6.0;	
X4.622Y12.518;	
G3X11.226Y5.183I5.967J-1.268;	
G1X19.0Y6.0;	
X41.5;	
G01G40Y0;	直线切出,刀具半径补偿取消
M99;	返回主程序
O0400;	O400 子程序(铣削十字台阶)
X41.5Y0;	起始点
G1G41Y-4.1;	刀具半径补偿有效,补偿值由主程序传入,直线切入
X8.2;	加工轨迹的描述
G3X4.1Y-8.2I0J-4.1;	
G1Y-19.0;	
X-4.1;	
Y-8.2;	

G3X-8.2Y-4.1I-4.1J0;	
G1X-19.0;	
Y4.1;	
X-8.2;	
G3X-4.1Y8.2I0.J4.1;	
G1Y19.0;	
X4.1;	
Y8.2;	
G3X8.2Y4.1I4.1J0;	
G1X41.5;	
G01G40Y0;	直线切出,刀具半径补偿取消
M99;	返回主程序
T1M6;	铣工件上表面的程序,单独使用
G90G54G0X0Y0S600M3;	
G43H1Z100.0;	
X45.0Y0;	
Z5.0 M08;	起始点(X45.0、Y0、Z100.0)
G01Z0F80;	铣削深度,可根据实际情况,调整 Z 值
G01X35.0F130;	
G02I-35.0J0;	
G01X25.0;	
G02I-25.0J0;	
G01X15.0;	
G02I-15.0J0;	
G01X5.0;	
G02I-5.0J0;	
G0Z100.0M09;	
M05;	
G91G28Z0;	
M30;	程序结束

(2) 第二面的工艺安排

用虎钳装夹 4－38 的八方,然后粗铣零件上表面,测量零件的厚度,根据零件厚度,精铣零件上表面后。第二面工作安排对应程序如下。

内容	说明
O0002;	铣工件上表面的程序,单独使用
T1M6;	
G90G54G0X0Y0S600M3;	
G43H1Z100.0;	

```
X45.0Y0;                    起始点(X45.0,Y0,Z100.0)
Z5.0 M08;
G01Z0F80;                   铣削深度,可根据实际情况,调整Z值
G01X35.0F130;
G02I-35.0J0;
G01X25.0;
G02I-25.0J0;
G01X15.0;
G02I-15.0J0;
G01X5.0;
G02I-5.0J0;
G0Z100.0M09;
M05;
G91G28Z0;
M30                         程序结束
```

例 3.2.8 图 3.37 所示训练件的编程。

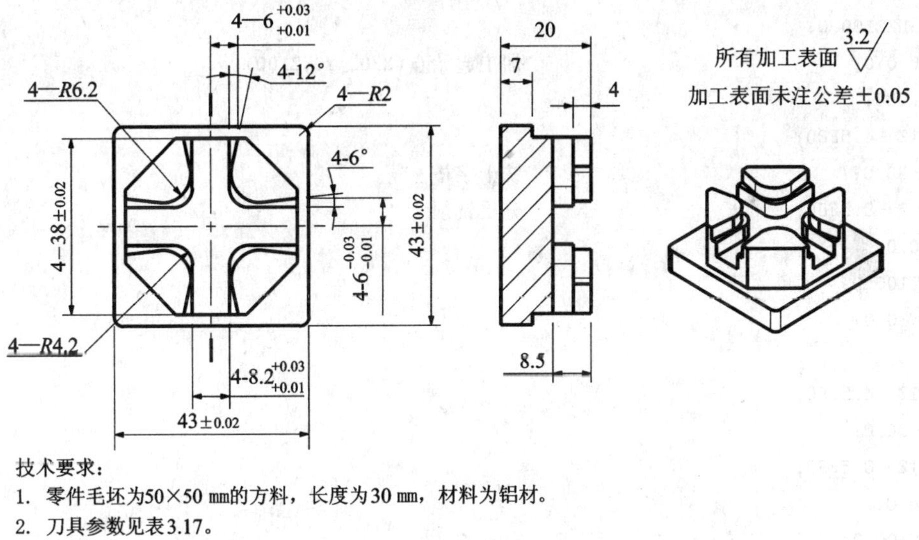

图 3.37 加工中心训练零件

零件的工艺安排分为两大步骤。

(1) 第一面的工艺安排

①用虎钳和垫铁装夹零件,铣工艺台,调头卡工艺台,铣平零件上表面后,将零件中心和零件上表面设为 G54 的原点。

②加工路线是:粗铣 4－38 的八方→粗铣 43×43 的四方→粗铣十字凹槽→粗铣带角度的凹槽→精铣带角度的凹槽→精铣十字凹槽→精铣 4－38 的八方→精铣 43×43 的四方。

第一面工艺安排对应的手工编程如下。

内　容	说　明
O0001;	主程序
T1M6 ;	换 1 号刀,φ12 mm 平铣刀
G90G54G0X0Y0S700M3;	刀具初始化
G43H1Z100.0;	1 号刀的长度补偿
X41.5Y0;	加工起始点(X41.5,Y0,Z100.)
Z5.0M8;	
G1Z-6.5F50;	
D1M98P200F90(D1=6.2);	粗铣 4-38 的八方
G1Z-13.0F50;	分层铣削
D1M98P200F90(D1=6.2);	
G1Z-20.5F50;	
D1M98P100F90(D1=6.2);	粗铣 43×43 的四方
G0Z100.0M9;	
M05;	
T2M6;	换 2 号刀,φ8 mm 端铣刀
G90G54G0X0Y0S800M3;	
G43H2Z100.0;	
X30.0Y0;	加工起始点(X30.,Y0,Z100)
Z5.0M8;	
G01Z-4.5F80;	
X-30.0;	铣十字槽
G01Z-8.5F80;	分层铣削
X30.0;	
G0Z100.0;	
X0Y30.0;	
Z5.0;	
G01Z-4.5F80;	
Y-30.0;	
G01Z-8.5F80;	
Y30.0;	
G0Z100.0;	
X41.5Y0;	回到加工起始点(X41.5,Y0,Z100)
Z5.0;	
S1100M3;	调高转速
G01Z-4.0F80;	
D2M98P400F130(D2=3.99);	精铣十字槽
D2M98P400F130(D2=3.99);	重复铣削一次,减小刀具弹性变形的影响
G01Z-8.5F80;	
D2M98P300F130(D2=3.99);	精铣带角度的凹槽
D2M98P300F130(D2=3.99);	重复铣削一次,减小刀具弹性变形的影响

G01Z-6.5F80;	
D3M98P200F130(D3=4);	精铣 4-38 的八方
G01Z-13.0F80;	分层铣削
D3M98P200F130(D3=4);	
D3M98P200F130(D3=4);	重复铣削一次,减小刀具弹性变形的影响
G01Z-17.0F80;	
D3M98P100F130(D3=4);	精铣 43×43 的四方
G01Z-20.5F80;	分层铣削
D3M98P100F130(D3=4);	
D3M98P100F130(D3=4);	重复铣削一次,减小刀具弹性变形的影响
G0Z100.0;	
M05;	
M30;	程序结束

子程序	说　明
O100;	O100 子程序(铣削 43×43 的四方)
X41.5Y0;	起始点
G1G41Y20.0;	刀具半径补偿有效,补偿值由主程序传入
G03X21.5Y0R20.0;	圆弧切入
G01Y-19.5;	加工轨迹的描述
G02X19.5Y-21.5R2.0;	
G01X-19.5;	
G02X-21.5Y-19.5R2.0;	
G01Y19.5;	
G02X-19.5Y21.5R2.0;	
G01X19.5;	
G02X21.5Y19.5R2.0;	
G01Y0;	
G03X41.5Y-20.0R20.0;	圆弧切出
G01G40Y0;	刀具半径补偿取消
M99;	返回主程序
O0200;	O200 子程序(铣 4-38 的八方)
X41.5Y0;	起始点
G1G41Y22.5;	刀具半径补偿有效,补偿值由主程序传入
G03X19.0Y0.R22.5;	圆弧切入
G01Y-7.87;	加工轨迹的描述
X7.87Y-19.;	
X-7.87;	
X-19.0Y-7.87;	
Y7.87;	
X-7.87Y19.0;	
X7.87;	

```
X19.0Y7.87;
Y0;
G03X41.5Y-22.5R22.5;                  圆弧切出
G01G40Y0;                             刀具半径补偿取消
M99;                                  返回主程序
O0300;                                O300 子程序(铣十字槽)
X41.5Y0;                              起始点
G1G41Y4.1;                            刀具半径补偿有效,补偿值由主程序传入,直线切入
X8.3;                                 加工轨迹的描述
G2X4.1Y8.3R4.2;
G1Y19.0;
X-4.1;
Y8.3;
G2X-8.3Y4.1R4.2;
G1X-19.0;
Y-4.1;
X-8.3
G2X-4.1Y-8.3R4.2;
G1Y-19.0;
X4.1;
Y-8.3;
G2X8.3Y-4.1R4.2;
G1X41.5;
G01G40Y0;                             直线切出,刀具半径补偿取消
M99;                                  返回主程序
O0400;                                O400 子程序(铣带斜度的槽)
X41.5Y0;                              起始点
G1G41Y6.0;                            刀具半径补偿有效,补偿值由主程序传入,直线切入
X19.0;                                加工轨迹的描述
X11.363Y5.197;
G2X4.651Y12.652R6.2;
G1X6.0Y19.0;
Y24.0;
X-6.0;
Y19.0;
X-4.651Y12.652;
G2X-11.363Y5.197R6.2;
G1X-19.0Y6.0;
X-24.0;
Y-6.0;
X-19.0;
```

X-11.363Y-5.197;	
G2X-4.651Y-12.652R6.2;	
G1X-6.0Y-19.0;	
Y-24.0;	
X6.0;	
Y-19.0;	
X4.651Y-12.652;	
G2X11.363Y-5.197R6.2;	
G1X19.0Y-6.0;	
X41.5;	
G01G40Y0;	直线切出，刀具半径补偿取消
M99;	返回主程序
O0002;	铣工件上表面的程序，单独使用
T1M6;	
G90G54G0X0Y0S600M3;	
G43H1Z100.0;	
X45.0Y0;	起始点(X45.0,Y0,Z100.0)
Z5.0 M08;	
G01Z0F80;	铣削深度，可根据实际情况，调整 Z 值
G01X35.0F130;	
G02I-35.0J0;	
G01X25.0;	
G02I-25.0J0;	
G01X15.0;	
G02I-15.0J0;	
G01X5.0;	
G02I-5.0J0;	
G0Z100.0M09;	
M05;	
M30;	程序结束

(2) 第二面的工艺安排

用虎钳装夹4－38的八方，然后粗铣零件上表面，测量零件的厚度，根据零件厚度，精铣零件上表面后。第二面工艺安排对应程序如下。

内　容	说　明
O0003;	铣工件上表面的程序，单独使用
T1M6;	
G90G54G0X0Y0S600M3;	
G43H1Z100.0;	

```
X45.0Y0;                          起始点(X45.0、Y0、Z100.0)
Z5.0 M08;
G01Z0F80;                         铣削深度,可根据实际情况,调整Z值
G01X35.0F130;
G02I-35.0J0;
G01X25.0;
G02I-25.0J0;
G01X15.0;
G02I-15.0J0;
G01X5.0;
G02I-5.0J0;
G0Z100.0M09;
M05;
G91G28Z0;
M30;                              程序结束
```

3.3 加工中心的操作

3.3.1 加工中心概述

本书所涉及的加工中心是指镗铣类加工中心,它把铣削、镗削、钻削、攻螺纹和切削螺纹等功能集中在一台设备上,使其具有多种工艺手段,又由于工件经一次装夹后,能对两个以上的表面自动完成加工,并且有多种换刀或选刀功能及自动工作台交换装置(APC),从而使生产效率和自动化程度大大提高。加工中心为了加工出零件所须形状至少要有三个坐标运动,即由三个直线运动坐标X、Y、Z和三个转动坐标A、B、C适当组合而成,多者能达到十几个运动坐标。其控制功能应最少两轴半联动,多的可实现五轴联动,六轴联动,现在又出现了并联数控机床,从而保证刀具按复杂的轨迹运动。加工中心应具有各种辅助功能,如:各种加工固定循环,刀具半径自动补偿,刀具长度自动补偿,刀具破损报警,刀具寿命管理,过载自动保护,丝杆螺距误差补偿,丝杠间隙补偿,故障自动诊断,工件与加工过程显示,工件在线检测和加工自动补偿乃至切削力控制或切削功率控制,提供DNC接口等,这些辅助功能使加工中心更加自动化、高效、高精度。同样,生产的柔性促进了产品试制、实验效率的提高,使产品改型换代成为易事,从而适应于灵活多变的市场竞争战略。

3.3.2 加工中心的工艺特点

加工中心作为一种高效多功能机床,在现代化生产中扮演着重要角色,它的制造工艺与传统工艺及普通数控加工有很大不同。加工中心自动化程度的不断提高和工具系统的发展使其工艺范围不断扩展。现代加工中心更大程度的使工件一次装夹后实现多表面、多特征、多工位的连续、高效、高精度加工,即工序集中。但一台加工中心只有在合适的条件下才能发挥出最佳效益。

(1) 适合于加工中心加工的零件

① 周期性重复投产的零件。有些产品的市场需求具有周期性和季节性，如果采用专门生产线则得不偿失，用普通设备加工效率又太低，质量不稳定，数量也难以保证，以上两种方式在市场中必然淘汰。而采用加工中心首件(批)试切完后，程序和相关生产信息可保留下来，下次产品再生产时，只要很少的准备时间就可开始生产。进一步说，加工中心工时包括准备工时和加工工时，加工中心把很长的单件准备工时平均分配到每一个零件上，使每次生产的平均实际工时减少，生产周期大大缩短。

② 高效、高精度工件。有些零件需求甚少，但属关键部件，要求精度高且工期短，用传统工艺需用多台机床协调工作，周期长、效率低，在长工序流程中，受人为影响容易出废品从而造成重大经济损失。而采用加工中心进行加工，生产完全由程序自动控制，避免了长工艺流程，减少了硬件投资及人为干扰，具有生产效益高及质量稳定的特点。

③ 具有合适批量的工件。加工中心生产的柔性不仅体现在对特殊要求的快速反应上，而且可以快速实现批量生产，拥有并提高市场竞争能力。加工中心适合于中小批量生产，特别是小批量生产，在应用加工中心时，尽量使批量大于经济批量，以达到良好的经济效果。随着加工中心及辅具的不断发展，经济批量越来越小，对一些复杂零件 5～10 件就可生产，甚至单件生产时也可考虑用加中心。

④ 多工位和工序可集中工件。

⑤ 形状复杂的零件。四轴联动、五轴联动加工中心的应用以及 CAD/CAM 技术的成熟、发展使加工零件的复杂程度大幅提高。DNC 的使用使同一程序的加工内容足以满足各种加工需要，使复杂零件的自动加工成为易事。

⑥ 难测量零件。

(2) 工序集中带来的问题

加工中心的工序集中加工方式固然有其独特的优点，但也带来一些问题，如：

① 粗加工后直接进入精加工阶段，工件的温升来不及回复，冷却后尺寸变动。

② 工件由毛坯直接加工为成品，一次装夹中金属切除量大、几何形状变化大，没有释放应力的过程，加工完了一段时间后内应力释放，使工件变形。

③ 切削不断屑，切屑的堆积、缠绕等会影响加工的顺利进行及零件表面质量，甚至使刀具损坏、工件报废。

④ 装夹零件的夹具必须满足既能克服粗加工大的切削力又能在精加工中准确定位的要求，而且零件夹紧变形要小。

⑤ 由于 ATC 的应用，使工件尺寸、大小、高度都受到一定的限制，钻孔深度、刀具长度、刀具直径、重量等也要予以考虑。

(3) 各种加工中心的功能特点

① 立式加工中心：立式加工中心装夹工件方便，便于操作，找正容易，宜于观察切削情况，调试程序容易，占地面积小，应用广泛。但它受立柱高度及 ATC 的限制，不能加工太高的零件，也不适于加工箱体。

② 卧式加工中心：一般情况下卧式加工中心比立式加工中心复杂、占地面积大，有能精确分度的数控回转工作台，可实现对零件的一次装夹多工位加工，适合于加工箱体类零件及小型模具型腔。但调试程序及试切时不宜观察，生产时不宜监视，装夹不便，测量不便，加工深孔时

切削液不易到位(若没有用内冷却钻孔装置)。由于许多不便使卧式加工中心准备时间比立式更长,但加工件数越多,其多工位加工、主轴转速高、机床精度高的优势就表现得越明显,所以卧式加工中心适合于批量加工。

③ 带 APC 的加工中心:立式加工中心、卧式加工中心都可带有 APC 装置,交换工作台可有两个或多个。在有的制造系统中,工作台在各机床上通用,通过自动运送装置工作台带着装夹好的工件在车间内形成物流,因此这种工作台也叫托盘。因为装卸工件不占机时,因此其自动化程度更高,效率也更高。

④ 复合加工中心:复合加工中心兼有立式和卧式加工中心的功能,工艺范围更广,使本来要两台机床完成的任务在一台上完成,工序更加集中。由于没有二次定位,精度也更高,但价格昂贵。

3.3.3 加工中心的辅助工具及设备

1. 刀 柄

加工中心所用的切削工具由两部分组成,即刀具和供自动换刀装置夹持的通用刀柄及拉钉,如图 3.38 所示。

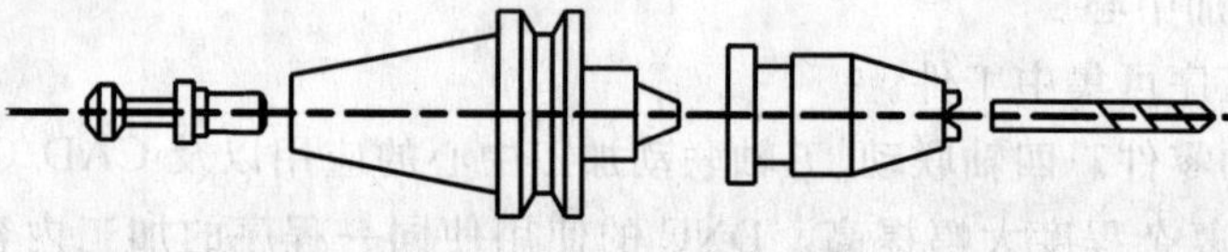

1. 拉钉; 2. 刀柄; 3. 联接器; 4. 刀具

图 3.38 刀具的组成

在加工中心上所使用的刀柄,一般采用 7∶24 锥柄,这是因为这种锥柄不自锁,换刀比较方便,并且与直柄相比有高的定心精度和刚性,刀柄和拉钉已经标准化,各部分尺寸如图 3.39 所示和如表 3.18 所列。

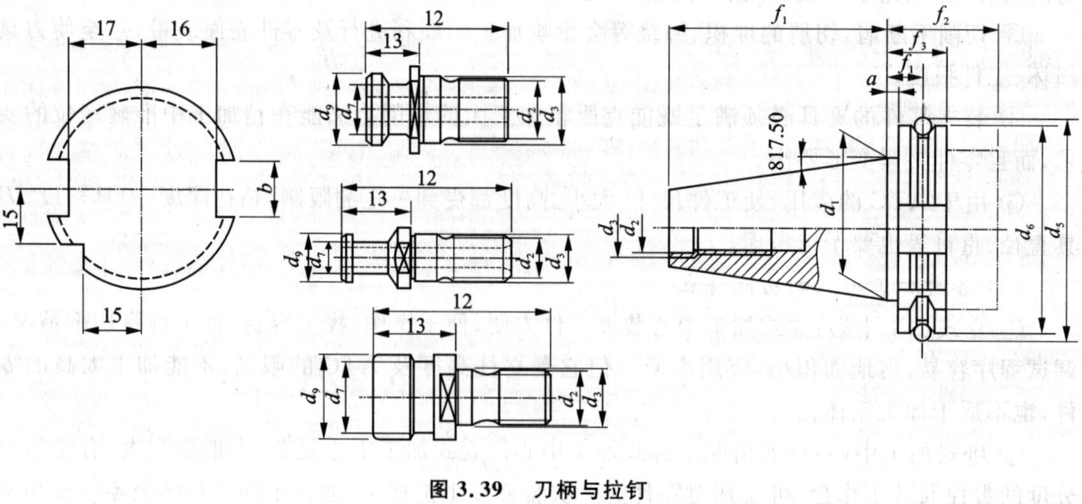

图 3.39 刀柄与拉钉

表 3.18　刀柄尺寸

型号	a	b	d_1	d_2	d_3	d_5	d_6	d_8	f_1	f_2	f_3	l_1	l_5	l_6	l_7
30	3.2	16.1	31.75	M12	13	59.3	50	45	11.1	35	19.1	47.8	15	16.4	19
40	3.2	16.1	44.45	M16	17	72.30	63.55	50	11.1	35	19.1	68.4	18.5	22.8	25
50	3.2	25.7	69.85	M24	25	107.35	97.50	80	11.1	35	19.1	101.75	30	35.5	37.7

在加工中心上加工的部位繁多使刀具种类很多，造成与锥柄相连的装夹刀具的工具多种多样，把通用性较强的装夹工具标准化、系列化就成为工具系统。

镗铣工具系统可分为整体式与模块式两类。整体式工具系统（如图 3.40(a)所示）针对不同刀具都要求配有一个刀柄，这样工具系统规格、品种繁多，给生产、管理带来不便，成本上升。为了克服上述缺点，国内外相继开发出多种多样的模块式工具系统，如图 3.40(b)所示。

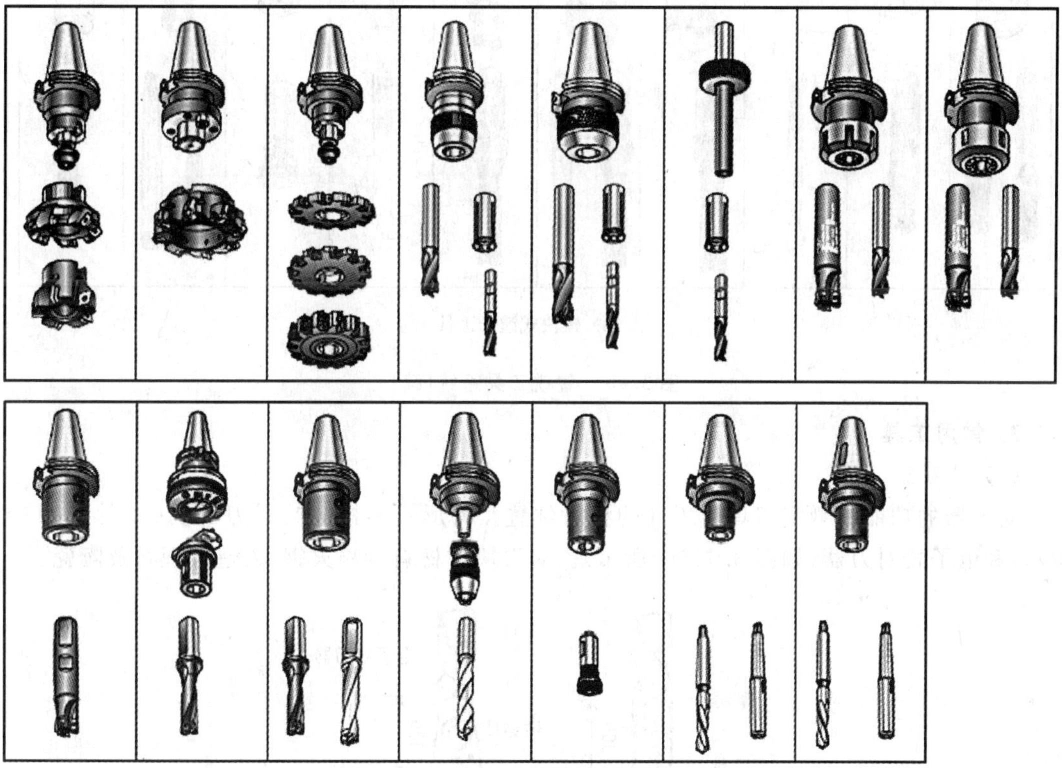

(a) 整体式镗铣工具

图 3.40　镗铣工具系统

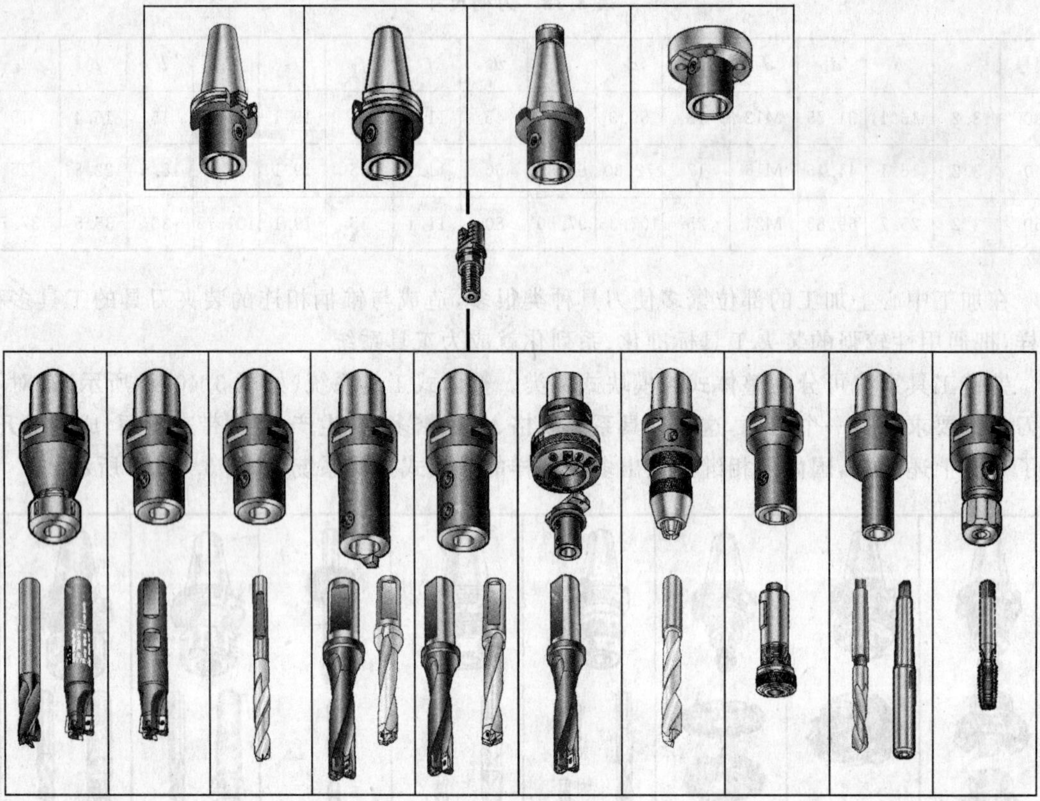

(b) 模块式镗铣工具

图 3.40　镗铣工具系统(续)

2. 常用工具

(1) 对刀器

对刀器的功能是测定刀具与工件的相对位置。其形式多样，如：对刀量块(如图 3.41(a)所示)和电子式对刀器(如图 3.41(b)所示)。对刀块的材料有淬火钢、人造大理石及陶瓷。

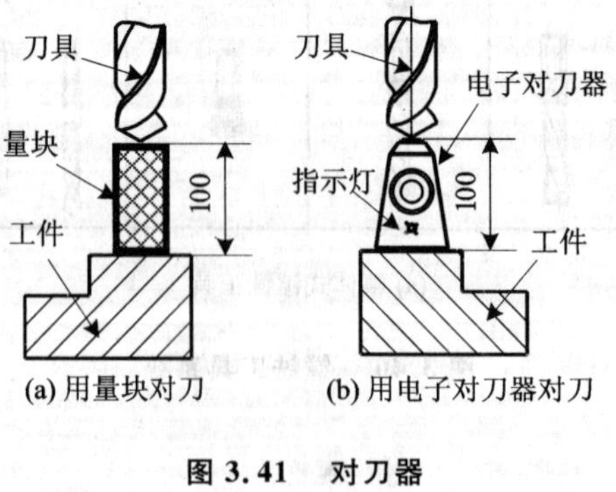

(a) 用量块对刀　　(b) 用电子对刀器对刀

图 3.41　对刀器

(2) 找正器

找正器的作用是确定工件在机床上的位置，即确定工作坐标系，它有机械式及电子式两种。机械找正器如图 3.42(a)所示。电子式找正器需要内置电池，当其找正球接触工件时，发光二极管亮，其重复找正精度在 2 μm 以内，如图 3.42(b)所示。

(a) 机械找正器

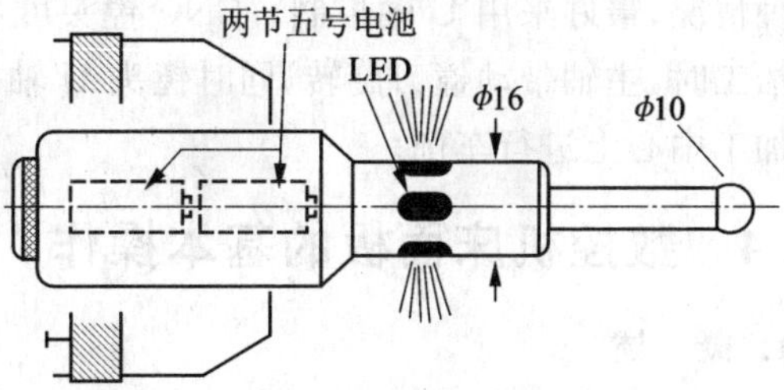

(b) 电子找正器

图 3.42　找正器

(3) 刀具预调仪

此装置用于在机床外部对刀具的长度、直径进行测量和调整，还能测出刀具的几何角度，测量时不占机动工时。

3. 辅助轴

在三坐标加工中心上加工表面的繁杂程度是有限制的，而且有些表面即使能加工，精度也不高。如果刀轴矢量与曲面法向不重合，刀具长度和半径不准确时将造成加工误差。而对于回转体零件、螺旋曲面、多倾斜孔箱体、桨叶等复杂零件，即使是五面加工中心也没办法。这时只能使用四坐标或五坐标加工中心利用四轴或五轴联动实现加工目的。但从另一方面，不能因为某类零件或某个零件而购置价格昂贵的五轴加工中心，这时可以考虑选用辅助回转轴，如图 3.43 所示。

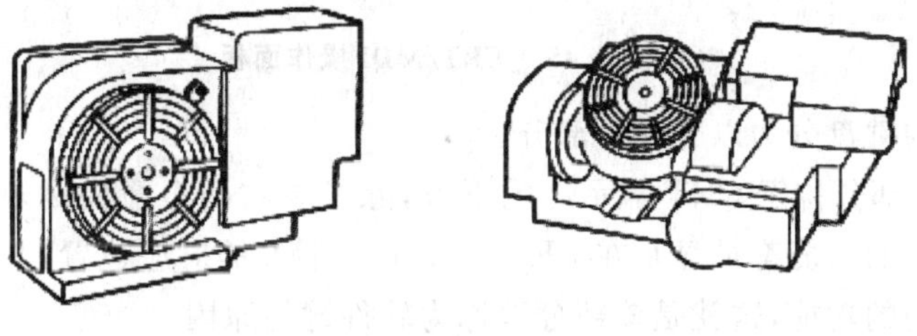

图 3.43　辅助回转轴

四轴加工中心与五轴加工中心常见的加工零件如图 3.44 所示。

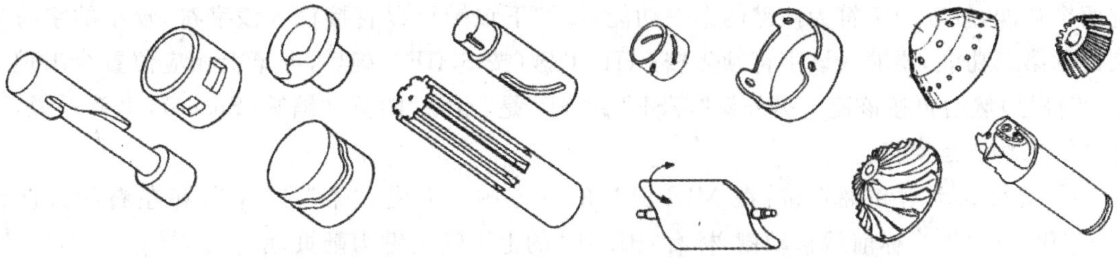

图 3.44　常见的四轴与五轴加工零件

另外，在大型零件或箱体零件、模具型腔的加工中，常遇到局部的不规则回转体加工。针对这种情况，最好采用U轴控制。CNC镗头可从刀库调出，并完成刀柄与机床控制系统的联接。加工时，主轴带动镗刀旋转，同时镗头U轴按NC程序横向移动实现加工功能，实际上它是在加工中心上进行车削。

3.3.4 数控机床面板的基本操作

1. 概　述

数控系统面板即CRT/MDI操作面板。本书介绍的操作面板是FANUC公司的FANUC 0I系统的操作面板，其中CRT是阴极射线管显示器的英文缩写(Cathode Radiation Tube, CRT)，而MDI是手动数据输入的英文缩写(Manual Date Input, MDI)，如图3.45所示。

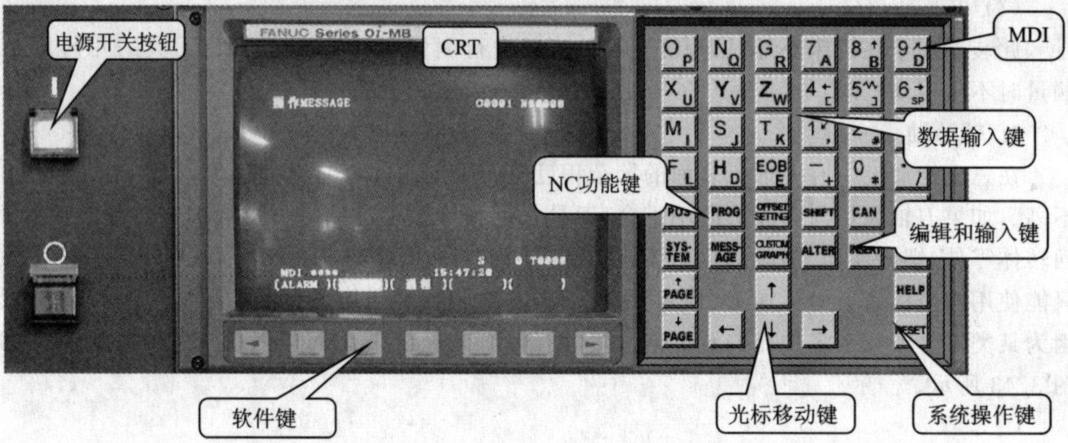

图3.45　CRT/MDI操作面板

可以将面板的键盘分为以下几个部分。

① 软件键：该部分位于CRT显示屏的下方，除了左右两个箭头键外，键面上没有任何标识。这是因为各键的功能都被显示在CRT显示屏的下方的对应位置，并随着CRT显示的页面不同而有着不同的功能，这就是该部分被称为软件键的原因。

② 系统操作键：这一组有两个键，分别为右下角RESET键和HELP键，其中的RESET为复位键，HELP键为系统帮助键。

③ 数据输入键：该部分包括了机床能够使用的所有字符和数字。可以看到，字符键都具有两个功能，较大的字符为该键的第一功能，即按下该键可以直接输入该字符，较小的字符为该键的第二功能，要输入该字符须先按SHIFT键(按SHIFT键后，屏幕上相应位置会出现一个“^”符号)然后再按该键。另外键“6/SP”中“SP”是“空格”的英文缩写(Space)，也就是说，该键的第二功能是空格。

④ 光标移动键和翻页键：在MDI面板的下方的方向键(“↑”和“↓”)和左右的方向键(“←”和“→”)为光标前后移动键，标有“PAGE”的上下箭头键为翻页键。

⑤ 编辑键：这一组有CAN、INPUT、ALTER、INSERT和DELETE五个键，位于MDI面板的右上方，这几个键为编辑键，用于编辑加工程序。

⑥ NC功能键：该组的六个键(标准键盘)或八个键(全键式)用于切换NC显示的页面以

实现不同的功能。

⑦ 电源开关按钮：机床的电源开关按钮位于 CRT/MDI 面板左侧，红色标有“OFF”的按钮为 NC 电源关断，绿色标有“ON”的按钮为 NC 电源接通。

2. 系统操作面板

CRT 为显示屏幕，用于相关数据的显示，用户可以从屏幕中看到操作数控系统的反馈信息。MDI 面板是用户输入数控指令的地方，MDI 面板的操作是数控系统最主要的输入方式。图 3.46 所示为 MDI 面板上各按键的位置。表 3.19 为 MDI 面板上各键的详细说明。

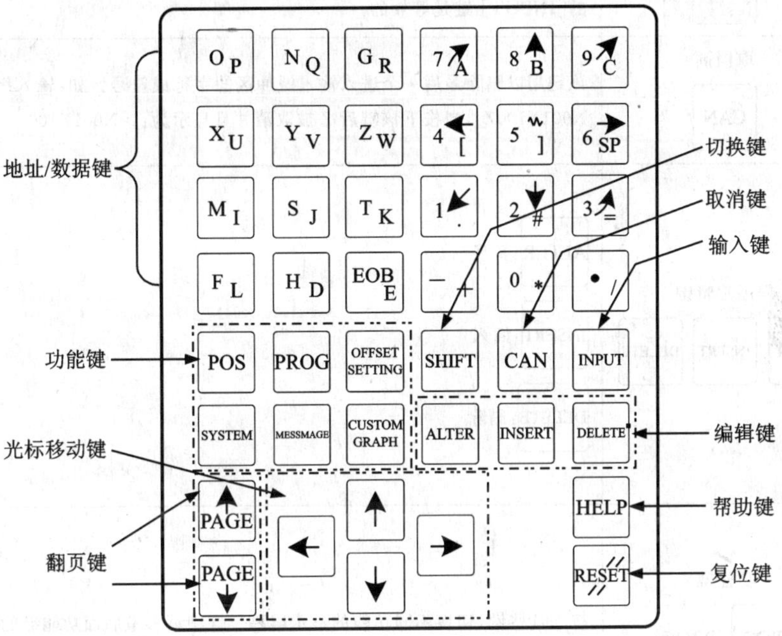

图 3.46　MDI 操作面板

表 3.19　MDI 面板上键的说明

编　号	名　称	说　明
1	复位键 RESET	按下这个键可以使 CNC 复位或者取消报警等
2	帮助键 HELP	当对 MDI 键的操作不明白时，按下这个键可以获得帮助(帮助功能)
3	软键	根据不同的界面，软键有不同的功能，其功能显示在屏幕的底端
4	地址和数字键 O P　7 A	按下这些键可以输入字母，数字或者其他字符

续表 3.19

编号	名称	说明
5	切换键 SHIFT	在该键盘上，有些键具有两个功能。按下＜SHIFT＞键可以在这两个功能之间进行切换。当一个键右下脚的字母可被输入时，就会在屏幕上显示一个特殊的字符“∧”
6	输入键 INPUT	当按下一个字母键或者数字键时，再按该键数据被输入到缓冲区，并且显示在屏幕上。要将输入缓冲区的数据拷贝到偏置寄存器中，请按下该键。这个键与软键中的[INPUT]键是等效的
7	取消键 CAN	该键用以删除最后一个进入输入缓冲区的字符或符号。如：输入缓冲区显示为：＞N001X100Z_，当按下该键后 Z 被取消并且显示为：＞N001X100_
8	程序编辑键 ALTER INSERT DELETE	ALTER：替换 INSERT：插入 DELETE：删除
9	功能键 POS PROG	按下这些键，切换不同功能的显示屏幕。详细请参考后面功能键的讲解
10	光标移动键 ↑ ← ↓ →	→：这个键用于将光标向右或者向前移动。光标以小的单位向前移动 ←：这个键用于将光标向左或者往回移动。光标以小的单位往回移动 ↓：这个键用于将光标向下或者向前移动。光标以大的单位向前移动 ↑：这个键用于将光标向上或者往回移动。光标以大的单位往回移动
11	翻页键 ↑PAGE PAGE↓	↑PAGE：该键用于将屏幕显示的页面向回翻页 PAGE↓：该键用于将屏幕显示的页面往下翻页

3. 功能键和软键

(1) 功能键

用来选择将要显示的屏幕的种类。MDI面板上的功能键如图3.47所示。

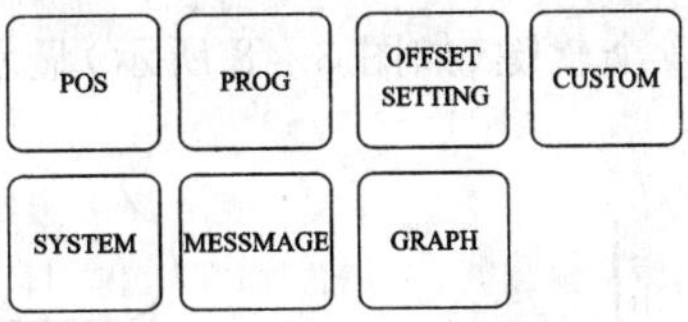

图3.47 功能键

每一个功能键的主要作用如表3.20所列(标准键盘只有前六个键)。

表3.20 功能键的主要作用

编号	功能键	说明
1	POS	按下该键以显示位置屏幕
2	PROG	按下该键以显示程序屏幕
3	OFFSET SETTING	按下该键以显示偏置/设置(SETTING)屏幕
4	SYSTEM	按下该键以显示系统屏幕
5	MESSMAGE	按下该键以显示信息屏幕
6	GRAPH	按下该键以显示图形显示屏幕
7	CUSTOM	按下该键以显示用户宏屏幕(宏程序屏幕) 如果是带有PC功能的CNC系统,这个键相当于个人计算机上的Ctrl键
8	:	如果是带有PC功能的CNC系统,这个键相当于个人计算机上的Alt键

(2) 软键

要显示一个更详细的屏幕,按下功能键后再按软键。软键也用于实际操作。以下图标说明了按下一个功能键后软键显示屏幕的变化情况。

- ▭:显示的屏幕。
- ▭:表示通过按下功能键而显示的屏幕。
- [ ]:表示一个软键。
- ( ):表示由MDI面板进行输入。
- [____]:表示一个显示为绿色的软键。

· ▷：表示“菜单继续”键(最右边的软键)。

注：· 按下功能键后常用屏幕之间的切换。

· 根据配置的不同，有些软键并不显示。

· 在一些情况下，当应用 12 个软键(如图 3.48 所示)显示单元时“菜单继续”键被忽略。

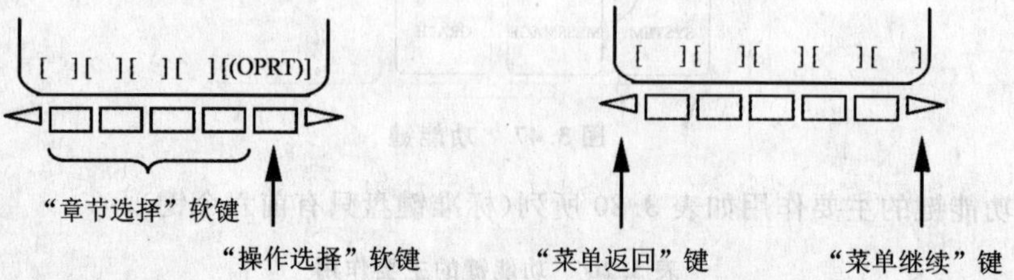

图 3.48　选择软键的操作方法

软键的一般操作：

①按下 MDI 面板上的功能键。属于所选功能的章节软键就显示出来。

②按下其中一个章节选择键。则所选章节的屏幕就显示出来。如果有关一个目标章节的屏幕没有显示出来，按下菜单继续键(下一菜单键)。有些情况，可以选择一章中的附加章节。

③当目标章节屏幕显示后，按下操作选择键，以显示要进行操作的数据。

④为了重新显示章节选择软键，按下菜单返回键。

上面解释了通常的屏幕显示过程。而实际的显示过程，每一屏幕都不一样。

(3) 功能键 POS

按下 POS 功能键，可以显示刀具的当前位置。数控系统用以下三种界面来显示刀具的当前位置：

· 绝对坐标系位置显示界面。

· 相对坐标系位置显示界面。

· 综合位置显示界面。

以上界面也可以显示进给速度，运行时间和加工的零件数。此外，也可以在相对坐标系的界面中设定浮动参考点。图 3.49 所示为该功能键被按下时 CRT 界面的切换，同时显示了每一界面的子界面。

下面介绍常用的显示界面上的各参数。

① 绝对坐标系位置显示界面(ABS)如图 3.50 所示。这个界面是显示刀具在工件坐标系中的当前位置。当刀具移动时，当前位置也发生变化。最小的输入增量被用作数据值的单位。界面顶部的标题标明使用的是绝对坐标系。

② 相对坐标系位置显示界面(REL)如图 3.51 所示。这个界面是根据操作者设定的坐标系显示刀具在相对坐标系中的当前位置。刀具移动时当前坐标也发生变化，增量系统的单位用作数字值的单位，界面顶部标明使用的是相对坐标系。在这个界面中，可以在相对坐标系中将刀具的当前位置设置为 0，或者按照以下步骤预设一个指定值：

在相对坐标界面上输入轴的地址(比如 X 或 Y)。相应的轴则出现闪烁，标明了那个指

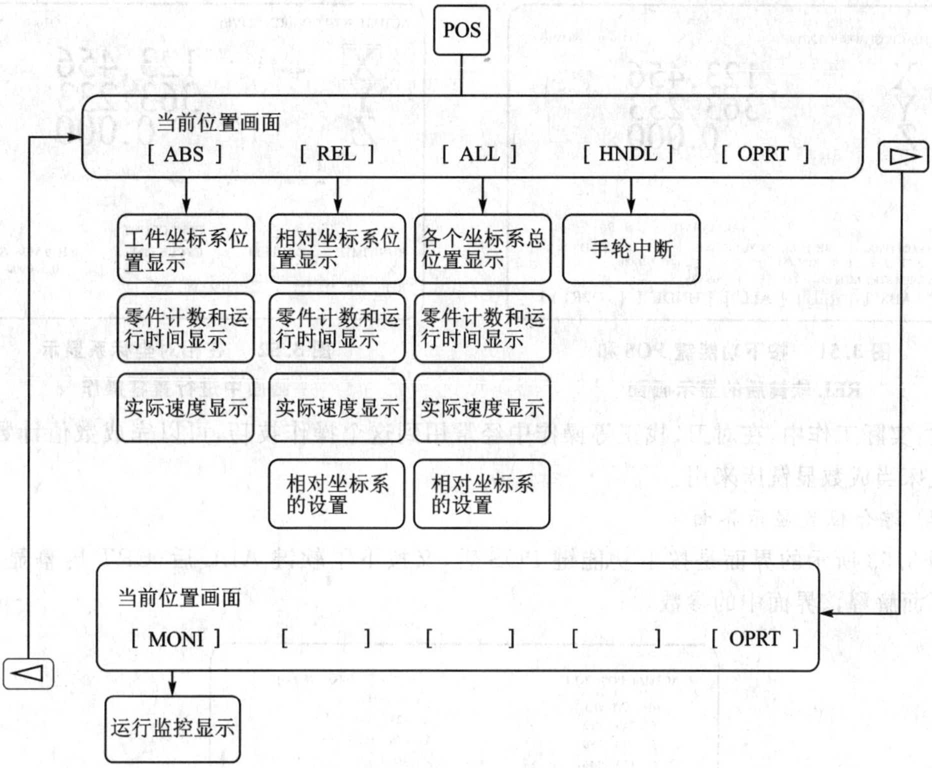

图 3.49　按下 POS 键的显示画面

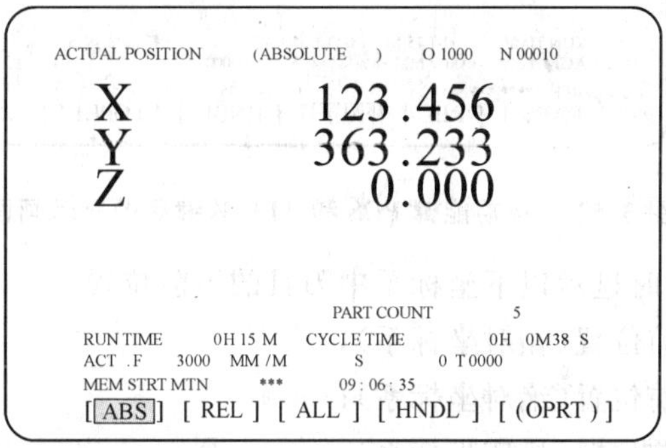

图 3.50　按功能键 POS 键和 ABS 软键后的显示画面

定轴，软键变化如图 3.52 所示。

- 如果要将该坐标设置为 0，按下软键 ORGIN(起源)。相对坐标系中闪烁的轴的坐标值被复位为 0。
- 如果要将坐标预设为某一值，将值输入后按下软键 PRESET。闪烁的轴的相对坐标被设置为输入的值。

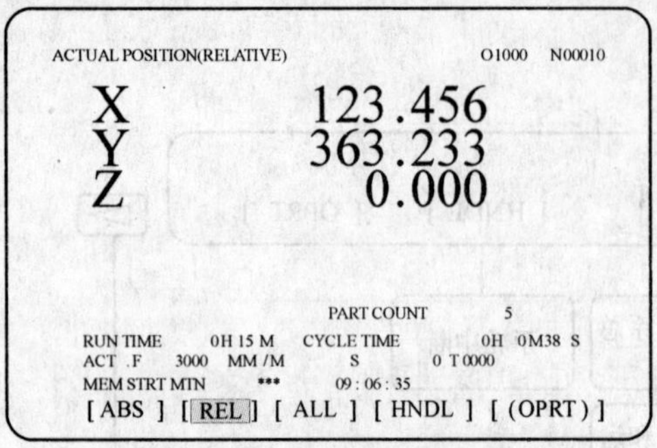

图 3.51 按下功能键 POS 和 REL 软键后的显示画面

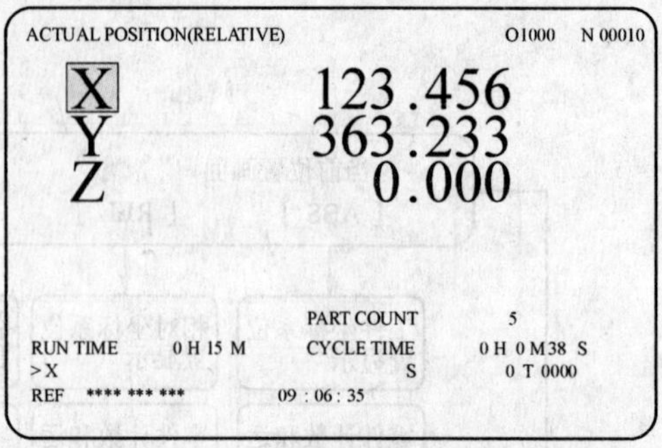

图 3.52 在相对坐标系显示画面中进行置零操作

注：实际工作中，在对刀、找正等操作中经常用到这个操作技巧，可以完成数值计数，也就是将机床当成数显铣床来用。

(4) 综合位置显示界面

图 3.53 所示的界面是按下功能键 POS 后，又按下了软键 ALL 后，CRT 屏幕显示的界面。下面解释该界面中的参数。

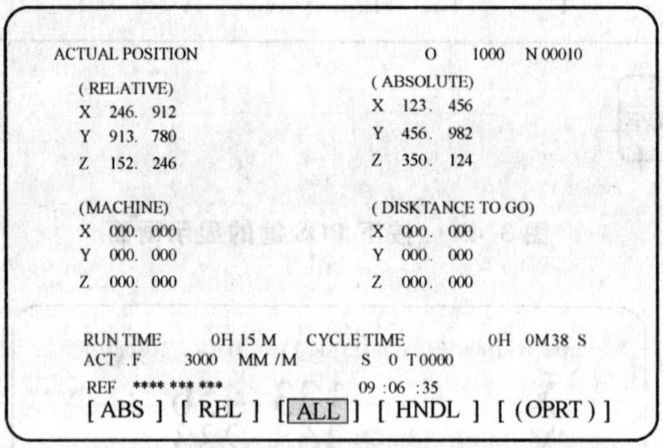

图 3.53 按功能键 POS 和 ALL 软键后的显示画面

① 坐标显示：可以同时显示以下坐标系中刀具的当前位置。

· 相对坐标系的当前位置(相对坐标系)；

· 工件坐标系的当前位置(绝对坐标系)；

· 机床坐标系的当前位置(机床坐标系)；

· 剩余的移动量(剩余移动量)。

② 剩余的移动量：在 MEMORY 或者 MDI 方式中可以显示剩余移动量。即在当前程序段中刀具还需要移动的距离。

③ 机床坐标系：最小指令单位用作机床坐标系的数值单位，然而也可以通过参数 No. 3104＃0(MCN)的设置使用最小输入单位。

(5) 功能键 PROG

在不同的操作面板模式下功能键 PROG 显示的界面是不相同的。如图 3.54 所示，在 MEMORY(AUTO)或者 MDI 模式中按下该功能键的界面切换显示，同时显示了每一界面的子界面。

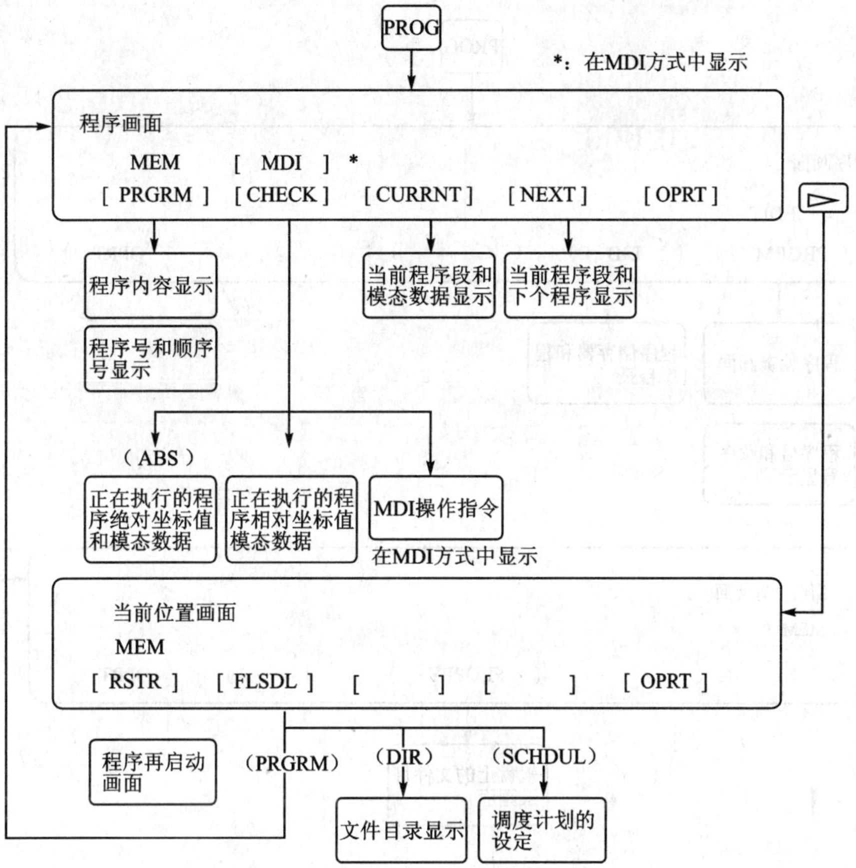

图 3.54　在 MEMORY 和 MDI 方式中用功能键 PROG 切换的画面

如图 3.55 所示，在 EDIT 模式中按下该功能键的界面切换显示，同时显示了每一界面的子界面。

下面讲解常用的程序 PROG 界面。

1）程序运行监控界面

图 3.56 所示的这个界面是在 MEMORY（AUTO）模式下，按下功能键 PROG，又按下了软键 CHECK 后，CRT 屏幕显示的界面。下面解释该界面中的一些内容：

① 程序显示：界面可以显示从当前正在执行的程序段开始的 4 个程序段。当前正在执行的程序段以白色背景显示。在 DNC 操作中，仅能显示 3 个程序段。

② 当前位置显示：显示在工件坐标系或者相对坐标系中的位置以及剩余的移动量。绝对位置和相对位置可以通过 ABS 和 REL 软键进行切换。

③ 模态 G 代码：可以显示最多 12 个模态 G 代码。

④ 在自动运行中的显示：显示当前正在执行的程序段，刀具位置和模态数据。

在自动运行中，可以显示实际转速（SACT）和重复次数。否则显示键盘输入提示符（>_）。

⑤ T 代码：正常情况下是显示当前刀具的号码，如果参数 PCT（No. 3108 #2）设置为 1 时，显示由 PMC（HD. T/NX. T）指定的 T 代码，而不是程序中指定的 T 代码。

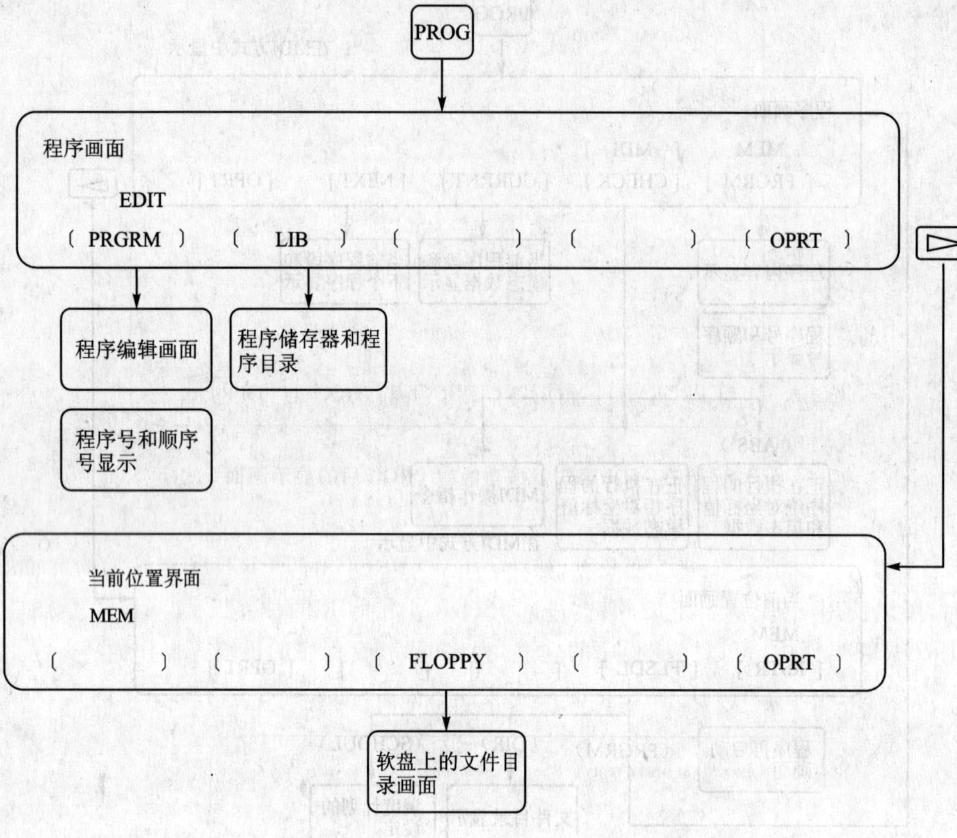

图 3.55 在 EDIT 方式中用功能键 PROG 切换的画面

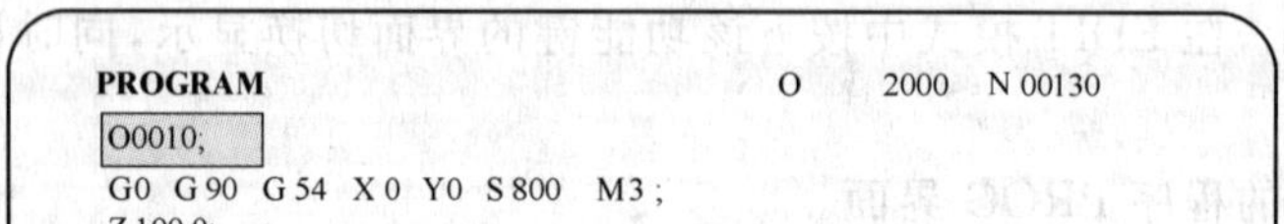

图 3.56 按下功能键 PROG 和 CHECK 软键后的显示画面

2）MDI 模式下输入程序界面

图 3.57 所示界面是在 MDI 模式下，按下功能键 PROG 后，CRT 屏幕显示的界面。在这个界面中，可以由 MDI 面板输入程序（只使用一次的程序）和模态数据。

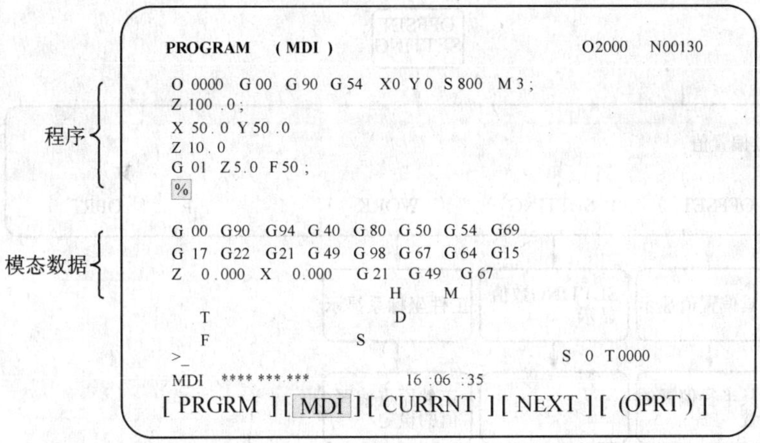

图 3.57　在 MDI 模式下按功能键 PROG 后的显示画面

3) EDIT 模式下输入程序界面

图 3.58 所示界面是在 EDIT 模式下，按下功能键 PROG 后，CRT 屏幕显示的界面。从这个界面，可以使用 CRT 屏幕下的软键，进入 PRGRM 和 DIR 两种界面。

① PRGRM 界面中，可以完成程序的建立，程序的编辑，程序的传输等操作内容。

② DIR 界面中，可以看到已经建立的程序文件名、程序的大小和剩余的系统内存等内容。

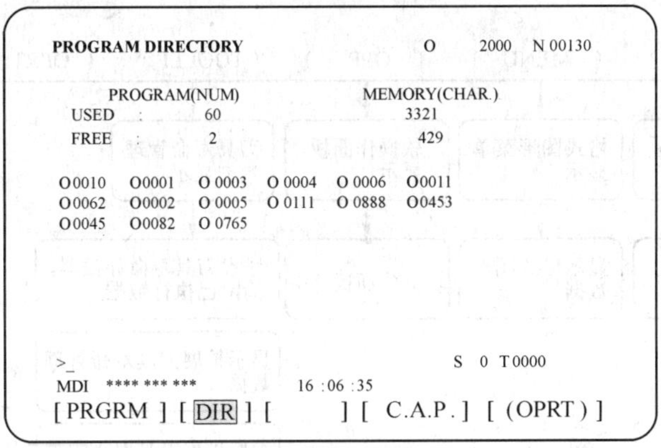

图 3.58　在 EDIT 模式下按下功能键 PROG 键后的显示画面

(6) 功能键 OFFSET SETTING

按功能键 [OFFSET SETTING] 用以显示和设置补偿值和其他数据。

图 3.59 所示为该功能键被按下时 CRT 界面的切换，同时显示了每一界面的子界面。

下面介绍常用的补偿输入(OFFSET SETTING)界面。

① 设定和显示刀具偏置值。

图 3.60 所示界面是按下功能键 OFFSET SETTING 后，又按下了软键 OFFSET 后，CRT 屏幕显示的界面。下面解释该界面中的一些内容：

这个界面是设定和显示刀具偏置值。刀具长度偏置值和刀具半径补偿值由程序中的 D

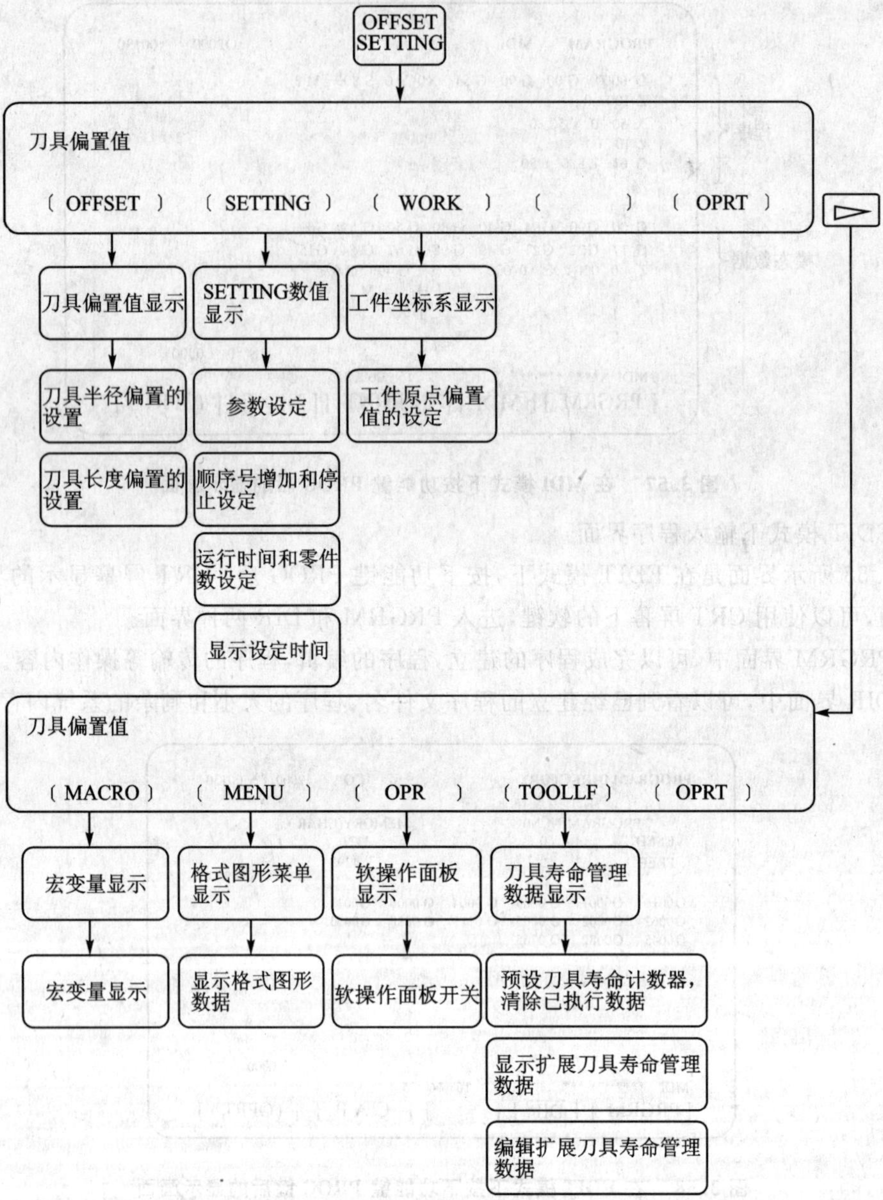

图 3.59　用功能键 OFFSET SETTING 切换的画面

或者 H 代码指定。D 或者 H 代码的值可以显示在界面上并借助界面进行设定。

设置刀具补偿值的基本步骤如下：

- 通过页面键和光标键将光标移到要设定和改变补偿值的地方，或者输入补偿号码，在这个号码中设定或者改变补偿值并按下软键 NO. SRH。
- 要设定补偿值，输入一个值并按下软键 INPUT。要修改补偿值，输入一个将要加到当前补偿值的值（负值将减小当前的值）并按下软键＋INPUT，或者输入一个新值，并按下软键 INPUT。

② 显示和设定工件原点偏移值（用户坐标系）。

```
OFFSET                                                   O    1000   N 00010
     NO .     GEOM (H)         WEAR (H)       GEOM (D)        WEAR (D)
     001          0.000           0.000          0.000           0.000
     002     -345 .000            0.000          6.000           0.000
     003     -147 .000            0.000          4.000           0.000
     004          0.000           0.000          0.000           0.000
     005          0.000           0.000          0.000           0.000
     006          0.000           0.000          0.000           0.000
     007          0.000           0.000          0.000           0.000
     008          0.000           0.000          0.000           0.000
ACTUAL POSITION          ( RELATIVE    )
          X  0.000                         Y  0.000
          Z  0.000
     >_                                             S  0  T0000
     MDI   **** *** ***                16 :06 :35
     [ OFFSET ][ SETTING ][ WORK ][        ][( OPRT ) ]
```

图 3.60　按功能键 OFFSET 和 SETTING 软键后的显示画面

图 3.61 所示界面是按下功能键 OFFSET 后，又按下了软键 WORK 后，CRT 屏幕显示的界面。

这个界面是设定和显示每一个工件坐标系的工件原点偏移值（G54～G59）和外部工件原点偏移值。工件原点偏移值和外部工件原点偏移值可以在这个界面上设定。

```
WORK COORDINATES                                   O   1000    N 00010
( G54 )
NO .     DATA                                 NO .     DATA
00       X        0.000                       02       X     0.000
( EXT )  Y        0.000                       ( G55 )  Y     0.000
         Z        0.000                                Z     0.000

01       X      300 . 000                     03       X     0.000
( G54 )  Y     -85 .000                       ( G 56 ) Y     0.000
         Z        0.000                                Z     0.000

>_                                                     S   0 T0000
MDI    **** *** ***                    09 :06 :35
[ OFFSET ][ SETING  ][ WORK ][        ][ ( OPRT ) ]
```

图 3.61　按功能键 OFFSET 键和 WORK 软键后的显示画面

显示和设定工件原点偏移值的步骤如下：

- 关掉数据保护键，使得可以写入。
- 将光标移动到想要改变的工件原点偏移值上。
- 通过数字键输入数值，然后按 INPUT 软件。输入的数据就被指定为工件原点偏移值。或者，通过输入一个数值并按＋INPUT 软键，输入的数值可以累加到以前的数值上。
- 重复第 2 步和第 3 步，改变其他的偏移值。
- 接通数据保护键禁止写入（防止他人改动）。

注意：在图 3.61 所示的界面中，有一个特殊的〔EXT〕坐标系，该坐标系用来补偿编程的工件坐标系与实际工件坐标系的差值。该坐标系里的数值，会影响到后面的所有用户坐标系(G54～G59)。

(7) 功能键 SYSTEM

当 CNC 和机床连接调试时，必须设定有关参数以确定机床的功能、性能与规格。并充分利用伺服电机的特性。参数要根据机床设定，见机床厂提供的参数表。

图 3.62 所示为功能键 SYSTEM 被按下时 CRT 界面的切换，同时显示了每一界面的子界面。

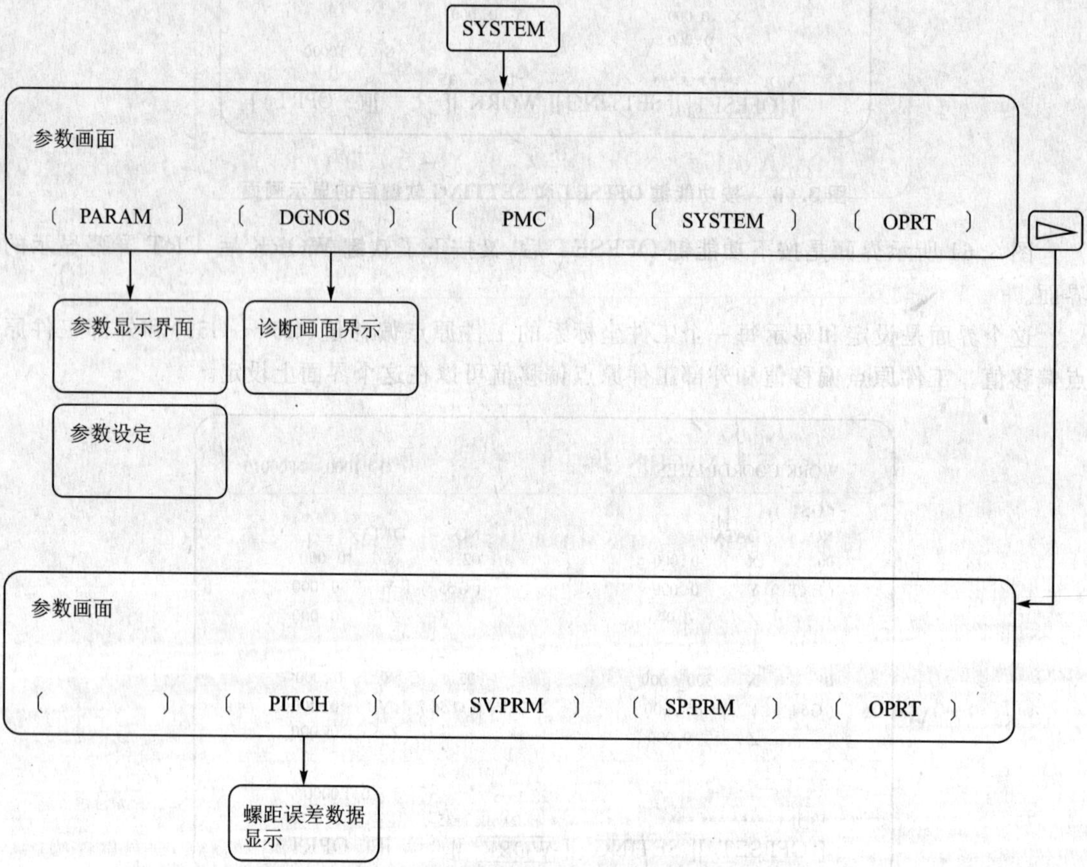

图 3.62 用功能键 SYSTEM 切换的画面

注意：对于机床使用者来说，系统参数通常不需要改变。

系统参数 SYSTEM 界面举例如图 3.63 所示。

(8) 功能键 MESSMAGE

按功能键 MESSMAGE 后，可显示报警，报警记录和外部信息，如图 3.64 所示。

(9) 功能键 GRAPH

按功能键 GRAPH 后，FANUC 系统具有两种图形功能。一种是图形显示功能，另一种是动态图形显示功能。

图形显示功能能够在屏幕上画出正在执行程序的刀具轨迹。动态图形显示功能可以放大

```
PARAMETER(SETTING)                        O    1000  N 00010

0000        SEQ                         INI    ISO    TVC
   0     0     0     0     0     0     0
00 01                                  FCV
   0     0     0     0     0     0     0     0
00 12                                          MIR
 X    0    0    0    0    0    0    0    0
 Y    0    0    0    0    0    0    0    0
 Z    0    0    0    0    0    0    0    0
0020   I /O CHANNEL
0022

>_
THND      **** *** ***              16 : 06 :35
[ PARAM ][ DGNOS ][ PMC ][ SYSTEM ][( OPRT ) ]
```

图 3.63 按功能键 SYSTEM 和 PARAM 软键后的显示界面

```
MESSAGE HISTORY                        O    1000   N00010
 99 /01 / 01 17:25:00                              PAGE : 1
    NO    ***

MEM STRT MIN FIN ALM              16 : 06 :35
[         ][ MSGHIS ][         ][         ][( OPRT) ]
```

图 3.64 按功能键 MESSAGE 和 MSGHIS 软键后的显示画面

或缩小图形。

动态图形显示功能能够在屏幕上画出刀具轨迹和实体图形。刀具轨迹的绘制,可以实现自动缩放和立体图绘制。在加工轮廓的实体绘制中,加工过程的状态可以通过模拟显示出来,毛坯也可以描绘出来,如图 3.65 所示。

```
GRAPHIC PARAMETER                          O    1000  N 00010
 AXES    P     =        4
     ( XY =0 ,  YZ= 1,  ZY =2,  XZ = 3,  XYZ  =4 ,  ZXY=5
 RANGE        ( MAX .)
 X =    115000        Y=     150000          Z =     0
 RANGE        ( MIN  .)
 X =         0        Y=          0          Z =     0
 SCALE                K =        70
 GRAPHIC CENTER
 X =    575000        Y=      75000          Z=      0
 PROGRAM STOP         N=          0
 AUTO ERASE           A =         1

MDI     **** *** ***          16 : 06 :35
[ PARAM ] [ GRAPH ][         ][         ][         ]
```

图 3.65 按功能键 GRAPH 和 PARAM 软键后的显示画面

3.3.5 机床操作面板的基本操作

1. 概 述

机床控制面板是由机床厂家配合数控系统自主设计的。不同厂家的产品，机床控制面板是各不相同的。甚至同一厂家，不同批次的产品，其机床控制面板也不相同。因此，这部分内容的学习，应该根据本单位实际机床的操作面板来学习。如图 3.66 所示的机床操作面板为台湾乔福立式加工中心所配的机床操作面板，该机床的型号为 VMC－850。

图 3.66 机床操作面板

对于配备 FANUC 系统的加工中心来说，机床控制面板的操作基本上大同小异，除了部分按钮的位置不相同外，其他的操作其实是一样的。

如果想要熟练操作加工中心，那机床操作面板上各按钮的作用，必须熟练掌握。下面介绍机床操作面板上各按钮的作用。

2. 面板按钮说明

机床操作面板上各按钮的说明如表 3.21 所列。

表 3.21 机床操作面板上各按钮的说明

按 钮	说 明
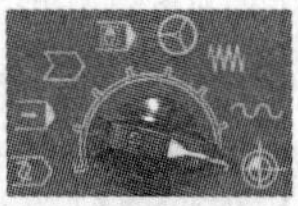	该旋钮为模式选择旋钮(MODE)，是机床操作面板上最重要的功能，绝大多数操作，首先是从这个旋钮开始。 左图中的旋钮处于原点回归(REF)模式。 配合 X、Y、Z 轴的轴向移动按钮，完成原点回归操作
	左图中的旋钮处于快速机动(RAPID)模式。 配合 X、Y、Z 轴的轴向移动按钮，完成机床的快速移动操作。 注意：快速机动模式下，不能进行切削，如果刀具与工件发生接触，则视为碰撞
	左图中的模式为机动(JOG)模式。 配合 X、Y、Z 轴的轴向移动按钮，完成机床的机动操作。 注：该模式下可以进行切削操作，配合 CRT 的刀具位置显示，可以将机床作为数显机床来使用

续表 3.21

按　钮	说　明
	左图中的模式为手轮(HANDLE)模式。 配合手轮完成 X、Y、Z 轴的轴向移动。 注：该模式下可以进行切削操作，配合 CRT 的刀具位置显示，可以将机床作为数显机床来使用
	左图中的模式为手动数据输入(MDI)模式，在此模式下，配合 MDI 键盘录入单步，少量并且不用保存的程序
	左图中的模式为在线加工(REMOTE)或称 DNC 模式。在此模式下，可一边传输程序，一边进行加工。解决机床的内存不能容纳 250K 以上的程序的问题
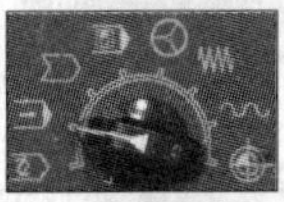	左图中的模式为自动(AUTO)模式
	左图中的模式为编辑(EDIT)模式，配合 MDI 键盘，完成程序的录入、编辑和删除等操作
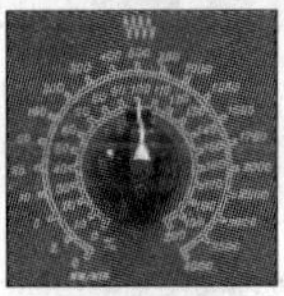	进给速率调节旋钮(FEEDRATE OVERRIDE) 在机动(JOG)模式下或试运行模式下，使用外圈的数字，调节范围 0～4 000 mm/min； 在自动(AUTO)或 MDI 模式下，使用内圈数字，调节范围为程序给定 F 值的 0～200%
	快速进给速率调节旋钮(RAPID OVERRIDE) 在快速机动模式下使用，其中 LOW 的速率为 500 mm/min
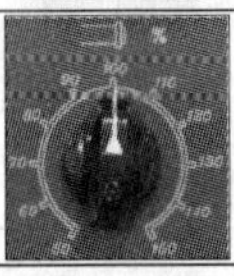	主轴转速调节旋钮 调节范围 50%～150%
	主轴负载表。该表提供目前主轴电机切削时的功率输出状态。 正常操作应保持在 100%以下。如果超过 100%～150%时，不能连续切削超过 30 min
	主轴旋转按钮，从左到右，依次为主轴正转、主轴停止和主轴反转。注意：只能在快速机动，机动，手轮和原点回归这四个模式下使用
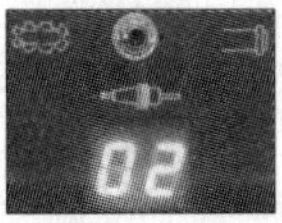	刀号显示(TOOL DISPLAY) · 当选择开关切换到刀库一侧(图中靠左)，数字显示为目前待命的刀库号码 · 当选择开关切换到主轴一侧(图中靠右)，数字显示为目前主轴上的刀具号码

续表 3.21

按　钮	说　明
	程序保护锁 当钥匙孔旋向保护状态时(图中靠左),不能编辑程序、工件坐标系和刀具偏置值等数据。该功能能在机床运行,自动执行程序时,不被外人无意中破坏。如果要编辑程序,则要用专用钥匙将钥匙孔旋向非保护状态(图中靠右)
	超行程释放按钮(OVERTRAVEL RELEASE) 当机床行程正常时,按键灯亮,当机床行程超过极限开关的设定时,则机床停止,该按键灯熄灭,CRT 屏幕显示“NOT READY”。
	紧急停止开关(EMEERGENCY STOP) 当有紧急情况时(如机床撞刀),按下紧急停止按钮,可使机械动作全部停止,确保操作人员和机床的安全。 处于紧急停止状态时,主轴停止,轴向移动停止,液压装置停止,刀库停止,切削液停止,铁屑机停止,防护门互锁
	切削液开启控制开关。 图中左边为程序自动控制方式,按下该键,如程序正在执行 M08 指令,则切削液打开,如正在执行 M09 指令,则关闭。 图中右边为手动控制方式,按下该键,切削液打开,再按关闭
	主轴喷雾吹气开关 按一次,吹气打开,按键灯亮;再按一次,吹气关闭,按键灯熄灭。吹气功能,在程序方式下由 M07 指令打开,M12 指令关闭
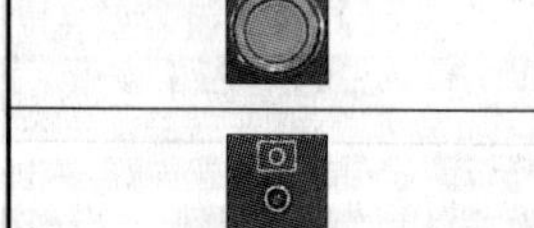	各轴移动方向按钮,在快速机动模式或机动模式使用,按下按钮,即按进给方向移动,放开按钮则停止。同时按下“+”“-”方向,轴向不动
	程序启动按钮(CYCLE START) 按下该按钮,程序将自动执行
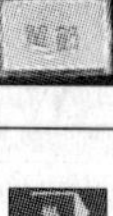	程序暂停按钮(LED) 按下该按钮,按键灯亮,程序执行暂停。如果要继续执行程序,则按下程序启动键,如果不继续执行程序,需要按下 RESET 按键
	单步运行模式 按下该键,按键灯亮,程序执行一个程序段后,将暂停,等待用户按“程序启动按钮”之后,执行一个程序段(一般是在调试程序时使用该功能)
	试运行模式 按下该键,按键灯亮,程序执行时,将忽略程序中设定的 F 值,而按进给速率调节旋钮指示外圈的数字进给
	单节忽略模式 按下该键,按键灯亮,程序执行时,将忽略以“/”开头的程序段

续表 3.21

按　钮	说　明
	选择停止(OPTION STOP) 按下该键,按键灯亮,程序执行至 M01 指令时,程序将暂停,等待用户按“程序启动按钮”之后,继续执行。再按该键,则取消选择停止模式,程序执行至 M01 时,不会暂停,而是直接执行下一程序段
	辅助功能锁定键(M. S. T. LOCK) 按下该键,按键灯亮,程序中的 M 代码、S 代码和 T 代码将被忽略无效,该功能常与机械锁定键联用,以检查程序是否正确。 注:该键对 M00,M01,M02,M30,M98,M99 无效
	机械锁定键 按下该键,按键灯亮,机械运动被锁定。再按该键,取消机械锁定
	*Z* 轴运动锁定键 按下该键,按键灯亮,*Z* 轴运动被锁定。再按该键,取消 *Z* 轴锁定
	控制机床防护门互锁装置开启或关闭。在程序停止及主轴和切削液停止的状态下,可正常打开,按键灯在防护门打开状态下亮
	NC 系统就绪键 当机床启动时,如果机床控制系统正常,按下此键,启动控制系统,并使 CNC 系统就位,CRT 屏幕显示“READY”
	原点指示灯 *X* 轴回原点时,*X* 轴指示灯(图中左端)产生闪烁,到原点位置时,灯亮不闪烁。其他轴向的指示灯,与 *X* 轴指示灯一样
	镜像功能指示灯 *X* 轴指示灯亮(图中左端),表示正在使用 *X* 轴的镜像功能; *Y* 轴指示灯亮(图中右端),表示正在使用 *Y* 轴的镜像功能
	换刀位置指示灯 当 *Z* 轴处于换刀点时,该灯点亮 使用 G30 指令,可让 *Z* 轴回到该点
	第四轴锁定指示灯 当第四轴(例如 A 轴)处于夹紧状态时,指示灯亮,此时第四轴无法旋转
	切削液开启指示灯 当切削液启动时,该指示灯亮
	程序报警指示灯 当 NC 产生 ALARM 报警时,该红灯产生闪烁
	机械装置报警指示灯 当机械装置产生 ALARM 报警时,该红灯产生闪烁

续表 3.21

按　钮	说　明
	润滑油缺油指示灯 当导轨润滑油缺油时，该红灯产生闪烁，此时请将导轨专用润滑油加入到润滑油箱中
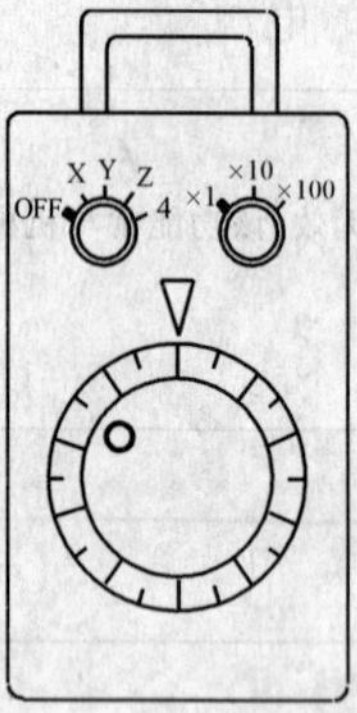	轴向控制手轮(MANUAL PULSE GENERATOR) 手轮进给操作只能在"手轮模式(HANDLE)"或手轮插入模式有效(MANUAL HANDLE INTERRUPTION)模式下使用。此时手轮上的指示灯会亮。 使用时，必须仔细调节各轴向旋转的方向、比例和移动量  轴向选择旋钮　　速度比率选择按钮

3. 乔福加工中心的部分常用操作

(1) 机床开机操作

机床开机操作如表 3.22 所列。

表 3.22　机床开机操作

操作顺序	按　钮
① 打开压缩空气开关	—
② 将电气箱侧面的电源开关旋至"ON"，打开机床主电源。 完成该动作后，可以听到电器箱中散热风扇转动的声音	
③ 按下数控系统面板上的电源开关(POWER ON)启动 CNC 的电源和 CRT 屏幕。该操作需要等待十几秒，完成 CNC 系统的装载	
④ 将紧急开关 EMERGENCY STOP 打开	
⑤ 按下 NC 系统就绪键，使 CNC 系统就位，CRT 屏幕显示"READY"	
⑥ 将模式选择旋钮旋至原点回归模式，再按下程序启动按钮，执行自动回归原点操作	 

(2) 机床关机操作

机床关机操作顺序：

① 将工作台移动到安全的位置

② 将主轴停止转动

③ 按下紧急开关，停止油压系统及所有驱动元件

④ 按下数控系统面板上的“电源关”按键，关闭 CNC 系统和 CRT 屏幕的电源

⑤ 将电气箱侧面的电源开关旋至“OFF”，关闭机床主电源

⑥ 关闭压缩空气开关

(3) 手动原点回归操作(RETUTRN TO REFERENCE POSITION)

手动原点回归操作如表 3.23 所列。

表 3.23　手动原点回归操作

操作顺序	按　钮
① 将模式选择旋钮旋至“原点回归”(ZRN)	
② 按下“＋Z”或“－Z”均可自动回到 Z 轴机械原点；再按下“＋X”或“－X”自动回到 X 轴机械原点；按下“＋Y”或“－Y”自动回到 Y 轴机械原点	
③ 如果工作台距离原点太近(小于 100 mm)，原点回归无法完成，则需要将工作台反方向移动一段距离，然后再执行步骤 2	—
④ 在执行原点回归过程中，原点指示灯会持续闪烁。原点回归完成后，则指示灯会亮着不再闪烁	—

(4) 手动资料输入的操作(MDI)

机床手动资料输入操作如表 3.24 所列。

表 3.24　手动资料输入操作

操作顺序	按　钮
① 将模式选择旋钮旋至“手动资料输入”(MDI)	
② 按 PROG 功能键，切换到程序录入界面	PROG
③ 使用 MDI 操作键，将程序录入	—

续表 3.24

操作顺序	按　钮
④ 按“程序启动”键，开始执行 MDI 程序	
⑤ 程序执行完成后，自动清除 MDI 中的程序	—

（5）自动执行程序（AUTOMATIC）

机床自动执行程序如表 3.25 所列。

表 3.25　自动执行程序

操作顺序	按　钮
① 将模式选择旋钮旋至“自动模式”（AUTO）	
② 按下 PROG 功能键，切换到程序界面，选择想要执行的程序号码及程序位置	—
③ 按下程序启动键，程序将自动执行。程序启动的指示灯将亮起	

（6）在线加工的操作（DNC）

机床在线加工操作如表 3.26 所列。

表 3.26　在线加工程序

操作顺序	按　钮
① 刀具准备妥当，刀具长度和半径补偿值录入完成，用户坐标系设置完成	—
② 将模式选择旋钮旋至“程序传输”（REMOTE）	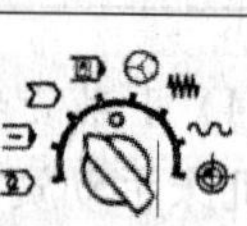
③ 将程序保护钥匙开关切换到“开”	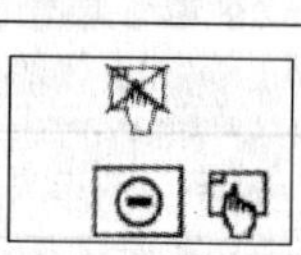
④ 将外部设备（如计算机）和传输界面（如 WINDNC）准备好，打开要执行的程序	—
⑤ 按下程序启动键，数控系统等待外部程序的输入	—
⑥ 开始传输程序，程序填入数据缓冲区，待缓冲区填满后，数控系统从程序头开始执行	—

（7）超行程的解除

因为某种原因，工作台处于超行程位置，机床将自动停止，CRT 屏幕显示“NOT READY”。机床超行程的解除如表 3.27 所列。

表 3.27　超行程的解除

操作顺序	按　钮
① 将模式选择旋钮旋至“手动”	
② 将“超行程”按键持续按下，按键灯亮	
③ 再将“NC 系统就绪键”按下，重新启动数控系统 CNC	
④ 重新执行“原点回归”操作	—

注意：当机床超行程时，注意移动方向，如果方向错误，将造成严重的撞机事故，操作时需要特别注意方向及适当降低速度。

(8) 自动换刀时要注意的问题

乔福加工中心 VMC850 的刀库为斗笠式刀库，机床在进行自动换刀时，要注意以下问题：

使用 T 代码执行换刀，可以不要 M06 指令。当程式执行 T 码时，机床会使用子程序自动判断回换刀点，并自动换刀。因此如果希望以单步模式执行换刀，即一个动作一个动作的执行，则必须设定 PMCK6＃1 为 1。如果不需要单步模式换刀，请勿设定。

如果在换刀过程中，按下“重置”(RESET)或紧急停止按钮，将会有如下一些特殊情况产生。

① 刀库在进行上下换刀时，刀库将立即停止动作，待紧急停止解除后，会自动回复到正常位置。

② 刀库在进行上下换刀时，刀库将立即停止动作，待紧急停止解除后，不会自动回复到正常位置，此时，操作者必须配合 M 功能，一步一步执行回到安全位置。

③ 换刀时，刀库会自动寻找主轴目前刀号的刀位，再进行换刀。若想更改主轴刀号请使用 M86 命令来变更主轴刀号为目前刀位刀号。

注意：操作者在使用 M 代码控制刀库回正常位置时，须注意是否有干涉碰撞的危险并且应在单步模式下，小心的操作，一步一步将刀库退回原始位置。

与换刀有关的 M 代码功能如下。

- M80：主轴刀刀位搜寻。
- M81：刀库前进。
- M82：刀库后退。
- M83：刀库上。
- M84：刀库下。
- M86：设定主轴刀为目前刀位刀号。
- M87：主轴松刀。

· M88：主轴夹刀。
· M77：主轴吹气开。
· M78：主轴吹气关。

(9) 乔福加工中心(VMC850)的 M 代码

该加工中心的 M 代码如表 3.28 所列。

表 3.28 MC850 的 M 代码

M 代码	功 能	M 代码	功 能
M00	程式停止	M26	分度盘旋转轴
M01	程式选择停止	M27	第四轴夹紧(追加)
M02	程式结束	M29	刚性攻丝功能开
M03	主轴正转	M30	程式结束并重置
M04	主轴反转	M31	第五轴夹
M05	主轴停止	M32	第五轴松
M06	自动换刀(只用于机械手换刀)	M33	第六轴夹
M07	喷雾启动(喷压缩空气)	M34	第六轴松
M08	切削液开	M37	冲屑开
M09	切削液关	M38	冲屑关
M10	中空刀具启动	M70	镜像取消
M11	中空刀具停止	M71	*X* 轴镜像
M12	喷雾停止	M72	*Y* 轴镜像
M13	主轴正转及切削液开	M74	第四轴镜像
M14	主轴反转及切削液开	M75	第五轴镜像
M15	主轴停止及切削液关	M76	第六轴镜像
M16	自动门开(追加)	M77	主轴吹气开
M17	自动门关(追加)	M78	主轴吹气关
M19	主轴定位	M80	寻找主轴刀杯
M20	夹头闭(追加)	M81	刀库前进/刀臂前进
M21	夹头开(追加)	M82	刀库后退
M22	进给率调整无效	M83	刀库下/刀杯下
M23	进给率调整有效	M84	刀库上/刀杯上
M24	卷屑机启动	M85	钢性攻丝功能关
M25	卷屑机停止	M86	主轴刀号设定/刀库重整

第 4 章　Mastercam 软件编程

4.1　数控自动编程简介

数控自动编程是利用计算机和相应的编程软件编制数控加工程序的过程。

随着现代加工业的发展，实际生产过程中，比较复杂的二维零件、具有曲线轮廓和三维复杂零件越来越多，手工编程已满足不了实际生产的要求。如何在较短的时间内编制出高效、快速、合格的加工程序，在这种需求的推动下，数控自动编程得到了很大的发展。

数控自动编程的初期是利用通用微机或专用的编程器，在专用编程软件（例如 APT 系统）的支持下，以人机对话的方式来确定加工对象和加工条件，然后编程器自动进行运算和生成加工指令，这种自动编程方式，对于形状简单（轮廓由直线和圆弧组成）的零件，可以快速完成编程工作。目前在安装有高版本数控系统的机床上，这种自动编程方式，已经完全集成在机床的内部（例如西门子 810 系统、海德汉 430 系统）。但是如果零件的轮廓是曲线样条或是三维曲面组成，这种自动编程是无法生成加工程序的。

随着微电子技术和 CAD 技术的发展，自动编程系统已逐渐过渡到以图形交互为基础，与 CAD 相集成的 CAD/CAM 一体化的编程方法。与以前的 APT 等语言型的自动编程系统相比，CAD/CAM 集成系统可以提供单一准确的产品几何模型，几何模型的产生和处理手段灵活、多样、方便，可以实现设计、制造一体化。采用 CAD/CAM 系统进行自动编程已经成为数控编程的主要方式。

CAD/CAM 系统，其工作流程如图 4.1 所示。

为适应复杂形状零件的加工、多轴加工、高速加工、高精度和高效率加工的要求，数控编程技术向集成化、智能化、自动化、易用化和面向车间编程等方向发展。在开发 CAD/CAM 系统时面临的关键技术主要有如下几个方面。

① 复杂形状零件的几何建模：对于基于图纸以及曲面特征点测量数据的复杂形状零件数控编程，其首要环节是建立被加工零件的几何模型。复杂形状零件几何建模的主要技术内容包括：曲线曲面生成、编辑、裁剪、拼接、过渡、偏置等。

② 加工方案与加工参数的合理选择：数控加工的效率与质量有赖于加工方案与加工参数的合理选择，其中刀具、刀轴控制方式、走刀路线和进给速度的自动优化选择与自适应控制是近年来重点研究的问题。其目标是在满足加工要求、机床正常运行和一定的刀具寿命

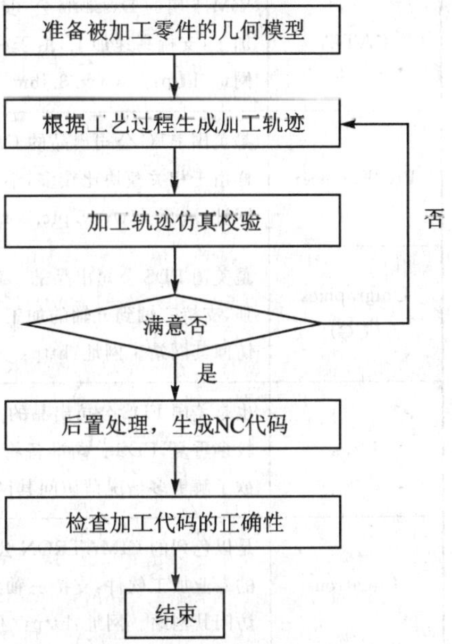

图 4.1　CAM 系统工作流程

的前提下具有尽可能高的加工效率。

③ 刀具轨迹生成:刀具轨迹生成是复杂形状零件数控加工中最重要同时也是研究最为广泛深入的内容,能否生成有效的刀具轨迹直接决定了加工的可能性、质量与效率。刀具轨迹生成的首要目标是使所生成的刀具轨迹能满足无干涉、无碰撞、轨迹光滑、切削负荷光滑并满足要求、代码质量高。同时,刀具轨迹生成还应满足通用性好、稳定性好、编程效率高、代码量小等条件。

④ 数控加工仿真:尽管目前在工艺规划和刀具轨迹生成等技术方面已取得很大进展,但由于零件形状的复杂多变以及加工环境的复杂性,要确保所生成的加工程序不存在任何问题仍十分困难,其中最主要的有加工过程中的过切与欠切、机床各部件之间的干涉碰撞等。对于高速加工,这些问题常常是致命的。因此,实际加工前采取一定的措施对加工程序进行检验并修正是十分必要的。数控加工仿真通过软件模拟加工环境、刀具路径与材料切除过程来检验并优化加工程序,具有柔性好、成本低、效率高且安全可靠等特点,是提高编程效率与质量的重要措施。

⑤ 后置处理:后置处理是数控加工编程技术的一个重要内容,它将通用前置处理生成的刀位数据转换成适合于具体机床数据的数控加工程序。其技术内容包括机床运动学建模与求解、机床结构误差补偿、机床运动非线性误差校核修正、机床运动的平稳性校核修正、进给速度校核修正及代码转换等。因此,有效的后置处理对于保证加工质量、效率与机床可靠运行具有重要作用。

目前,商品化的CAD/CAM软件比较多,应用情况也各有不同,如表4.1所列了国内应用比较广泛的CAM软件的基本情况。

表4.1 国内广泛应用的CAM

软件名称	基本情况
CATIA	IBM下属的Dassault公司出品的CAD/CAM/CAE一体化的大型软件,功能强大,支持三轴到五轴的加工,支持高速加工,由于相关模块比较多,学习掌握的时间也较长。欲了解更多情况请访问其网站。网址:http://www.3.ibm.com/software/applications/plm/catiav5/
Pro/Engineer	是美国PTC公司出品的CAD/CAM/CAE一体化的大型软件,功能强大,支持三轴到五轴的加工,同样由于相关模块比较多,学习掌握,需要较多的时间。欲了解更多情况请访问其网站。网址:http://www.ptc.com
Unigraphics (UG)	是美国EDS公司出品的CAD/CAM/CAE一体化的大型软件,功能强大,在大型软件中,加工能力最强,支持三轴到五轴的加工,由于相关模块比较多,需要较多的时间来学习掌握。欲了解更多情况请访问其网站。网址:http://www.eds.com/products/plm/unigraphics_nx/
Ideas	也是美国EDS公司出品的CAD/CAM/CAE一体化的大型软件,由于目前与UG软件在功能方面有较多重复,EDS公司准备将Ideas的优点融合到UG中,让两个软件合并成为一个功能更强的软件。欲了解更多情况请访问其网站。http://www.eds.com/products/plm/ideas_nx/
Cimatron	是以色列的CIMATRON公司出品的CAD/CAM集成软件,相对于前面的大型软件来说,是一个中端的专业加工软件,支持三轴到五轴的加工,支持高速加工,在模具行业应用广泛。欲了解更多情况请访问其网站。网址:http://www.cimatron.com/

续表 4.1

软件名称	基本情况
PowerMILL	是英国的Delcam Plc出品的专业CAM软件，是目前唯一一个与CAD系统相分离的CAM软件，其功能强大是加工策略非常丰富的数控加工编程软件，目前，支持3轴到5轴的铣削加工，支持高速加工。欲了解更多情况请访问其网站。网址：http://www.delcam.com.cn
Mastercam	是美国CNCSoftware，INC开发的CAD/CAM系统，是最早在微机上开发应用的CAD/CAM软件，用户数量最多，许多学校都广泛使用此软件来作为机械制造及NC程序编制的范例软件。网址：http://www.mastercam.com.cn，更多情况见5.2节
EdgeCAM	是英国Pathtrace公司开发的一个中端的CAD/CAM系统，更多情况请访问其网站。网址：http://www.edgecam.com
CAXA	是国内北航海尔软件有限公司出品的数控加工软件，其功能与前面介绍的软件相比较，在功能上稍差一些，但价格便宜。更多情况请访问其网站。网址：http://www.caxa.com.cn

当然，还有一些CAM软件，因为目前国内用户数量比较少，所以，没有在表4.1中列出，例如Cam－tool、WorkNC等。

上述的CAM软件在功能、价格、服务等方面各有侧重，功能越强大，价格也越贵，对于使用者来说，应根据自己的实际情况，在充分调研的基础上，来选择购买合适的CAD/CAM软件。

掌握并充分利用CAD/CAM软件，可以将微型计算机与CNC机床组成面向加工的系统，大大提高设计和加工的效率和质量，减少编程时间，充分发挥数控机床的优越性，提高整体生产制造水平。

由于目前CAM系统在CAD/CAM中仍处于相对独立状态，因此无论表4.1中的哪一个CAM软件都需要在引入零件CAD模型中几何信息的基础上，由人工交互方式，添加被加工的具体对象、约束条件、刀具与切削用量、工艺参数等信息，因而这些CAM软件的编程过程基本相同。

其操作步骤可归纳如下：

第一步，理解零件图纸或其他的模型数据，确定加工内容。

第二步，确定加工工艺(装卡、刀具、毛坯情况等)，根据工艺确定刀具原点位置(即用户坐标系)。

第三步，利用CAD功能建立加工模型或通过数据接口读入已有的CAD模型数据文件，并根据编程需要，进行适当的删减与增补。

第四步，选择合适的加工策略，CAM软件根据前面提到的信息，自动生成刀具轨迹。

第五步，进行加工仿真或刀具路径模拟，以确认加工结果和刀具路径与设想的一致。

第六步，通过与加工机床相对应的后置处理文件，CAM软件将刀具路径转换成加工代码。

第七步，将加工代码(G代码)传输到加工机床上，完成零件加工。

由于零件的难易程度各不相同，上述的操作步骤将会依据零件实际情况，而有所删减和增补。

后面将用加工实例来分别予以说明。

4.2 Mastercam软件简介

Mastercam软件是美国CNC Software,INC.所研制开发的集计算机辅助设计和制造于一体的软件。它的CAD模块不仅可以绘制二维和三维零件图形,也能在CAM模块中,直接编制刀具路径和数控加工程序。它是目前在模具设计和数控加工中使用非常普遍,而且应用相当成功的软件。它主要应用于加工中心、数控铣床、数控车床、线切割、雕刻机等数控加工设备。由于该软件的性能价格比较好,而且学习使用比较方便,因此被许多加工企业所接受。许多学校也广泛使用此软件作为机械制造及NC程序编制的范例软件。目前该软件是微机平台上装机量最多、应用最广泛的软件。

Mastercam把计算机辅助设计(CAD)功能和计算机辅助制造(CAM)功能有机地结合在一起。从设计绘制图形到编制刀具路径,通过仿真加工来验证刀具轨迹和优化程序;通过后处理器将刀具轨迹转换为机床数控系统能够识别的数控加工文件(*.NC),然后通过计算机通信(RS—232接口)将NC程序发送到加工中心等数控机床,即可完成对工件的加工。其编程速度和编程效率比以前在数控机床上使用手工编程更为先进。

由于Mastercam软件具有强大的生命力,因而发展迅速,目前常用的版本为Mastercam V9.1SP2,版本升级之快,令人目不暇接。在CAD方面,增加了标注尺寸、实体模型,并且在更改实体模型尺寸和图素属性(图层、颜色、线型、线宽)等方面作了较大的改进,尤其是增加了实体管理器(Solids Manager)之后,使设计顺序和参数可以重构(Reorder and Regenerate),从而使设计更具灵活和柔性。在CAM方面,增加了实体刀具路径仿真加工(Tool-path Verification)和刀具路径-操作管理器(Toolpaths Operations Manager),可以通过刀具路径仿真来验证和修改刀具和加工参数,如果参数有误,可进行局部修改,然后将刀具路径重新生成,再仿真优化,直到满意为止。Mastercam软件具有良好的人机界面,在整个设计与加工过程中显示出交互性、集成性的特点。Mastercam软件与其他大型CAD/CAM软件一样,具有一定的工程分析和判断功能(零件几何图素的检测、刀具路径及干涉检验、实体管理器和操作管理器所带的参数修改、几何重构和程序重生等),计算机通信功能(DNC加工),为进一步向集成化、智能化、网络化方向发展奠定了基础。

根据长期使用的效果来看,Mastercam是一个易学易用的软件,其CAD部分和CAM部分结合比较合理、紧密,能够加工所能碰到的一千多种零件中的50%~60%的零件,如果操作者有较高的加工工艺水平,则能加工70%~80%的零件。是一个非常不错的加工软件。

前面已对Mastercam软件进行了简单的介绍,下面先熟悉一下该软件的工作界面,然后通过加工示例来了解和掌握零件的设计与数控自动编程的方法。

由于Mastercam从5版到9.2版,其菜单界面和操作方法,一直都没有什么改变,只是功能上有所增加,考虑到大多数使用者,仍在使用Mastercam8版本,后面的实例也将以Mastercam8为基础讲解。当然,这些实例同样也适用于Mastercam9版本。

通过Windows桌面,双击Mill8图标;也可按开始 → 程序 → Mastercam 8 → Mill 8,启动Mastercam 8软件。

进入Mastercam 8后就能看到如图4.2所示的工作界面。

Mastercam 8的工作界面组成如下。

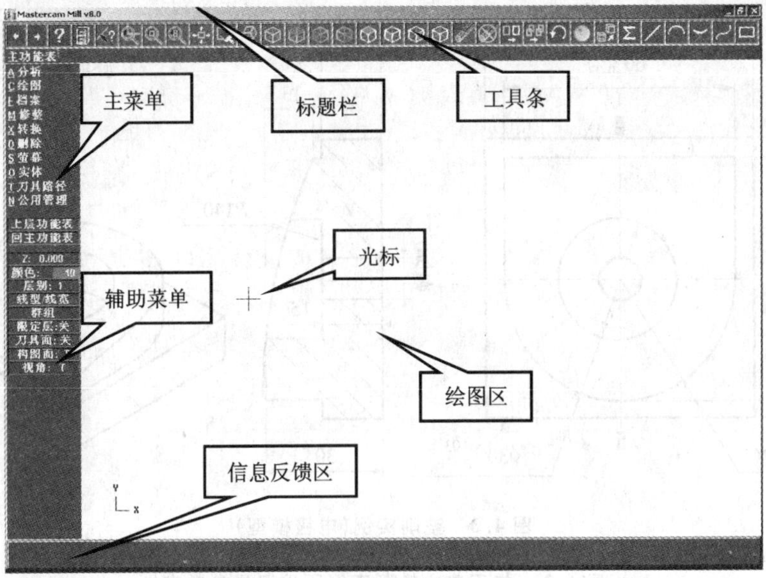

图 4.2　Mastercam 的工作界面

- 标题栏：没有绘图时，显示 Mastercam 程序名称，打开文件编辑时，显示文件的路径和名称。
- 工具条：此区域将 Mastercam 常用的命令以图标的方式显示在绘图区的上方，每一个图标代表一条命令，用户可以鼠标直接单击图标，以激活该命令。
- 主菜单：此区域提供了 Mastercam 所有的命令。Mastercam 的命令结构为树枝状结构，例如：当选择【绘图】命令后，将会出现【绘图】命令的子菜单，再选择【矩形】命令，又会出现绘制矩形方式的下一级子菜单。如果选择【上层功能表】，则返回上一级的【矩形】子菜单；如果选择【回主功能表】，则直接返回到主菜单。

注：后面凡是 Mastercam 的菜单命令，都以【XXXXXX】方式来表示，需要输入的数值都用“XX”来表示。

- 辅助菜单：此区域提供了绘图时，系统的一些默认信息。
- 绘图区：此区域为最常使用的区域，是设计图形所显示的区域。用户从外部导入的图形或用 Mastercam 绘制的图形都会显示在此区域内。
- 信息反馈区：在屏幕的最下方，提供了一些 Mastercam 的命令响应信息，操作时应随时注意该区域的提示，有时需要利用键盘输入一些相关的数据。

4.3　Mastercam 软件铣削实例

相对于车削和线切割加工来说，进行数控铣削加工的零件，通常都比较复杂。因此，Mastercam 的铣削模块(Mill)与比其他模块相比，使用更为广泛，是学习和掌握的重点内容。

下面用一个典型实例来掌握零件的设计与数控自动编程的基本方法。加工采用的刀具参数如表 4.2 所列。

毛坯为已加工过的 70×70 的方料，厚度为 30.2mm，零件材料为铝材，如图 4.3 所示。

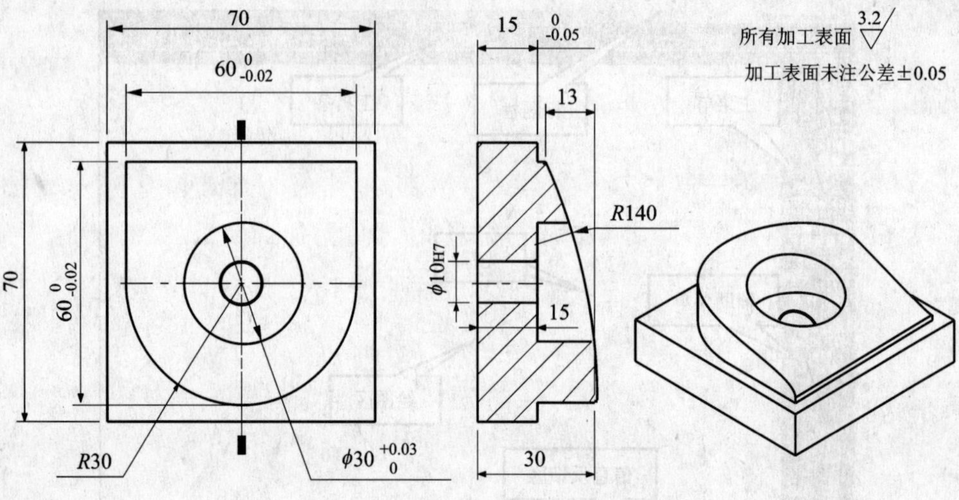

图 4.3 铣削实例(电极模型)

表 4.2 加工中心铣削实例所用刀具参数表

刀具号码	刀具名称	刀具材料	刀具直径/mm	零件材料为铝材			备注
				转速/r·min^{-1}	径向进给量/mm·min^{-1}	轴向进给量/mm·min^{-1}	
T1	端铣刀	高速钢	16	600	120	50	粗铣凸台和凹槽
T2	端铣刀	高速钢	10	1 100	130	80	精铣凸台和凹槽
T3	中心钻	高速钢	3	1 500		80	钻中心孔
T4	钻头	高速钢	9.8	600		60	钻孔
T5	铰刀	高速钢	10	200		50	精铰 φ10 的孔
T6	圆角刀	高速钢	16(R4)	1 000	250	粗铣、半精铣曲面	
T7	球头铣刀	高速钢	10(R5)	4 000	600	精铣曲面	

下面采用 Mastercam 来编制加工程序，从而掌握软件铣削编程的基本思路和基本步骤。本例的编程步骤分为如下 6 个方面。

4.3.1 理解零件图纸以确定加工内容

根据毛坯情况，需要加工的部分是：60 带 *R*30 圆弧的凸台，φ30 的圆槽，φ10H7 的孔，*R*140 的曲面。

4.3.2 确定加工工艺和刀具原点位置

夹具选择为通用精密虎钳。考虑到零件左右对称，选择零件中心为 *XY* 方向的编程原点，考虑到零件上表面为曲面，选择不需要加工的底面为 Z0。

零件的工艺安排如下：

① 虎钳加窄垫块装夹零件，注意垫块需要让开 φ10H7 孔的位置，将零件中心和零件下表

面设为 G54 的原点。

② 加工路线是钻中心孔→钻 $\phi9.8$ 孔→粗铣凸台→粗铣凹圆槽→粗铣曲面→精铣凸台→精铣凹圆槽→精铣曲面→铰 $\phi10H7$ 的孔。

4.3.3　建立加工模型

由于 Mastercam 的 CAD 功能属于加工造型，只需绘制与加工有关的图形即可，与加工无关的形状，就不必绘出。

绘制步骤如下：

(1) *启动 Mastercam*

(2) *使用 Mastercam 默认选项*

如果读者的 Mastercam 的默认子菜单设置选项与图 4.4 不相同，请改正。

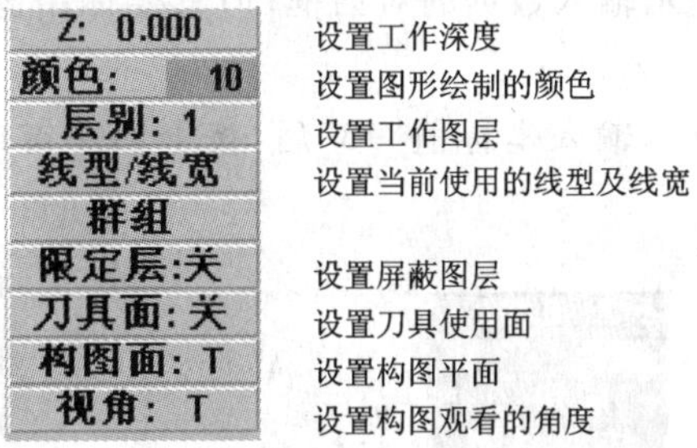

图 4.4　Mastercam 默认的子菜单设置选项

(3) *绘制 $\phi10$ 的孔*

选择【绘图】→【圆弧】→【点直径圆】命令(如图 4.5 中 P1 所示)。出现输入直径对话框，输入直径“10”后，按下“回车”键或鼠标左键(如图 4.5 中 P2 所示)，然后，出现抓点方式，鼠标在抓点方式中，选择原点(如图 4.5 中 P3 所示)。

绘图区出现一个圆，如果图形显示比例不适当，可选择快捷图标【适度化】命令(如图 4.5 中 P4 所示)。

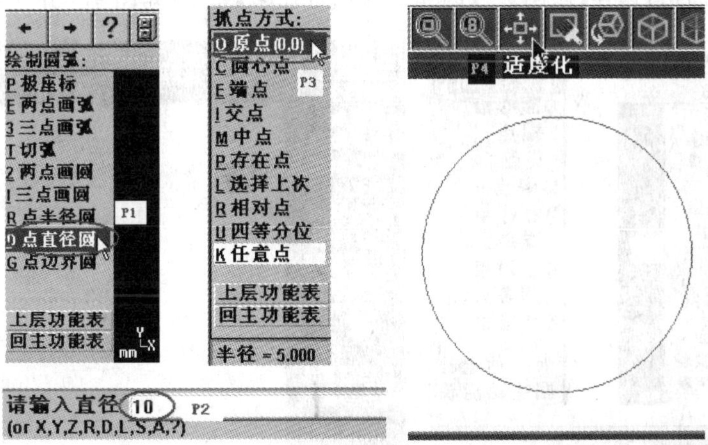

图 4.5　绘制 ϕ10 的圆

注意：在抓点方式时，如果不选择圆心位置，可直接输入圆心坐标“0,0”。尽管此时屏幕上没有提示输入数据的对话框，但只要你用键盘输入数据，就会立即弹出该对话框。

在 Mastercam 的所有输入对话框中，以输入 X 轴坐标为零，Y 轴坐标为零，即(0,0)为例，下列几种输入方式是有效的。

- 0,0 ：表示 Mastercam 默认第一个输入的数字为 X 轴的数据，第二个数字为 Y 轴的数据。
- X0,Y0 ：表示直接制定 X 轴和 Y 轴的数据
- 20－5＊4,Y30－(20＋10) ：表示键盘输入支持四则混合运算，可以以计算式的形式来录入。

(4) 绘制 $\phi30$ 的凹槽

首先，指定凹槽 Z 向尺寸，选择子菜单中的【Z:00】命令(如图 4.6 中 P1 所示)。出现抓点方式，尽管此时屏幕上没有提示输入数据的对话框，但只要你用键盘输入数据，就会立即弹出输入对话框。

出现请输入坐标值对话框，输入坐标值“15”后，按下回车键或鼠标左键(如图 4.6 中 P2 所示)。

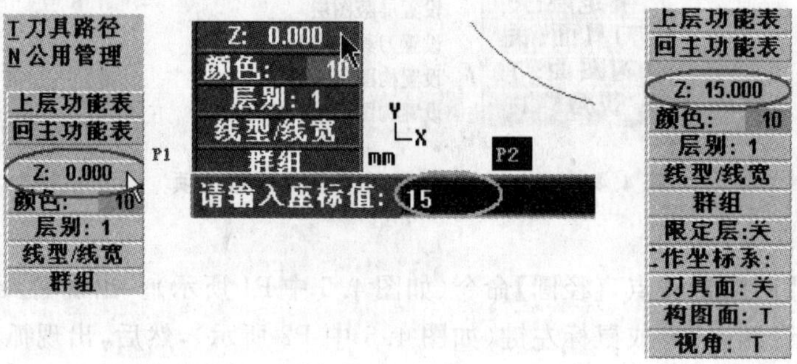

图 4.6 设置 $\phi30$ 凹槽的 Z 向尺寸

完成后的结果，如图 4.6 中 P3 所示。

绘制 $\phi30$ 的凹槽，选择【绘图】→【圆弧】→【点直径圆】命令(如图 4.7 中 P1 所示)。

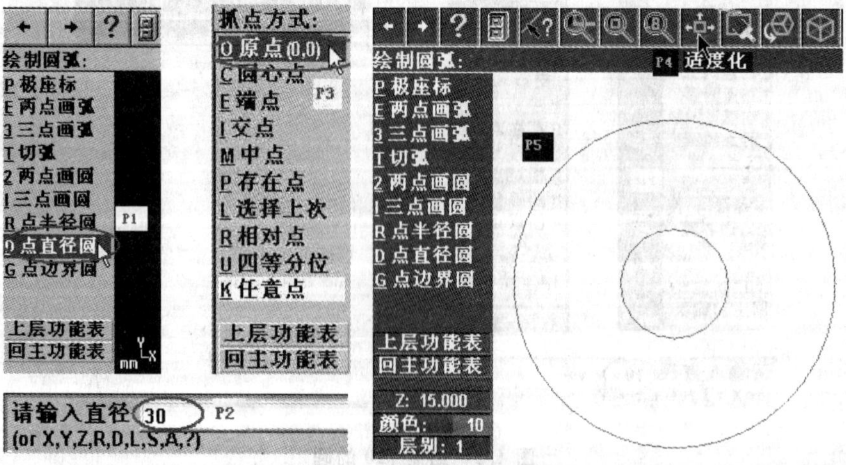

图 4.7 绘制 $\phi30$ 的凹槽

出现输入直径对话框，输入直径“30”后，按下回车键或鼠标左键(如图 4.7 中 P2 所示)。

然后，出现抓点方式，鼠 P5 标在抓点方式中，选择原点(如图 4.7 中 P3 所示)，。

绘图区如图(如图 4.7 中所示)，如果图形显示比例不适当，可选择快捷图标【适度化】命令(如图 4.7 中 P4 所示)。完成后的结果如图 4.7 中 P5 所示。

由于 Mastercam 默认是连续操作，如果此时，你用鼠标单击绘图区，将会以鼠标单击点为圆心，又绘制一个 $\phi 30$ 的圆。为了避免这种情况，你可以在完成命令后，单击【回主功能表】命令，回到命令初始状态。

(5) 绘制 60 带 $R30$ 圆弧的凸台

由于带 R30 圆弧的凸台的 Z 向尺寸与凹槽的相同，所以设置 Z 向尺寸的步骤，就可以跳过。

凸台是由圆弧和矩形相交而成，所以，下面先绘制圆弧。选择【绘图】→【圆弧】→【点半径圆】命令(如图 4.8 中 P1 所示)。

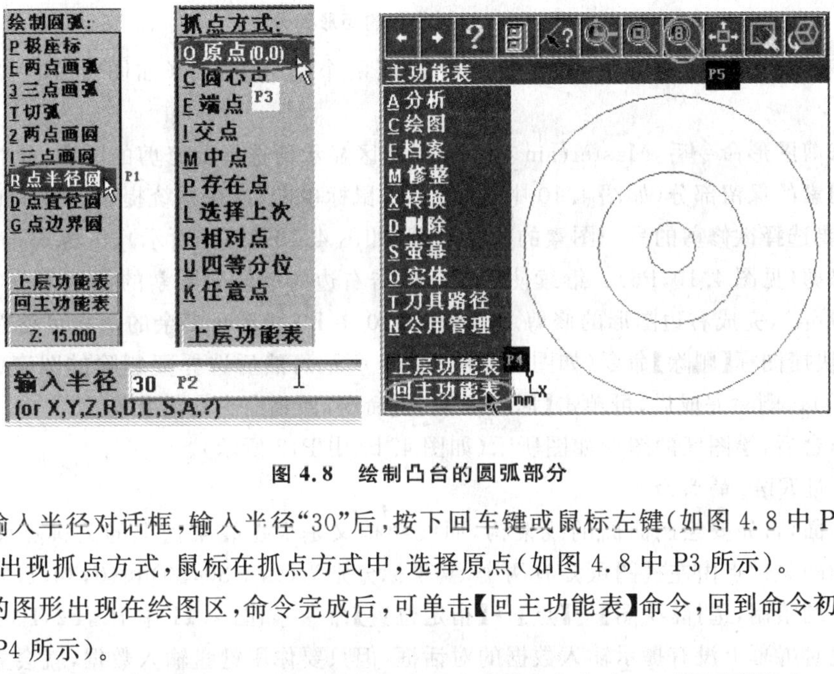

图 4.8　绘制凸台的圆弧部分

出现输入半径对话框，输入半径“30”后，按下回车键或鼠标左键(如图 4.8 中 P2 所示)。

然后，出现抓点方式，鼠标在抓点方式中，选择原点(如图 4.8 中 P3 所示)。

绘制的图形出现在绘图区，命令完成后，可单击【回主功能表】命令，回到命令初始状态(如图 4.8 中 P4 所示)。

如果图形显示比例不适当，可选择快捷图标【适度化】命令和显示图形【缩小 0.8 倍】的快捷图标命令(如图 4.8 中 P5 所示)。完成后的结果如图 4.8 中 P5 所示。

绘制矩形时，选择【绘图】→【矩形】→【一点】命令(如图 4.9 中 P1 所示)。此时出现一点定义矩形对话框，在弹出的对话框中，输入矩形的宽度“60”(如图 4.9 中 P3 所示)，高度“60”(如图 4.9 中 P4 所示)，关键的一点在矩形中的位置(如图 4.9 中 P2 所示)，完成后，按下确定按钮(如图 4.9 中 P5 所示)。

然后，出现抓点方式，鼠标在抓点方式中，选择原点(如图 4.9 中 P6 所示)。绘制的图形出现在绘图区，命令完成后，可单击【回主功能表】命令，回到命令初始状态。

如果图形显示比例不适当，可选择快捷图标【缩小 0.8 倍】的命令(如图 4.9 中 P7 所示)。完成后的结果如图 4.9 中 P7 所示。

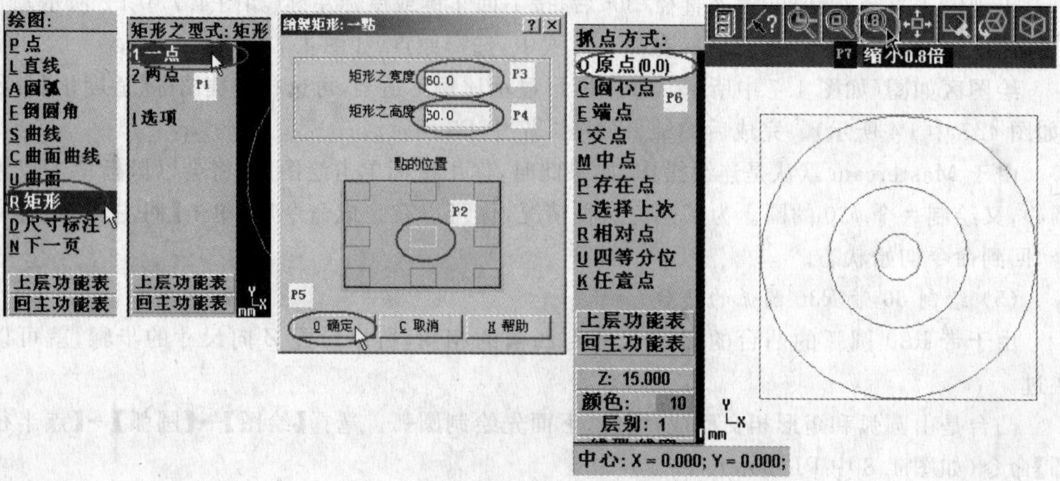

图 4.9　绘制凸台的矩形部分

图形编辑时，选择【修整】→【修剪延伸】→【两个物体】命令(如图 4.10 中 P1，P2 和 P3 所示)。

进入修剪图形命令后，Mastercam 在系统提示区显示请选择要修剪的图素，此时要注意选择欲修剪图素的保留部分(如图 4.10 中 P4 所示)，鼠标单击后，在系统提示区显示修整到某一图素，注意要选择欲修剪的另一图素的保留部分(如图 4.10 中 P5 所示)，鼠标单击后，完成左边图形的修剪(见图 4.10，P6)。继续使用鼠标单击右边的欲修剪图素的保留部分(如图 4.10 中 P7，P8 所示)，完成右边图形的修剪。(如图 4.10 中 P9 所示)，多余的图素可使用删除命令删除，单击快捷图标【删除】命令(如图 4.10 中 P10 所示)，然后选择要删除的图素(如图 4.10 中 P11 所示)。删除完成后，可单击【回主功能表】命令，回到命令初始状态。

完成凸台后，绘图区的图形如图所示(如图 4.10 中 P12 所示)。

(6) 绘制 *R*140 的曲面

绘制曲面，首先要绘制曲面的线架构，而线架构又是根据线架构上的关键点而绘制出来的。本实例的关键点由左视图可知有两个，其坐标分别为(0，－30，30)和(0，30，17)。

关键点的绘制，选择【绘图】→【点】→【指定位置】命令(如图 4.11 中 P1，P2，P3 所示)

尽管此时屏幕上没有提示输入数据的对话框，但只要你用键盘输入数据，就会立即弹出请输入坐标值的对话框。输入第一点(0，－30，30)(见图 4.11 中 P4 和等角视图 P6)，然后继续输入第二点(0，30，17)(如图 4.11 中 P5 和等角视图 P7 所示)，关键点的绘制就完成了。

由于这两个关键点为空间点，为了便于观察，可改变视角为等角视图。单击快捷图标【视角..等角视图】命令(如图 4.11 中 P8 所示)

利用曲线关键点，下面来绘制 *R*140 的曲线。

首先，指定曲线的 *Z* 向尺寸，选择子菜单中的【Z:15】命令(如图 4.12 中 P1 所示)。出现抓点方式，输入坐标值“0”后，按下“回车”键或鼠标左键(如图 4.12 中 P2 所示)。将构图面更改为侧视图，单击快捷图标【构图面..侧视图】命令(如图 4.12 中 P3 所示)。完成后，*Z* 向尺寸如图 4.12 中 P4 所示，构图面如图 4.12 中 P5 所示。

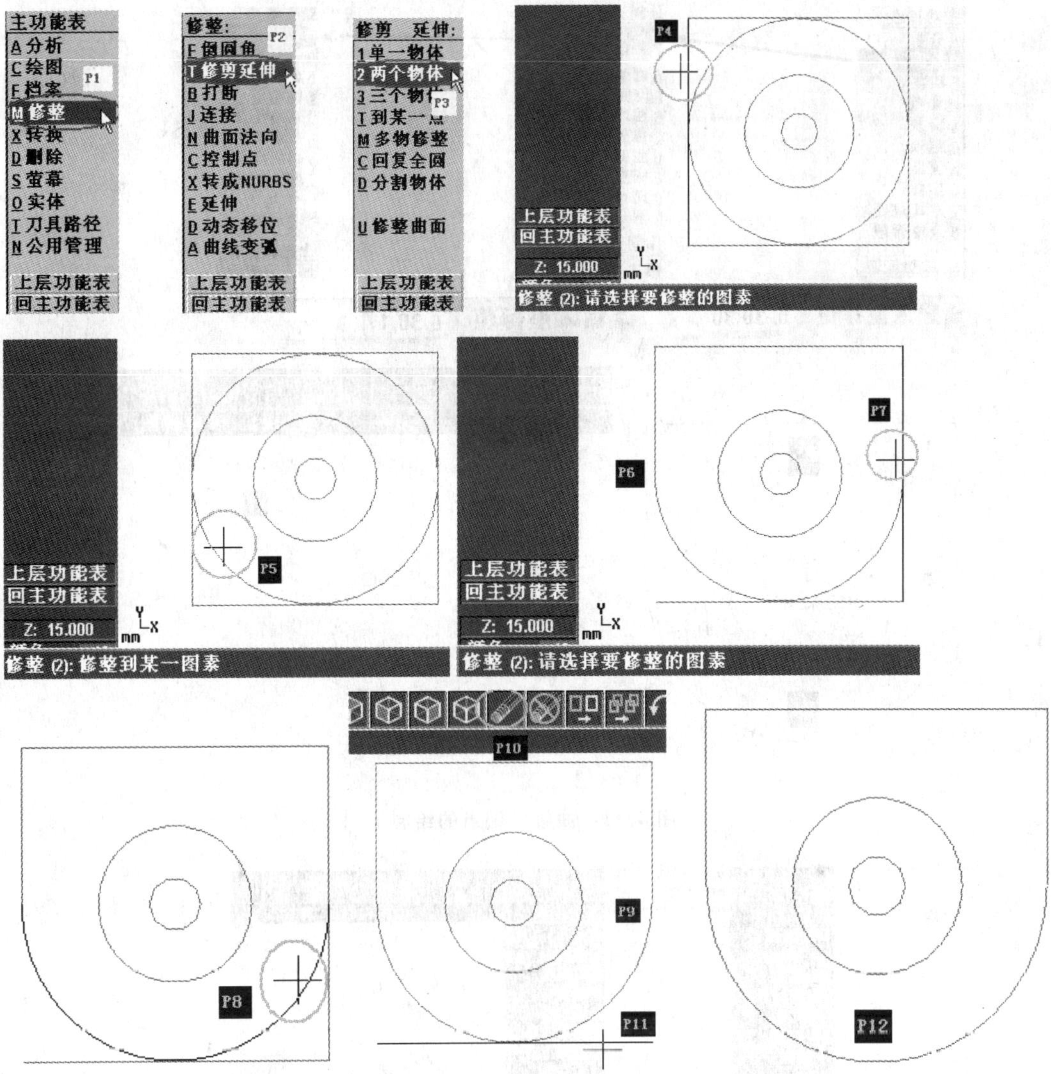

图 4.10　完成凸台的图形编辑

选择【绘图】→【圆弧】→【两点画弧】→【存在点】命令(如图 4.13 中 P1,P2,P3,P4 所示),然后分别选择绘图区中的两个关键点(见图 4.13,P5,P6),完成后 Mastercam 将弹出,输入圆弧半径的对话框,输入“140”(如图 4.13 中 P7 所示),由于两点画弧的不确定性,Mastercam 将绘制出两条圆弧,并提示你进行选择。根据图纸,应该选择弧顶向上的圆弧(如图 4.13 中 P8 所示),绘制圆弧就完成了。

为了便于观察绘图结果,可改变视角为动态旋转视图。单击快捷图标【视角..动态旋转】命令(如图 4.13 中 P9 所示),然后选择一个观测点,并移动鼠标,绘制的图形将以观测点为中心,进行旋转,观察绘图结果,如图 4.13 中 P10 所示。

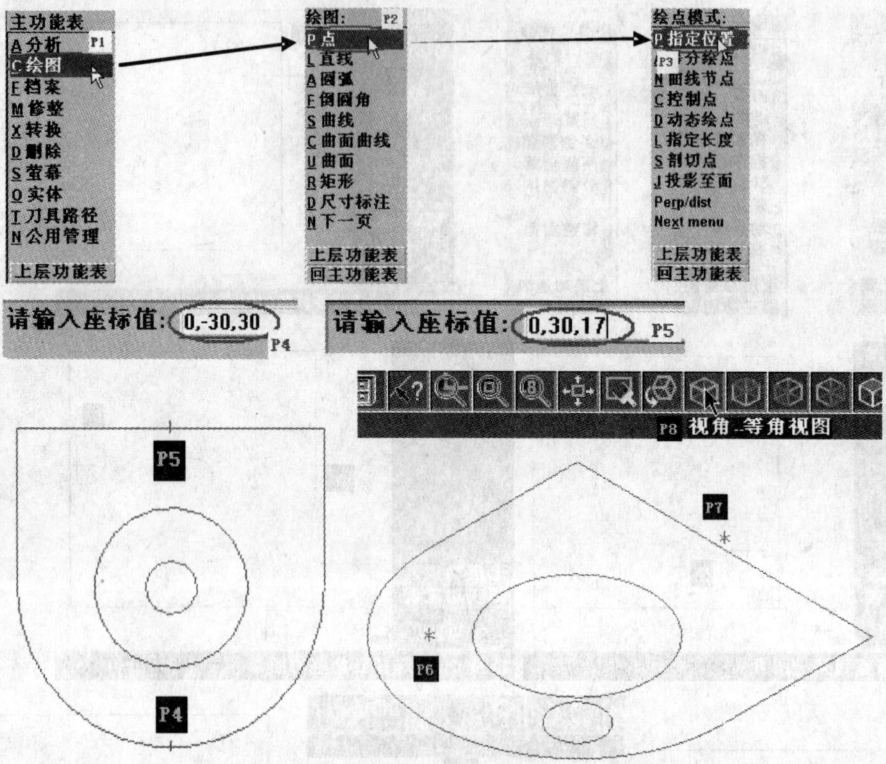

图 4.11 曲线关键点的绘制

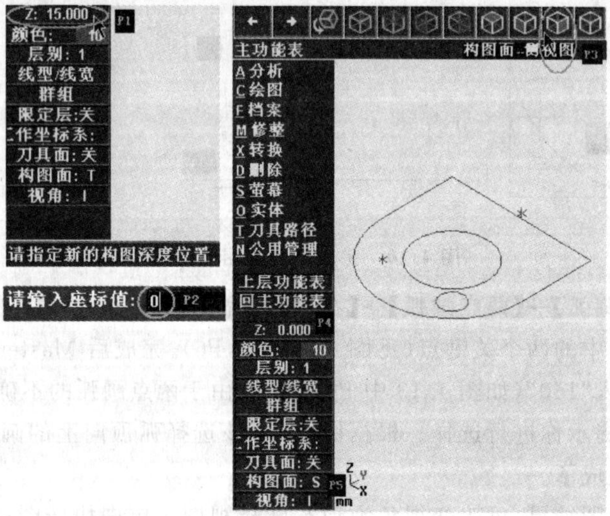

图 4.12 绘制 *R*140 曲线前的设置

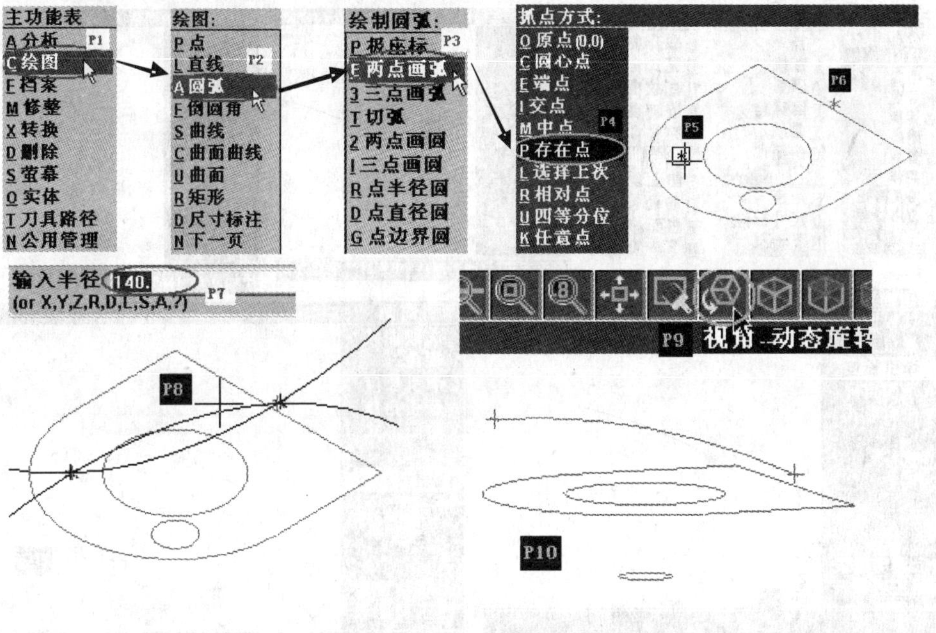

图 4.13　曲线的绘制

到此曲面的线架构就完成了,下面绘制加工所需要的曲面。

在主菜单中,选择【绘图】→【曲面】→【牵引曲面】→【单体】(如图 4.14 中 P1,P2,P3,P4 所示),选择要牵引的线段,选择绘图区中的圆弧曲线(如图 4.14 中 P5 所示),完成后,选择【执行】(如图 4.14 中 P6 所示),Mastercam 进入牵引曲面菜单,观察一下信息反馈区,按照图纸要求,牵引长度应该大于 30,如果不够,可以用鼠标单击【牵引长度】(如图 4.14 中 P7 所示),在输入牵引长度的对话框中,输入“35”(如图 4.14 中 P8 所示),观察一下,绘图区中,曲面牵引方向是否与图纸相符,如果不符,说明你的构图面不正确,请返回图 4.12 进行修改,如果没有问题,选择【执行】(如图 4.14 中 P9 所示),Mastercam 自动生成曲面(如图 4.14中 P10 所示)。

在绘图过程中,为了便于观察绘图结果,可改变视角为动态旋转视图。

注意:在绘图过程中,可以灵活使用键盘上的方向键,进行视图的平移,用 PageUp 键进行图形放大,用 PageDown 键进行图形的缩小。

下面进行曲面的编辑。

选择【绘图】→【曲面】→【曲面修整】→【修整至曲线】命令(如图 4.15 中 P1,P2,P3,P4 所示),Mastercam 提示选取要修整的曲面,选择绘图区中的曲面(如图 4.15 中 P5 所示),选择完成后,选择菜单中的【执行】命令如图 4.15 中 P6),然后 Mastercam 提示选取曲线,选择绘图区中的圆弧线(如图 4.15 中 P7 所示),Mastercam 自动串连整个圆弧线,选择【执行】命令(如图 4.15 中 P8 所示)。将曲面修整至曲面,涉及曲线在曲面上的的投影方向的问题,在这里,需要将曲线按俯视构图面进行正交投影,选择快捷图标【构图面一俯视图】(如图 4.15 中 P9 所示),选择【执行】命令(如图 4.15 中 P11 所示),按照 Mastercam 的提示选择曲面要保留的部分(如图 4.15 中 P12 所示),曲面的外部多余的曲面被修剪掉。

从实际加工来看,多余的曲面部分并不影响零件加工后的尺寸,就是不进行曲面修剪也可

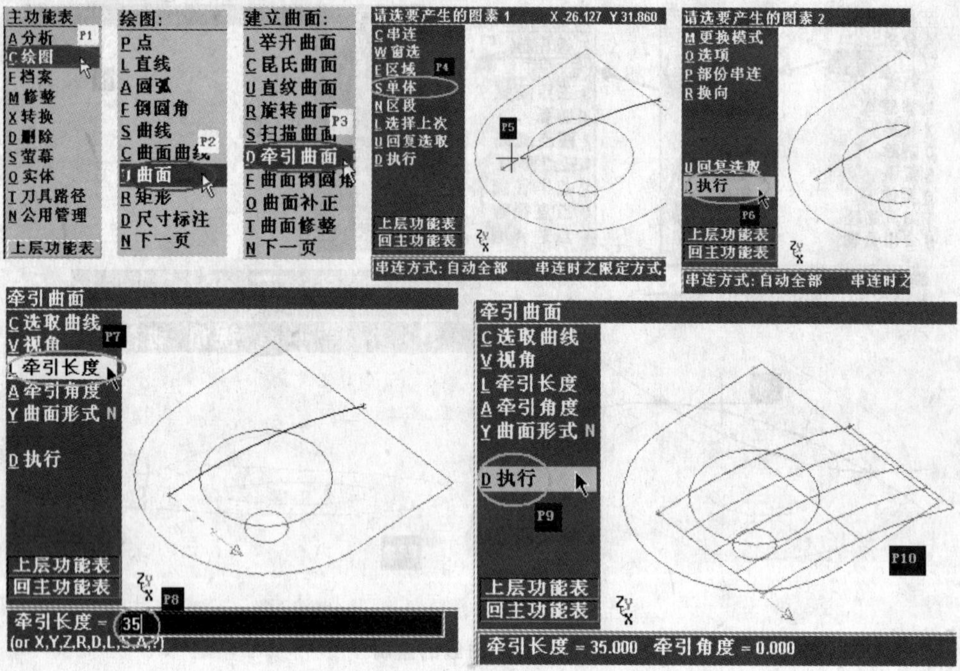

图 4.14 曲面的绘制

以进行曲面加工，但修剪掉外部多余的曲面后，可以在曲面加工时，缩小加工面积，从而提高生产效率，但如果曲面被修剪得很碎小，反而会增加曲面加工时间，原因是加工刀具需要通过频繁的提刀来寻找下一个加工面。

对于上面这个零件实例，实际情况是曲面的内部多余部分（指 $\phi30$ 的凹槽），如果被修剪掉，可以在曲面粗加工时，节省加工时间，但在精加工时，由于曲面中间的空洞，加工刀具将会频繁提刀寻找下一个加工面，反而浪费加工时间。如果不修剪，则情况正好相反，粗加工的时间与修剪掉相比，时间增加（原因是加工面积增加），精加工的时间与修剪掉相比，时间减少（原因是提刀减少）。理想的解决办法是，做两个曲面，粗加工的曲面中间被修剪，而精加工的曲面中间没有被修剪，这样加工时间最短。或者是不修剪内部多余曲面，而修剪粗加工曲面的刀具路径，效果也一样。在这里由于篇幅有限，读者可以自行验证。

下面讲解如何修整曲面内部的多余部分，使选择【选取曲面】命令，按照 Mastercam 的提示选择选取要修整的曲面（如图 4.16 中 P1 所示），选择完成后，选择菜单中的【执行】命令，然后按照 Mastercam 提示的提示用鼠标选取曲线（如图 4.16 中 P2 所示），选择【执行】命令，按照 Mastercam 的提示选择曲面要保留的部分（如图 4.16 中 P3 所示），曲面的内部多余的曲面被修剪掉（如图 4.16 中 P4 所示）。

为了观察修剪后的曲面，可以将曲面渲染，可使用快捷键【ALT＋S】，绘图区的曲面被渲染（如图 4.16 中 P8 所示）。

如果要更改渲染曲面的颜色，可选择快捷图标【彩现】（如图 4.16 中 P5 所示），在弹出的曲面着色设置对话框中，用鼠标将【使用着色】的选项选中（如图 4.16 中 P6 所示），在颜色的设定，选取你希望的颜色值，其他选项可使用默认值，按下确定（如图 4.16 中 P7 所示），曲面被渲染上你所设定的颜色（如图 4.16 中 P8 所示）。

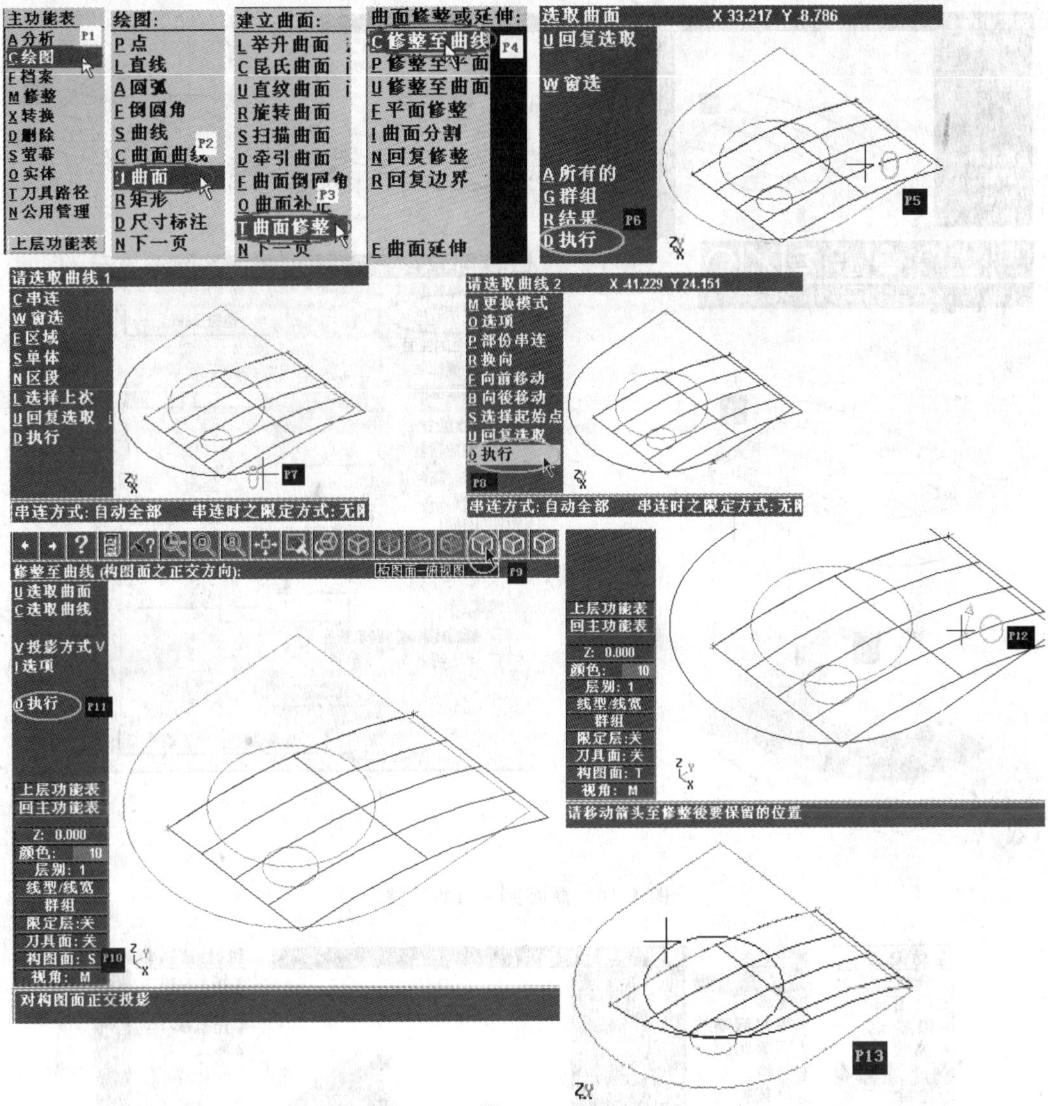

图 4.15　曲面的修整

下面完成曲面的另一半。在主功能表中,使选择【转换】→【镜射】(如图 4.17 中 P1,P2 所示),按照 Mastercam 的提示选择选取要镜像的曲面(如图 4.17 中 P3 所示),选择完成后,选择菜单中的【执行】命令(如图 4.17 中 P4 所示),然后按照 Mastercam 的提示信息用鼠标选取镜像的参考轴,这里选取 Y 轴(如图 4.17 中 P5 所示),在弹出的镜像处理对话框中,选择【复制】选项(如图 4.17 中 P6,P7 所示),按下【确定】按钮,曲面的另一半就完成了(如图 4.17 中 P8 所示)。

到这一步,加工模型就建立完成了,需要说明的是,同一零件的加工模型的建立方法有很多种,各种方法虽然在步骤上有所不同,但结果是一样的,这些方法没有对错之分,只在绘图的速度上有区别,初学者也许需要 30 min,才能完成,而熟练者可以在 5 min 内完成。

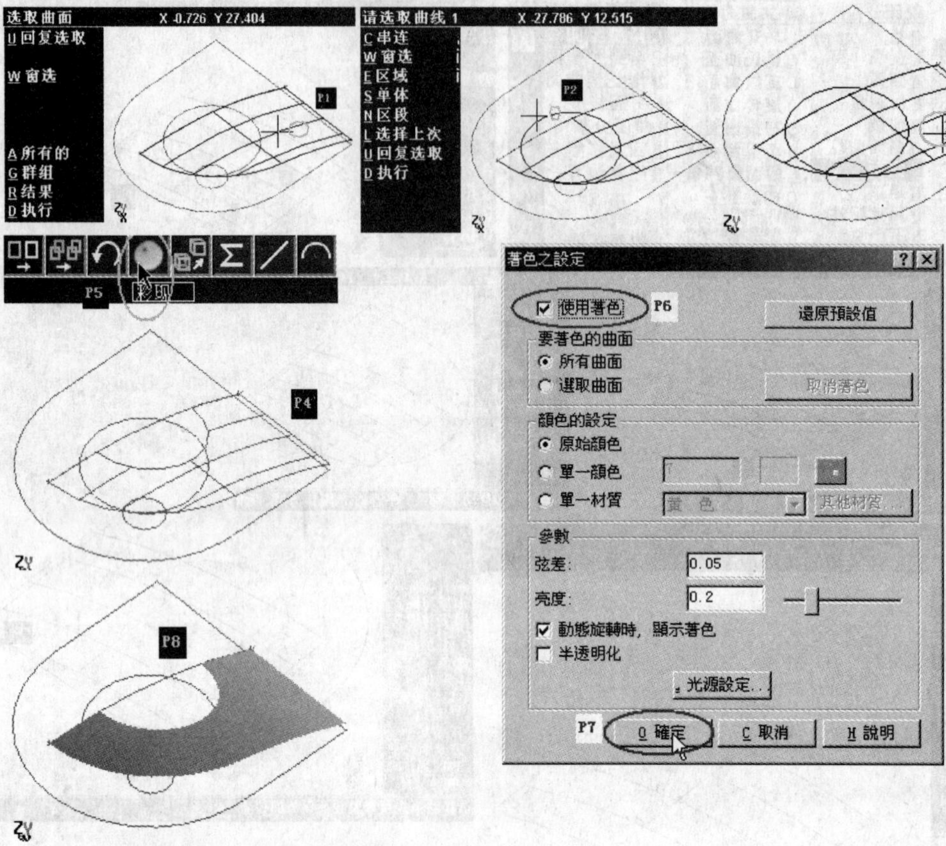

图 4.16 曲面另一边的修整

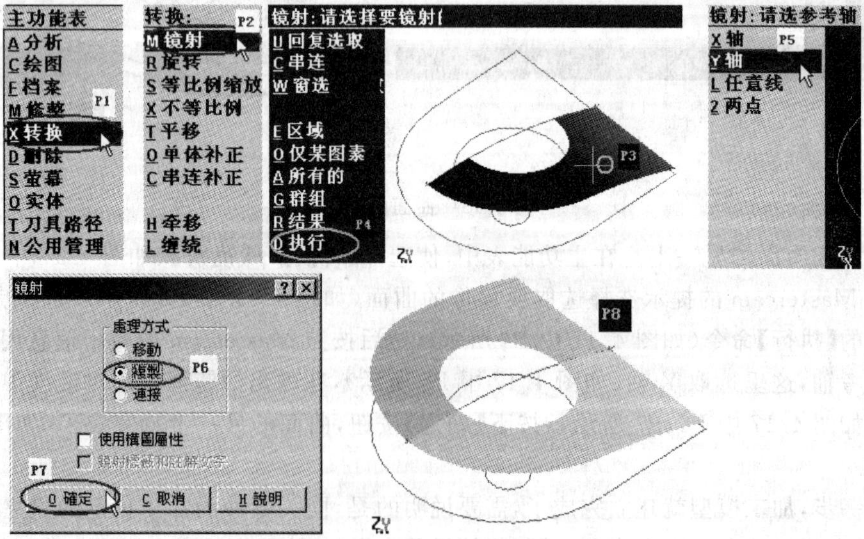

图 4.17 曲面的镜像

4.3.4 选择合适的加工策略以自动生成刀具轨迹

根据前面安排的加工工艺，加工路线是钻中心孔→钻 ϕ9.8 孔→粗铣凸台→粗铣凹圆槽→粗铣曲面→精铣凸台→精铣凹圆槽→精铣曲面→铰 ϕ10H7 的孔。

1. 钻中心孔的加工步骤

(1) 选择加工方式和加工对象

选择【回主功能表】，选择【刀具路径】→【钻孔】→【手动输入】→【圆心点】(如图 4.18 中 P1，P2，P3，P5 所示)，选择图中的圆(如图 4.18 中 P4 所示)，完成后，因为没有其他钻孔点，则按下键盘上的 ESC 键，完成钻孔点的选择。

加工孔系类的零件，只需要知道孔的中心点位就可以加工，孔的几何形状由加工孔的刀具的几何形状来决定(例如钻孔)。也就是说，如果光是钻孔加工，在 CAD 造型时，只需要画出孔中心的点就可以了，有多少个点，就代表有多少个孔。

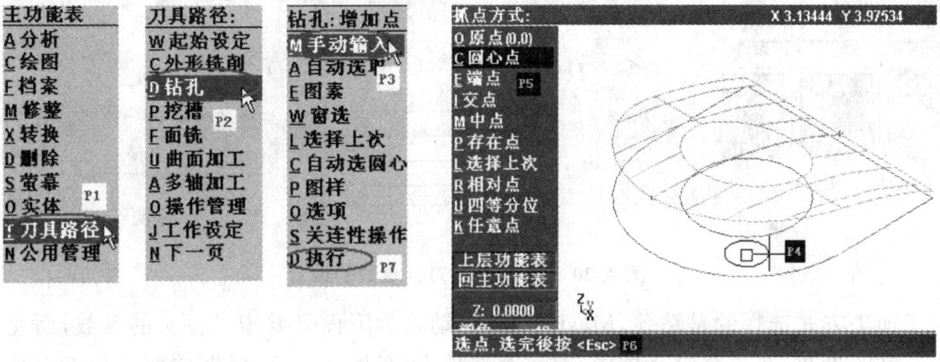

图 4.18 钻孔对象的选择

选择【执行】(如图 4.18 中 P7 所示)，将弹出刀具设置对话框如图 4.19 所示。

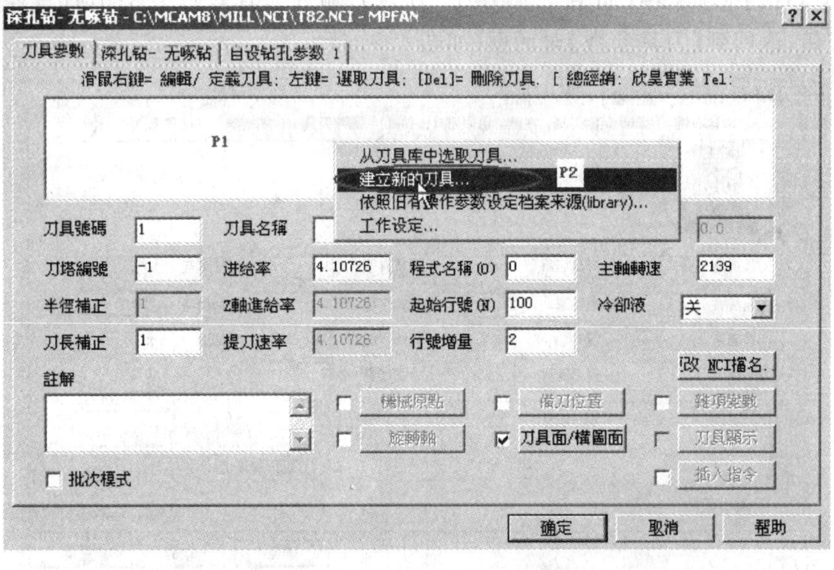

图 4.19 刀具参数设置对话框

刀具参数设置对话框，在所有的加工方式中，都将出现这个对话框，下面详细介绍这个对话框的设置。

(2) 定义刀具的加工参数

首先定义刀具，在刀具框中(如图 4.19 中 P1 所示)，右击，在弹出的对话框中，选择【建立新的刀具】(如图 4.19 中 P2 所示)，出现的对话框如图 4.20 所示。

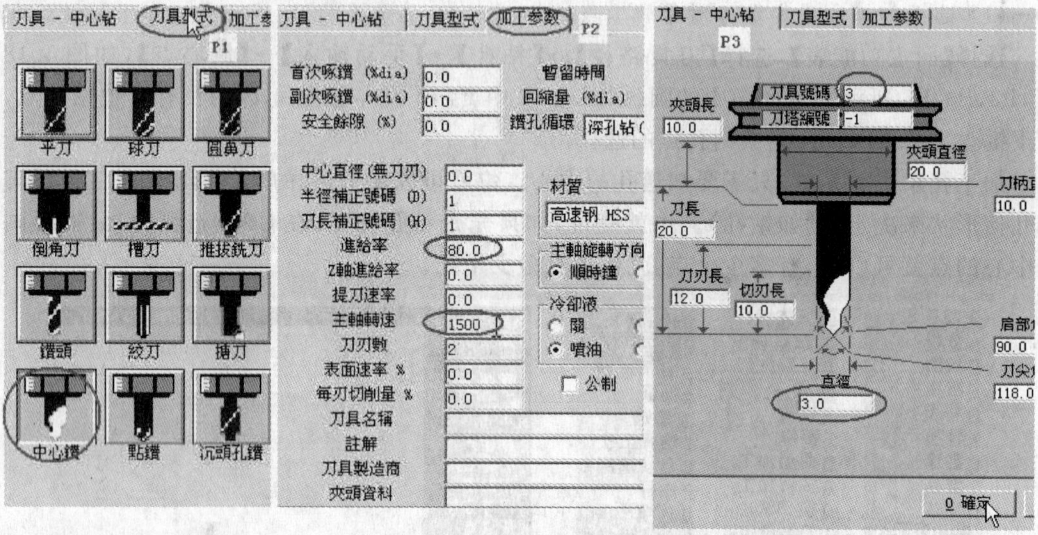

图 4.20 $\phi3$ 中心钻刀具参数的设置

由于加工方式选择的是钻孔，Mastercam 自动认为下面是要定义钻头的参数，而要做的是定义中心钻的参数，在这个对话框中，有三个选项卡(见图 4.20)，根据前面的加工刀具参数表中的参数，首先选择【刀具型式】(如图 4.20 中 P1 所示)，选择刀具类型为中心钻，然后设置【刀具加工参数】(如图 4.20 中 P2 所示)，输入刀具转速“1500”，进给率“80”，其他参数默认即可。在【刀具一中心钻】选项卡中(如图 4.20 中 P3 所示)，输入刀具号码为 3，刀具直径为 $\phi3$，最后按【确定】按钮，返回到【刀具参数】对话框(如图 4.21 所示)。

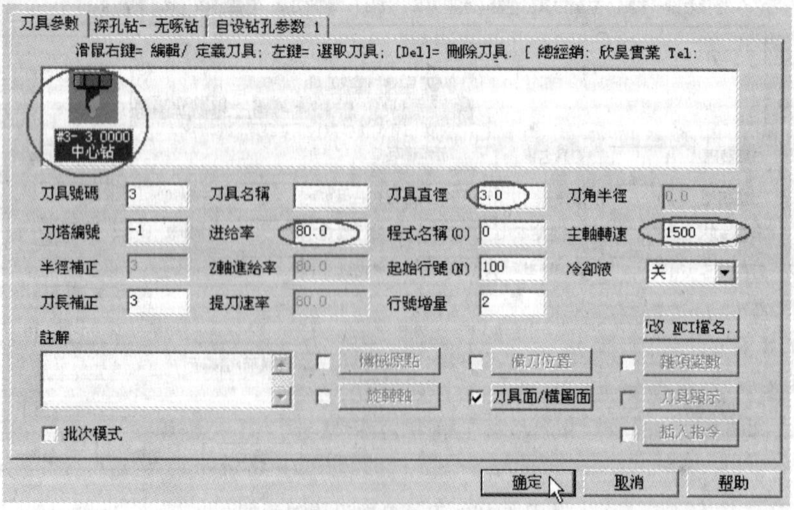

图 4.21 $\phi3$ 中心钻刀具参数的设置